U0173825

同未来一起行走

预
言
家

PROPHET

[美] 希瑟·帕克森 著
黄俊元 译

奶酪社会

创造美国手工食品与价值

THE LIFE OF CHEESE

CRAFTING FOOD AND VALUE IN AMERICA

中国工人出版社

图书在版编目（CIP）数据

奶酪社会：创造美国手工食品与价值 /（美）希瑟·帕克森著；
黄俊元译. —北京：中国工人出版社，2022.11
书名原文：
The Life of Cheese: Crafting Food and Value in America
ISBN 978-7-5008-7860-5
Ⅰ. ①奶… Ⅱ. ①希… ②黄… Ⅲ. ①奶酪–食品加工 Ⅳ. ①TS252.53
中国版本图书馆CIP数据核字（2022）第226689号

著作权合同登记号：图字01-2021-2400号

奶酪社会：创造美国手工食品与价值

出 版 人　董　宽
责任编辑　左　鹏　王晨轩
责任校对　张　彦
责任印制　栾征宇
出版发行　中国工人出版社
地　　址　北京市东城区鼓楼外大街45号　邮编：100120
网　　址　http://www.wp-china.com
电　　话　（010）62005043（总编室）
　　　　　（010）62005039（印制管理中心）
　　　　　（010）62382916（工会与劳动关系分社）
发行热线　（010）82029051　62383056
经　　销　各地书店
印　　刷　北京美图印务有限公司
开　　本　880毫米×1230毫米　1/32
印　　张　13.125
字　　数　320千字
版　　次　2023年5月第1版　2023年5月第1次印刷
定　　价　78.00元

CONTENTS

目 录

TO CHINESE
READERS

致中国读者

本书名《奶酪社会》有两层含义。首先，作为一部文化人类学的作品，本书集中研究、探讨了奶酪工匠们在美国的生活日常，并提出一个问题：他们重新定义了被现代工业淘汰的传统手工制作工具和技术的价值，从而实现颠覆式创新，这对个人、家庭和社会意味着什么？其次，本书追踪了奶酪的生命历程。作为一种发酵的、易腐烂的食品，奶酪与微生物（细菌、酵母和霉菌）共生共存，这些微生物的代谢活动将动物奶转化为品种繁多的奶酪，并赋予它们独特的气味、质地和口感。由生奶（或者更准确地说，未经巴氏灭菌的鲜奶）制成的奶酪，以其质地丝滑、口味浓郁而闻名遐迩。而这种独特的味道是多种微生物的新陈代谢活动在干酪成熟过程中分解鲜奶中的糖和蛋白质时释放出来的。

然而，正是这种给生奶奶酪带来美味的品质，亦即微生物生命的非典型多样性，令负责食品安全的官员们坐立不安。他们反复强调，巴氏杀菌的热处理将提高食品安全。这两种观点之间的纷争——一派人士为“野生”细菌、酵母菌和霉菌对味觉的贡献喝彩，另一派人士则担心危害人类的病原体潜伏其中——给社会带来了一个更大的难题，这是被人类学家西德尼·明茨（Sidney Mintz）称为“如何一方面为公民提供保护，另一方面又保持选择自由”的问题（2002，27）。

为了分析20世纪晚期关于复兴美国手工奶酪制作的争议，我借鉴米歇尔·福柯（Michel Foucault）和布鲁诺·拉图尔（Bruno Latour）的思想，引入微生物政治这个概念，以阐述社会生活治理何以统筹兼顾食品安全、商业运营以及微生物的生命。该治理模式是基于创造与推广微生物制剂（如乳酸菌、大肠杆菌或结核分枝杆菌），以人类为中心的视角进行评估这类制剂,并有选择地预防微生物感染、接种和消化，以促进人类健康的实践（例如卫生或接种疫苗）。这预示着，关于人类如何与微生物共处的争论反映了人类如何彼此共处的分歧。

2019年以来在世界各地陆续暴发的一场新冠疫情似乎印证了这一点。也许从奶酪和食品安全事件中我们可以吸取教训，帮助我们理解在美国和其他一些国家对新冠病毒的一系列反应——这些反应不仅加剧了政治的两极分化，而且表明了社会和政府对新陈代谢过程监管规范的混乱，从寻常百姓购买日常食品，到国家将进口商品纳入监管。

2020年3月24日，就在世界卫生组织将新冠肺炎列为流行病后不到两周，密歇根州的家庭医生杰弗里·范温根（Dr.Jeffrey VanWingen）制作的YouTube视频在美国各地走红。这位医生身穿外科手术服，站在自家厨房里，声情并茂地演示了如何给外购食品重新包装和消毒——显而易见他是按照美国疾控中心的指引做的宣传。对此我疑惑不解，感觉有什么不对劲，但一时说不上来。不久之后，美国有线电视新闻网（CNN）也仿照范温根博士的做法——尽管CNN的桑杰·古普塔博士（Dr.Sanjay Gupta）一边拆封、重新包装食品，把食品从“污染区”挪到仅用防护胶带隔开的“干净区”，一边反复强调冠状病毒是一种呼吸道病毒，而不是一种食源性病原体。也就是说，我们不会因为摄入冠状病毒，而是因为吸入或者擦拭眼睛而被感染。呼吸系统里的致病微生物与食物里的肠道菌群大相径庭。混淆微生物的种类会引起偏执的微生物政治。古普塔关于呼吸道感染的言论与他在电视上所演示的防护行为表现出言行不一，这似乎预示了我们这个时代充满不确定性。

食品安全是如何跟呼吸道疾病扯上关系的呢？2020 年 4 月 16 日发表在《新英格兰医学期刊》（*The New England Journal of Medicine*）“致编辑的信”里引述了一项研究表明，新型冠状病毒在纸板表面可检测长达 24 小时，在不锈钢和塑料上可检测长达 2 至 3 天。但在这里——就像我此前的乳制品安全研究一样——受控实验研究的结果并不能真实地反映实际情况。正如本书第六章所详述，自 20 世纪 90 年代美国监管机构就一直审查未经巴氏灭菌鲜奶制成的奶酪，要求必须存放至少 60 天才合规，因为南达科他州的一名研究人员调查发现病原体大肠杆菌 0157 : H7 可能对人体造成损害。该研究人员援引自己的实验研究结果，声称大肠杆菌可以在生奶奶酪中存活 60 天以上，但后来发现这个实验存在严重缺陷。他实验时所使用的奶酪含盐量（一种重要的抗菌剂）比食用奶酪的含盐量要少得多，而且研究人员接种的大肠杆菌浓度远远超过加工生产过程中可能受污染且未被检测出来的合理水平。事实上，与许多食品安全科学一样，这次实验用的并非可食用物质，而是人工合成食物。现实世界中并不存在这位研究人员使用的微生物生态系统模型。尽管这项研究存在缺陷，但它仍然使生奶奶酪从此成为美国食品安全官员们的关注焦点，至今仍是如此。

当读到新型冠状病毒的表面污染测试时，我想起了大肠杆菌的研究。正如《新英格兰医学期刊》那封信的作者之一向CNN解释的那样，最初的实验并没有考虑到现实世界中有助于病毒灭活的环境变量，比如阳光；也没有研究不同浓度的病毒。此外，据报道，该病毒在普通家庭持续“可检测出”的时间为1至3天。可以肯定的是，许多非专业大众会理解成病毒“持续”活了那么长时间。事实上，最初的研究指出了病毒在各种表面的“半衰期”，最长的是在塑料表面上的6.8小时——这意味着在被感染者咳嗽6.8小时后，塑料瓶上的病毒载量将在6.8小时内减少50%，之后呈指数下降。正如北卡罗来纳州立大学一名食品安全科学家所说，“这里面没有神奇的数字，因为温度、湿度和初始的病毒浓度都很重要”。实际上，微生物是否安全取决于外部环境。对奶酪来说，其安全性取决于动物健康和牛奶生产的卫生状况、奶酪制作者的技能，以及“有益”微生物战胜任何潜伏病原体的能力——这是与奶酪配方相关的水分含量和酸度以及环境温度和湿度。最后，食品安全取决于个体食用者的新陈代谢和免疫能力。

类似的不确定性和偶然性也存在于新冠病毒。在疫情阴影之下，外出购物、下馆子、叫外卖对许多人来说仍然是可怕而令人担忧的。然而，到目前为止，我们清楚，食物造成的病毒威胁是它使人们彼此接近。我之所以不会冒险吃我邻居做的菜，是因为我担心，被她呼出的空气所感染。这次疫情让我们认识到，我们吃的东西通过微生物、共同呼吸将我们联系在一起，而这种呼吸是共生的一部分：同桌“就餐”不仅意味着“一起吃喝”，还意味着“一道呼吸”。

如果我所说的巴斯德微生物政治依赖于限制贸易、外出旅游与就餐来对微生物进行控制，那么对它的抵制——处于反巴斯德微生物政治的一个极端——则是故意漠视监管及其科学基础。反对疫苗接种就是一个例子。长期以来，我一直担心，对过度卫生和抗生素耐药性日益警惕，再加上笃信发酵剂和其他益生菌大有裨益，可能会导致一些人高估“有益”微生物的保护作用。人们把微生物政治过度概括为要么“支持”、要么“反对”两种截然不同的观点本身就是一个微生物政治陷阱，会误导我们走向道德绝对主义——而且，正如我们在世界许多地方看到的那样，它可能被当作政治武器。

在我们对食品政治的描述中，既有大肠杆菌和沙门氏菌等有害细菌，又有乳酸菌培养物那样的有益微生物，这将使农业食品研究的范畴从局部扩大至全局，把我们的视角带入人类和其他动物的身体，进入胃肠道系统。以微生物政治作为切入点，我在食品生产和安全监管方面的研究表明，新陈代谢本质上是一个生物和法律方面的监管问题。当法律和生物监管脱节，或根据各自的标准运作时，就会出现食品安全监管的混乱。因此，尽管公众知情权的承诺会提高食品系统的透明度，但不足以保护公众健康；威胁不仅来自肉眼看不见的微生物，而且食品安全事件的极端偶然性意味着，整个商品链上的人际信任关系对优质、安全食品的生产和维护仍然至关重要（Merrifield 2020）。

我认为我们亟须以耐心和谦卑之心来管理发酵食品的微生物生态，确保微生物代谢产物是可食用、可消化的，甚至是美味的。同样的谦卑之心对改革我们的食物系统以及更广泛的社会都将是一个有价值的指南。

PREFACE

前 言

我爱吃奶酪。从小在伊利诺伊州南部长大，我一直自认为特别挑食：我讨厌喝苏打水，也不吃里面掺了卡夫饼干的三明治，因为它表面光滑、味同嚼蜡。那时我只吃地道的奶酪，口感稍辣、色泽淡黄的切达干酪（Cheddar）或者我母亲在杂货店的熟食柜台买的、切成薄片的瑞士宝贝（Baby Swiss）芝士。14岁那年，我在佛蒙特州克劳利（Crowley）奶酪厂接了一个项目——为4-H俱乐部拍摄以奶酪制作为主题的作品。20岁后，我开始吃素食，奶酪在我的饮食中变得越发重要。但动心思研究奶酪，是多年后的事了。

转折点好像发生在千禧年的纽约市。那是2000年或者2001年的一个夏天，我丈夫（当时的男友）的一个学生带着一个纸袋包装的礼物过来，一阵阵刺鼻的气味从那个袋口里散发出来，一会儿这气味就溢满了整间屋子。原来是一大块奶酪在他的背包里被压扁了，惨不忍睹。橙色外壳俗不可耐，里面呈淡黄色，品相却令人垂涎三尺。它尝起来可口……但味道不及我之前在曼哈顿布里克街上的默里奶酪店（Murray's Cheese）里购买的法式埃波瓦斯（Epoisses）奶酪。这块奶酪在我们的冰箱里发酵，印象中剩下的一小块被我扔掉了。这种味道强烈、黏黏糊糊的手工奶酪是一位学生在联合广场的生鲜市场买来的，原产于曼哈顿200英里范围内的某个地方。到底是谁做的？我很好奇。如何做？为什么做？

多年以后我搬到麻省，琢磨做人类学方向的研究项目（后来基于这个项目写成了本书）时，我才明白那是一款“小流氓”（Hooligan）奶酪，这是由马克·吉尔曼（Mark Gillman）在康涅狄格州科尔切斯特的卡托角（Cato Corner）农场生产的洗浸外壳奶酪。早在上个世纪80年代后期，马克与我就读于同一所文学院。那时我俩都在校外兼职，每周给同一家人打工。他清理院子，我打扫屋子。现在从我居住的剑桥公寓只要走点路就能买到他制作的奶酪，这让我无比激动。可惜给压变形了，显得破损不堪，要不然那块奶酪真的很棒。

从一位奶酪的消费者转变为奶酪制作的民族志研究者，我走访了马克和其他许许多多以制作奶酪谋生的人们。我逐渐认识到这既是他们的职业，更是他们的人生追求。本书描述了手工制作奶酪的过程，并分析了手工技艺对选择从事这个行业的人们意味着什么。对他们生活的日常所体现出来的文化内涵进行辨别与阐释，是我作为人类学家的一项工作。通过手工和叙事的修辞能力，当今的奶酪制造商不仅精心制作奶酪，而且把自己塑造成手工艺人、企业家、农民和家庭中的一员。在此过程中，他们对美国的自然景观修修补补，改造农村经济，并重新谱写了美国食品政治的脚本。本书正是探索当今美国制作手工奶酪的意义与价值。

ACKNOWLEDGMENTS

致谢

首先要感谢那些我走访与交谈的奶酪制造者、商人、顾问、科学家，感谢你们的帮助，让我有机会探索奶酪的社会生命历程。早期与福马吉奥厨房（Formaggio Kitchen）的伊桑·古达尔（Ihsan Gurdal）和罗伯特·阿奎莱拉（Robert Aguera）的谈话让我想起了梅杰夫妇以及凯勒兄弟，他们在这项研究中起着至关重要的作用，由衷感谢他们的盛情款待与真知灼见。

手工奶酪世界的其他成员也为这本书做出贡献，包括芭芭拉（Barbara）和雷克斯·巴克斯（Rex Backus）、玛西娅·巴里纳加（Marcia Barinaga）、吉尔·贾科米尼·巴什（Jill Giacomini Basch）、比阿特丽斯·伯利（Beatrice Berle）、詹妮弗·比斯（Jennifer Bice）、吉姆·博伊斯（Jim Boyce）、蒂姆·布恰雷利（Tim Bucciarelli）、乔·伯恩斯（Joe Burns）、利亚姆（Liam）和辛迪·卡拉罕（Cindy Callahan）、珍妮·卡彭特（Jeanne Carpenter）、丹·卡特（Dan Carter）、D. J. 达米科（D. J. D' Amico）、萨莎·戴维斯（Sasha Davies）、帕斯卡尔·迪斯坦托（Pascal Destendau）、黛布拉·迪克

森（Debra Dickerson）、彼得·迪克森（Peter Dixon）、凯瑟琳·唐纳利（Catherine Donnelly）、瑞秋·达顿（Rachel Dutton）、乔迪·法纳姆（Jody Farnham）、加里·费希尔（Gari Fischer）、马克·费希尔（Mark Fischer）、莱妮·方迪勒（Laini Fondiller）、汤姆·吉尔伯特（Tom Gilbert）、马克·吉尔曼（Mark Gillman）、迈克·金里奇（Mike Gingrich）、大卫·格莱默斯（David Gremmels）、芭芭拉·汉利（Barbara Hanley）、杰瑞·海默尔（Jerry Heimerl）、盖尔·霍尔姆斯（Gail Holmes）、杰玛·伊安诺尼（Gemma Iannoni）、马特·詹宁斯（Matt Jennings）、布伦达·詹森（Brenda Jensen）、丽莎·凯曼（Lisa Kaiman）、帕蒂·卡琳（Patty Karlin）、罗伯·考菲尔（Rob Kaufelt）、玛丽·基恩（Mary Keehn）、安吉·凯勒（Angie Kehler）、保罗·金斯德特（Paul Kindstedt）、迈克尔·李（Michael Lee）、威利·雷纳（Willi Lehner）、伊丽莎白·麦卡利斯特（Elizabeth Macalister）、克里斯汀·马奎尔（Christine Maguire）、奎塔斯·麦克奈特（Qui' tas McKnight）、安吉拉·米勒（Angela Miller）、诺姆·蒙森（Norm Monson）、伊丽莎白·穆赫兰（Elizabeth Mulholland）、彼得·穆赫兰（Peter Mulholland）、戴安娜·墨菲（Diana Murphy）、迈伦·奥尔森（Myron Olson）、查理·帕兰特（Charlie Parant）、玛丽安·波拉克（Marian Pollack）、约翰·普特南（John Putnam）、玛吉·兰德尔（Marge Randles）、文斯·拉齐纳（Vince Razionale）、杰弗里·罗伯茨（Jeffrey Roberts）、马特·鲁宾纳（Matt Rubiner）、朱迪·沙德（Judy Schad）、阿尔·谢普斯（Al Scheps）、迈克尔·谢普斯（Michael Scheps）、大卫·西顿（David Seaton）、埃里克·史密斯（Eric Smith）、特里西娅·史密斯（Tricia Smith）、戴安娜·索拉里（Diana Solari）、安·斯塔巴德（Ann Starbard）、鲍勃·斯特森（Bob Stetson）、玛乔丽·苏

斯曼（Marjorie Susman）、道恩·特雷尔（Dawn Terrell）、安妮·托普汉姆（Anne Topham）、玛丽亚·特鲁普勒（Maria Trumpler）、朱莉安娜·乌鲁布鲁（Juliana Uruburu）、洛莉·范·亨德尔（Lori van Handel）、伊格·维拉（Ig Vella）、卡伦·温伯格（Karen Weinberg）、乔·威德默（Joe Widmer）、鲍勃·威尔斯（Bob Wills）、布鲁斯·沃克曼（Bruce Workman）和乔恩·赖特（Jon Wright）。我也要感谢我2009年的调查中的177名参与者。

蒙提·派森（Monty Python）提醒我们"奶酪制造者有福了"，我们奶酪学者也感到欣悦。我要感谢奶酪学者群体，尤其要感谢克里斯蒂娜·格拉斯尼（Cristina Grasseni）、埃莉亚·佩特里杜（Elia Petridou）、科林·赛奇（Colin Sage）和哈里·韦斯特（Harry West），感谢我们在英国德文郡舒马赫学院（Schumacher College）的所有合作同人，感谢肯·麦克唐纳（Ken Macdonald）在多伦多谈论和购买奶酪。

感谢他们组织评审这本书的初稿，提供有用的文献、联系方式，以及持续地沟通反馈。他们是丽贝卡·阿尔西德（Rebecca Alssid）、汤姆·波尔斯托夫（Tom Boellstorff）、泰德·贝斯特（Ted Bestor）、雷切尔·布莱克（Rachel Black）、莎拉·鲍恩（Sarah Bowen）、博迪尔·贾斯特·克里斯滕森（Bodil Just Christensen）、简·科利尔（Jane Collier）、乔治·科利尔（George Collier）、卡罗尔·科尼汉（Carole Counihan）、玛西·德曼斯基（Marcy Dermansky）、凯瑟琳·达德利（Kathryn Dudley）、乔·杜米特（Joe Dumit）、罗宾·弗莱明（Robin Fleming）、哈克·弗罗里奇（Xaq Frolich）、M.阿玛·埃多（M. amah Edoh）、达拉·戈尔茨坦（Darra Goldstein）、谢琳·哈姆迪（Sherine Hamdy）、黛博拉·希斯（Deborah Heath）、查娅·海勒（Chaia Heller）、迈克尔·赫茨菲尔德（Michael Herzfeld）、莱

恩·希勒斯达尔（Line Hillersdal）、琳达·霍格尔（Linda Hogle）、格里·斯克迪达尔·雅各布森（Gry Skrædderdal Jakobsen）、克里斯·凯尔蒂（Chris Kelty）、埃本·柯克西（Eben Kirksey）、汉娜·兰德克（Hannah Landecker）、文森特·莱皮奈（Vincent Lépinay）、维克多·卢夫蒂格（Victor Luftig）、比尔·莫勒（Bill Maurer）、安妮·梅内利（Anne Meneley）、娜塔莎·迈尔斯（Natasha Myers）、安妮玛丽·莫尔（Annemarie Mol）、克里斯·摩尔（Cris Moore）、克里斯蒂娜·尼斯（Kristina Nies）、克里斯·奥特（Chris Otter）、卡奈·厄兹登（Canay Oozden）、吉斯利·帕尔松（Gísli Pálsson）、维雷娜·帕拉维尔（Verena Paravel）、布朗文·珀西瓦尔（Bronwen Percival）、托拜厄斯·里斯（Tobias Rees）、朱丽叶·罗杰斯（Juliette Rogers）、索菲娅·鲁斯（Sophia Roosth）、拉斯·莱默（Russ Rymer）、多里昂·萨根（Dorion Sagan）、卡特琳娜·斯卡拉梅利（Caterina Scaramelli）、希莱尔·施瓦茨（Hillel Schwartz）、大卫·萨顿（David Sutton）、凯伦·休·塔西格（Karen–Sue Taussig）、梅根·特蕾西（Megan Tracy）、米塔利·塔科尔（Mitali Thakor）、玛丽亚·特鲁普勒、黛博拉·瓦伦泽（Deborah Valenze）、温迪·沃克（Wendy Walker）、查尔斯·沃特金森（Charles Watkinson）、科基·怀特（Corky White）、布拉德·韦斯（Brad Weiss）、芭芭拉·惠顿（Barbara Wheaton）、理查德·威尔克（Richard Wilk）、乔比·威廉姆斯（Joby Williams）、丽贝卡·伍兹（Rebecca Woods）和肯·维索克（Ken Wissoker）。苏珊·弗莱德伯格（Susanne Freidberg）和艾米·特鲁贝克（Amy Trubek）特别慷慨和乐于助人。

对我的写作团队不懈地参与和持久的友情，我一直心怀感激：伊丽莎白·费里（Elizabeth Ferry）、斯米塔·拉希里（Smita Lahiri）、安·玛丽·莱什科维奇（Ann Marie Leshkowich）、珍妮特·麦金托什

（Janet McIntosh）、阿贾莎·萨布拉曼尼亚（Ajantha Subramanian）和克里斯·瓦利（Chris Valley）。

在麻省理工学院人类学系里，我拥有最棒的同事：曼杜海·布扬德尔格（Manduhai Buyandelger）、迈克尔·费舍尔（Michael Fischer）、斯特凡·赫尔姆里奇（Stefan Helmreich）、吉姆·豪（Jim Howe）、让·杰克逊（Jean Jackson）、埃里卡·詹姆斯（Erica James）、格雷厄姆·琼斯（Graham Jones）、苏珊·西尔贝（Susan Silbey）和克里斯·瓦利。在研讨会上，他们对本书的初稿提出了批评，这是至关重要的。也感谢基兰·唐斯（Kieran Deward），以及相近项目的克里斯·博贝尔（Chris Boebel）、黛博拉·菲茨杰拉德（Deborah Fitzgerald）、大卫·琼斯（David Jones）、大卫·凯泽（David Kaiser）、安妮·麦坎茨（Anne McCants）、哈丽特·里特沃（Harriet Ritvo）、娜塔莎·舍尔（Natasha Schüll）和罗伊·史密斯（Roe Smith）。

霍利·贝洛奇奥·德索（Holly Bellocchio Durso）、路易莎·丹尼森（Louisa Denison）、莉莉·希金斯（Lily Higgins）、基拉·琼斯（Kirrah Jones）、克里斯蒂·林（Christie Lin）、帕特里西娅·马丁内斯（Patricia Martinez）、艾丽莎·门施（Alyssa Mensch）、卡罗琳·鲁宾（Caroline Rubin）、阿耶莎·西迪基（Aayesha Siddiqui）和艾米丽·万德尔（Emily Wander）转录了采访录音，并帮助完成了其他基础工作。我要特别感谢伊丽莎白·佩奇·贝拉斯克斯（Elizabeth Page velasquez），她是一位Excel高手，以可视化的方式向我呈现了大规模调查产生的定量数据。

我的研究之所以成为可能，要感谢温纳—格伦人类学研究基金会（Wenner Gren Foundation）、美国MJW基金会（Marion and Jasper Whiting）、露丝·莱维坦人文社科创新奖（Ruth Levitan Prize），以及麻省理工学院1957届职业发展主席的慷慨支持。作为玛丽·邦廷（Mary Bunting）研究所的一名研究员，我在拉德克利夫高等研究院（2009—2010）驻校一年期间写下了本书的大部分内容，对此我深表谢意。加州大学出版社的凯特·马歇尔（Kate Marshall）对我的项目满腔热忱，对我的写作信心十足，能再次与我的编辑杰奎琳·沃林（Jacqueline Volin）合作真的很高兴。非常感谢尤尔根·福斯（Jürgen Fauth）在佛蒙特州伦敦德里的农贸市场（在实地考察期间拜访我们时）拍摄了巴德维尔农场（Consider Bardwell）奶酪的精美照片，并允许我把它作为本书（英文版）的封面。

我对奶酪和文化的兴趣可以追溯到我的童年；我的父亲汤姆·帕克森（Tom Paxson）和母亲朱迪（Judi）培养了我的好奇心。近年来，他们在关键时刻帮我照料孩子，让我能够顺利完成这本书。我父亲仔细阅读了每个章节。玛丽（Mary）和埃里克·海姆里奇（Eric Helmreich）收集了关于加州奶酪的文献，还提供了一个重要的联系人，并叮嘱我们注意休息。

自我儿子鲁弗斯（Rufus）六岁多一点的时候，他就生活在我的奶酪世界里。也许，奶酪以及我对奶酪的研究，将贯穿他的一生。这大概是他为什么能凭一己之力帮我想出这本书的名字。谢谢你，鲁弗斯。我希望今后我们的生活不再受奶酪诸事影响，当然吃芝士还是多多益善的。斯蒂芬·海姆里奇（Stefan Helmreich）是我的合作伴侣。他对本书的研究和写作立下汗马功劳。近年暑期我外出做田野调查时，他总是任劳任怨地陪伴在我身边。感谢他敏锐的人类学洞察力，耐心阅读、修改书稿，并且孜孜不倦地追求奶酪的口味。更重要的是，感谢他一直以来对我的信任，从未动摇。

本书的主要观点主要来自以下论文：

- “后巴斯德文化：美国生牛奶奶酪的微生物政治学”，载《文化人类学》（*Cultural Anthropology*）23（01）：美国人类学协会著，威利·布莱克威尔出版公司出版，2008年，第15–17页。
- “奶酪文化：改变美国人的口味和传统”，载《美食学：食物与文化日志》（*Gastronomica：The Journal of Food and Culture*）10（04）：加州大学出版社出版，2010年，第35–47页。
- “在手工奶酪中寻找价值：反向设计新世界景观的风土”，载《美国人类学家》（*American Anthropologist*）112（03）：美国人类学协会著，威利·布莱克威尔出版公司出版，2010年，第442–457页。
- “美国手工制作奶酪的‘艺术’和‘科学’”，载《奋进杂志》（*Endeavour*）35（2–3）：爱思唯尔出版公司出版，2011年，第116–124页。

AMERICA ARTISANAL

第一章

美国手工

1 2003年，安迪（Andy）和马特奥·凯勒（Mateo Kehler）开始在佛蒙特州北部的贾斯珀·希尔农场（Jasper Hill Farm）饲养奶牛，并制作奶酪。不到一年工夫，他们的哈森蓝纹（Hazen Blue）和永乐（Constant Bliss）两款新品就在波士顿到芝加哥的多家餐馆与美食店亮相。贾斯珀·希尔农场生产的奶酪是美国新式奶酪的代表：小批量生产、纯手工、欧式烹饪风格。[1] 这些奶酪可单独品尝，也可与红酒搭配。凯勒兄弟代表了新生代的美国食品生产商：城市长大、大学毕业，却献身农业，投资置地、融入当地社区，并掌握了从牧场到餐桌的奶酪生产的全过程。

我第一次拜访凯勒兄弟是在2004年3月。为了到贾斯珀·希尔农场，我驱车穿过树林茂密的山丘，山上点缀着摇摇欲坠的建筑和锈迹斑斑的农场设备。这里位于加拿大边境南部，号称“佛蒙特州东北王国”三县，19世纪曾经因为缺乏水路运输，所以完美错过了当年的坎林伐木热潮，至今依然保留着边境领土的荒凉与沧桑。安迪和马特奥每逢夏季都在里海湖度过他们难忘的童年时光，这是沿袭了他们家族自20世纪20年代以来的传统。他们依稀记得他们的祖母是一名推销员的女儿，她父亲到这一带旅游时买下了湖边的垂钓小屋。她说，在她年轻时看到许多当地居民从山顶的农场下来，身穿家庭自制的皮衣。[2] 今天，至少在春天泥泞的季节里，这里许多的农场看上去仍然有一股令人绝望的古朴美。

我刚到达农场时，安迪出来接待，带我参观了牛舍里的埃尔郡母牛。我把消毒无菌的医用靴子套上，然后走进挤奶厅旁边的一间
2 敞亮的奶酪室。当时马特奥和他的妻子安吉（Angie），以及安迪的未婚妻维多利亚（Victoria）——都30来岁——正在加工一种叫阿斯彭赫斯特（Aspenhurst）的英式奶酪。当马特奥把一大块沉重

的矩形凝乳放入一个声音嘈杂的切割机时，安迪俯身面朝奶酪桶，帮维多利亚徒手搅动切碎的凝乳，以防结块。他们还加入大量的食盐。在威斯康星州，人们把新鲜的奶酪凝乳当零食。但是在佛蒙特州，凝乳只是奶酪的一个中间产品。凯勒夫妇使用手持式勺子将凝乳压入圆柱形模子，然后放进水平式压榨机中，以挤出剩余的乳清。这真是一个高强度的体力活。在一间热气腾腾的屋子里，他们有条不紊地操作那种铮亮的新型设备，这原本是一百多年前英国乳制品产区的手工艺人使用的，在20世纪中叶早已被工业自动化淘汰了。

看着凝乳被切碎、腌制、包装，马特奥沉思片刻说道，“我们曾经梦想多赚点钱”，然后“在佛蒙特州安顿下来，（因为这里是）世界上最美丽的地方”。安迪从佛蒙特大学毕业后的第一份工作是建筑承包商，后来一直想方设法换工作。因为承包商“是从他人的劳动中挣钱”。在20世纪90年代初，马特奥在贵格会（Quaker）学院学习国际发展专业，毕业后在印度一家小额信贷公司里工作。他告诉我，就像世界上其他举步维艰的农场社区一样，佛梦特州亟须发展农业。仅在前一年，这个州就关停了50家奶牛场。[3] 凯勒夫妇率先在农业领域里创业，希冀扭转每况愈下的农场业务。从一开始，他们就力图发展当地经济，这样既不会损害他们所说的佛蒙特州人的“独立文化”，又不会破坏作为“工作景观”（working landscape）的环境。1998年，兄弟俩用自己的积蓄和一些家里人给的钱购买了223英亩土地，还有一间破旧的谷仓。他们曾经想开拓有机豆腐（organic tofu）的市场，也想过开办一家小型酿酒厂。后来他们“四处转悠、突发奇想：为什么不养牛?”在他们看来，奶牛不仅属于原有自然景观的一部分，而且也是佛蒙特州地方特色的核心。

劳动密集型的手工奶酪是他们创业计划的关键所在。马特奥认为，乳制品业可能是“佛蒙特州经济的基础”，但如今业已成为该州“失败的行业”，因为一直以来奶农都把液态奶出售给加工厂。“我们无法与加州的规模经济竞争。”他说，仅加州一家巴斯托（Barstow）农场就有19000头奶牛。而2002年，佛蒙特州一半的农场饲养的奶牛不超过70头。“加州以其价格低廉的牛奶碾压佛蒙
3 特州。”马特奥预言道。在凯勒兄弟看来，佛蒙特州乳品业的希望在于手工奶酪。在这里，一个家庭饲养25或30头母牛就可以过上体面的生活。他们说，只要瞄准高端市场开发一种高品质的奶酪，就可以增加牛奶的商业价值。

当今美国，有450多家企业用从附近农场购买的或自家奶牛产的鲜奶手工制作奶酪。[4] 凯勒家族正赶上一波新的手工奶酪制造企业的浪潮。如图1所示，这类企业的数量自2000年以来翻了一倍多。[5] 在过去的30年里，不少前专业人士和应届大学毕业生跟随曾经的嬉皮士的步伐，翻修破败的农场，并重塑“农庄奶酪”（一种非正式的称呼，指的是采用自家奶牛场供应的奶制作的手工奶酪）。最早是年轻女性于20世纪70年代回到这片土地，并在80年代将她们

图1 手工奶油厂获得商业许可的年份（1980—2007年），来源于2009年2月收集的调查数据（n=164）。

的职业商业化。今天的奶酪制造商来自广泛的职业背景，包括商务管理、护理、家政、美术、科学教育和美食零售。继承农场或嫁入农场家庭的传统奶农代表着越来越多的农庄奶酪制造商。

这是一个奶酪制作的基本配方：给鲜奶加热；添加菌种，将乳糖转化为乳酸；加入一种酶（如凝乳酶），有助于发酵奶凝固。一旦鲜奶凝结成凝胶状，用长刀片将凝乳切成小块，排出水状的乳清，释放水分、沥干、加盐，然后将凝乳装入模具中。这里暗含了无尽的变化——是选择山羊奶、绵羊奶抑或是牛奶？选择添加何种菌种？制作过程中每个步骤的时间与温度的选择？奶酪是新鲜食用还是储藏数月甚至数年——这些选择会产生出数百种甚至数千种的奶酪。

杰弗里·罗伯茨（Jeffrey Roberts）在2007年所写的《美国手工奶酪指南》（*Atlas of American Artisan Cheese*）一书中，把新发明的手工奶酪进行了分类，其中提到一种涂上可可和薰衣草的奶酪，用酪乳和烈性苹果酒洗涤，或覆盖一层可食用的霉菌。从这些稀奇古怪的芝士名字——紫雾、嗡嗡蜜语、茸茸轮子、海酷（Hyku）——传达了手工艺者的个人烙印，这与欧洲根据原产地命名的传统形成鲜明对比（如孔泰、塔雷吉奥奶酪），后者承载着地方特色的历史厚重感。[6]

乳业科学家保罗·金斯德特（Paul Kindstedt）写道，“奶酪制作的艺术实际上是与自然界合作、塑造，并控制自然力量”。因此，在研究奶酪的手工制作时，我们遇到了更广泛的问题，即人类怎样才能更好地栖居、融入与管理“自然”（包括环境、微生物、动物与人类）。[7] 当人们在牧场上劳作、照料牲畜、手工制作奶酪，并准备好将其推向市场时，他们管理的对象是象征性的、制度性的和有机的。那么，奶酪的生活，既指那些手工艺人的工作生活，也指他们工作对象的生命力。独特并面向未来、创新而非墨守成规，手工奶酪制作文化无疑是美国式的。

什么让美食实至名归？

本书描述的是在新英格兰、威斯康星州和加利福尼亚的乳制品地区进行的一项人类学研究。为此我深入农场和乳品厂，调查怎样生产出美味食品。人们判断奶酪好坏的依据是它的风味、健康程度，以及它的制作过程——换句话说，这是经过深思熟虑的，甚至涉及道德上的考量。虽然手工奶酪无疑会给消费者带来味觉愉悦甚至社会地位的优越感，但本书关注的是制作奶酪为农村和半城市化地区的生产商带来哪些价值。[8]

食物对人类的价值远远超越了各种量化指标，不论是卡路里或脂肪，还是各种面值的美元。除了提供营养来源和生计之外，食物在任何地方都是文化和社会交流的媒介。[9] 食物制作可以激发想象和创造力，需要物质资源的投入。通过食物，人们强化了自我意识、与他人的联系（或疏离）。[10] 食物提供了一个强大的身份认同参照系，因为吃得好、吃得饱、吃得舒服不仅意味着健康，还包括良好的道德。食物时而被当作母爱的象征，给婴儿提供营养的乳汁，时而被当作慷慨好客的美德为客人送上美味佳肴，时而成为争执的焦点，演变成社会冲突、动荡或怨恨的缘起。[11] 食物不仅象征着地位和声望，而且具有社会变革的力量，通过它还可以操控社会关系和控制权力。[12]

因此，食物的好坏可以通过各种维度来评估：身体和社会福祉、纯度、地位、情感影响、食材准备的便利性、成本以及同样重要的口感。看待食物的多重价值观使饮食政治变得波诡云谲：我们如何评价俗语所说的“人如其食”，或者回应他人的挑衅“从饮食可以看出你的为人与社会阶层”。选择食物时的道德权衡与前后矛盾并不足为奇，因为在文化和口味上诱人的一种食物并不意味着其同时具有营养与社会益处。[13]

类似的特征也体现在食品生产上。手工艺人想要制作健康美味的食品，但更重要的是，通过制作美食，他们希望自己过上幸福的生活，获得满足感。作为乡村的创业者，这些手工艺奶酪制造商与我的人类学同事研究过的波尔多的葡萄种植者、巴黎的巧克力制造商和东京的鱼贩子一样，不仅受利润的驱动，也拥有一份情怀。[14]凯勒兄弟可能会从政治角度宣扬，他们的企业宗旨是重塑食品体系，而其他人则表现得更低调谦逊、特立独行。[15] 大多数人既不会说教，也不会煞有介事地表示他们有能力处理根深蒂固的结构性问题，比如在被戏称为食品沙漠化的城市里，城区已然被杂货店所淹没，处处可见廉价快餐店。[16] 比较而言，他们更注重个人的日常生活。人类学家朱迪斯·法夸尔（Judith Farquhar）认为：“日常生活的能动性是手工艺活动的一种表现，需要人与自然万物之间的亲密合作。就像食谱和它所依赖的烹饪技巧、品尝美食和享受他人的陪伴一样，创造美好生活也是即兴之作，很多事情是不言而喻的。”[17] “奶酪的社会生活”密切关注奶酪的制作和生活的雕琢是如何互相影响的。

食品体系工业化给我们带来了高效率、低成本与一体化的生产方式，对此我们已经习以为常。而今竟然有人采用 19 世纪的机械和工艺技术来制造奶酪，这是明智的做法吗？今天，那些在美国制作奶酪的手工艺人之所以这样做，是因为他们获得的价值超过了它有限的创收能力。尽管工匠们的个人经历与工作模式千差万别，有些人是第三代奶酪制造商、前家庭主妇或者前公司高管，有些人用 50 加仑的水壶或 1500 加仑的大桶，有些人用原奶或者巴氏杀菌奶，但是他们都有一个共同的信念，即优秀的个人品格铸就奶酪的优异品质。

本书把广泛应用于食品消费的解释性分析带到了对其商业生产的研究中，以解释奶酪制造商为什么相信他们的付出终将收获优质的食品。生产者的烹饪与道德价值观怎样影响他们看待牧场、动物以及那些把牛奶转化为奶酪的生化物质？这些价值观是如何通过市场交换传达给消费者，并转化（或可能被削弱）的？在 21 世纪初的美国，我们可以从手工食品的制作里学到哪些自然界的政治和市场经济的伦理？

当今手工制作奶酪的价值

手工奶酪制作是美国更为广泛的文化转型的一部分，因为核心文化价值观曾受到 20 世纪农业产业化的有毒遗产的挑战。我们享受廉价食品的代价是农场的关闭，周期性暴发食源性疾病以及农场工人和牲畜遭受惨无人道的虐待；从这个角度说，通过工具理性的工业效率实现人类科技进步的承诺不过是一场虚无缥缈的风。[18] 从畅销书《快餐民族》（*Fast Food Nation*）到荣获奥斯卡金像奖提名的电影《食品公司》（*Food, Inc.*），有关媒体推波助澜，公众也乘机猛烈批判农业综合企业（agribusiness）。[19] 与此同时，继城市去工业化和高管渎职丑闻之后，对公司化美国的幻灭骤然引发了一股追逐自给自足生活的热潮。[20] 50 年前，美国梦让人们憧憬这样一幅图景：拿着工会与企业协商好的一份工资、开着自己参与制造的汽车以及拥有经济实惠的房子。今天，人们以截然不同的姿态继续着强大的个人主义和自我价值实现的集体神话，因为“自己动手”的手工艺人与园艺师们正步入后工业化时代的城市景观，而郊区的鸡舍也俨然成为“自草坪飞镖以来最令人兴奋的庭园后院的标配”。[21] 手工奶酪制作与其说代表一种新的文化趋势，不如说（对于那些新近入行者来说）代表着美国文化中无所不在的、对价值观的重新审视——独立自主、坚忍不拔、勤劳刻苦的美德和睦邻友好的社群主义精神（communitarian ethos）、对自然环境的关切和对未来进步的信心。[22]

虽然有些奶酪制造商进入手工艺行业是希望退休后有事可做，有些人则为自己和家人谋生。像凯勒兄弟一样，许多新入行的家庭刚接触农业。有的年轻夫妇为抚养孩子而搬到乡村，也有同性恋者为了生活在一起而结伴谋生，也有的是祖孙几代人为了共同的梦想重聚于此地。然而美国农庄奶酪生产的复兴背后是几代奶农为了摆脱农业产业化（industrial agriculture）的困境而努力挣扎：要么做大蛋糕（结果把邻居挤走）、要么出局。[23] 这两个群体在追求令人满意的工作时，也都为多重的、有时是相互冲突的价值观所困扰。

通过在本书中讲述并诠释奶酪制造者的故事，我意在揭示他们决策与行动的复杂性。我无意评判他们的所作所为。在跟当地的消费者解释为什么入这行时，他们会说是为了支持农村经济和社区呀，想给家人提供健康、美味的食物呀……我心里会嘀咕：他们入行的初衷是什么？这些是否会被畜牧业、产品开发和业务增长等经营的现实问题而改变？他们努力实现多元价值，这很可能造成道德和经济不确定性之间的矛盾。许多奶酪制造商在竭力探索，一家企业如何才能成长到足以支付账单、给自己支付微薄的薪水、为未来存点积蓄，但又不会变得太大，以至于他们坐在高大上的办公室里发号施令，而不是实现当初的夙愿：在户外与动物为伴，或者把胳膊浸泡在甜美的凝乳中。如果产品的卖点是生产商秉持的价值观时，那生产商的经济不确定性问题会变得更严重。比如他们宣称家族世代为农，或者给山羊奶起了个性化的名字。如果在营销宣传时过分强调他们从制作奶酪中获得的个人价值，那这种价值对奶酪的材质、内在品质所产生的作用很可能就被这些制作奶酪的工匠们夸大了。

在工业社会里，工匠的形象总是令人不安，这体现了人们对中产阶级地位、安全感的文化焦虑。[24] 在欧洲，工匠往往被认为退缩回前现代，固守一隅、与现代化背道而驰。[25] 例如，在苏珊·特里奥（Susan Terrio）的笔下，法国巧克力制造商代表的是“喜欢鼓吹他们传统的职业道德、家庭价值观、社区凝聚力以及小型企业间的非竞争传统”的一群人，但与此同时，他们仍然是“需要自我剥削的体力劳动者”。[26] 他们的自雇能力提供了向上流动的经济实力，但缺乏高等教育所给予的那份优雅。法国的手工制作企业家被认为没有修养，“易受经济贪婪的影响”，故意向顾客收取过高的费用，并剥削工人。在美国，手工奶酪制造者代表的是这样一群人：他们乐于分享自己的工作伦理、家庭价值观和社区凝聚力，但如果把他们的农活与手工艺想得过于浪漫，并贴上诚实可靠的标签，那就对道德的纯洁性产生了太多不切实际的幻想。本地手工食品的各种庆典活动往往让我们对乡村生活充满了诗情画意的想象——正如小说家芭芭拉·金索沃（Barbara Kingsolver）在2007年出版的畅销书《动物，蔬菜与奇迹》（*Animals, Vegetables, Miracles*）中讲述的从她家附近农场和自家后院采摘食材的故事——但是农村企业家必须务实。用一位经验丰富的奶酪制造商的话来说，“在60年代真正关心自己温饱的那一代人，长大后面临一个新难题：如何让企业活下去”。实用主义和必要妥协是他们道德推理的基础。

肩负着手工业者和小企业主的双重角色，美国的奶酪制造者冒着被人称作伪君子的风险。与法国工匠缺乏文化修养的刻板印象截然相反的是，美国工匠被怀疑是刻意低调、不露富的精英阶层：从事体力劳动，只是为了掩盖其拥有的特权阶级地位。当然这种一概而论的说法存在一些问题。首先，它忽视了那些从事奶酪生产，以增加牛奶商业价值为己任的奶农，以及抵制机械自动化的第三代农场所有者与经营者。其次，这种说法同样无视消费者对营销噱头的影响。媒体往往刻意渲染那些吸引消费者眼球的田园浪漫，掩盖了生产商面对的不那么浪漫的现实，即未付的账单、不断增加的财产税和动物屠宰。最后，生产商道德沦丧的观点体现了定量市场价值和定性社会价值之间的二分法，认为对其中一种价值的追求会削弱另一种价值。本书力图驳斥这一观点。[27] 实际上，我认为，实现潜在相互冲突的价值观本身就构成了生产商的价值来源:是面临道德选择时苦闷彷徨的过程，而不是内心挣扎的结果，使得手工艺值得他们毕生追求。

尽管手工奶酪制作的复兴始于20世纪70年代的回归大地运动，但是随着运动的发展，它在很大程度上已经摆脱了反文化的思潮。手工奶酪制作仍然是一项追求边际利润最大化的事业，但已经成为主流文化项目。它反映了后工业化时代对美国自然景观的重构与想象，这是由新出现的城乡人员流动、商品交换与情感交流（social traffic）产生的，因此我们逐渐意识到所谓的“自然”其实是人类活动的产物。不论是逃离案头工作的乡村新移民，还是继承家业的传统奶农，奶酪手工业给破败的农场带来了生机，为乡村居民提供新的就业机会，并扩展了烹饪口味。这是新涌现的一种农业生活方式，它面向未来，而不是眷念神话般的牧场生活。它提倡与牧场生态的动物们、反刍动物生命周期和牛奶发酵微生物的合作精神——这与农业的产业化对自然的宰制与征服形成鲜明的对比。在许多方面，当代手工艺制作受到所谓“后田园精神”（post-pastoral ethos）的影响。[28]

从工业生产到手工制作

“慢食运动”（Slow Food Movement）创始人之一卡洛·彼得里尼（Carlo Petrini）形象地把美国的手工奶酪制作的出现称为“文艺复兴”。[29] 今天被誉为农庄奶酪，即在牧场手工制作的奶酪，在前工业化时代是美国人的一种家庭主食（这段历史将在第四章详细阐述）。几代人以来，农妇制作奶酪用于家庭食用与商业贸易。到19世纪后期，奶酪制作已经进入工厂，由专业、熟练的商人加工从当地农场购买的牛奶。食品科学家很快设计了生产流程，把牛奶变成奶酪的化学反应过程分解成多个步骤，然后形成工业化的加工过程，生产出安全、可预测的标准化工业品。工厂一体化、自动化的流水线替代了手工艺人——尽管正如第四章中详细介绍的那样，有一些手工艺厂仍然像一个世纪前那样生产奶酪。与此同时，1997年，商品切达干酪（其制作工艺与正宗的切达干酪不同）开始在芝加哥商品交易所交易大厅与五花肉一起定价。交易以桶为单位，萨拉·李（Sara Lee）和麦当劳是参与交易的主要两家企业。[30]

奶牛牧场也经历了类似的转型。在过去的一个世纪里，乳品业，正如小麦和其他主粮的生产，已经按照工业逻辑组织起来，以资本主义与科技理性为准绳，以实现生产与利润最大化的单一目标。[31] 在整个20世纪里，小规模的乳业厂被迫停产，原因可能是设备价格上涨、牛奶消费量下降以及新的健康法规导致生产成本上升（例如，20世纪50年代出台的政令规定挤奶厅必须使用混凝土地板以及用散装罐子取代金属奶罐）。[32] 从1970年至2006年，美国奶牛场的数量下降了88%。[33] 美国农业部把随后农村人口的减少视为农业产业化是否成功的一个标志，作为“掌握（工业）技术的一个证据”。[34] 少数几家大规模农场继续提供物美价廉、数量更多的牛奶。[35] 农业工业化无疑为美国提供了廉价食品。总体而言，美国人的食品消费占其可支配收入的10%（在低收入家庭中，这一数字上升到21%）。[36] 但是正如马特奥提醒我的那样，廉价食品是规模经济的产物，这不仅让小农户流离失所，也很快耗尽了农田土壤中的肥力，并且撕裂农村社区的社会结构。

1970年，玛格丽特·米德（Margaret Mead）辩称，商业化农业忽视了食物作为身体和社会营养来源的重要性。[37] 工业食品已经被重新定义为主食作物，是一个地区乃至国家繁荣的保障和农业综合企业的利润来源。根据米德的说法，这种经济思维造就了全球工业食品体系的悲剧性悖论：严重的粮食短缺与粮食过剩并存。数以千计的食品正在腐烂，因为将其投放市场就会干扰价格。政府对食品市场不当干预的标志性事件是里根（Regan）时代免费发放的“政府奶酪”赠品。据当年的新闻报道，数吨国家限价的过剩乳制品在冷藏库中腐烂，仓储费却由公共财政承担。更令人气愤的是，在联邦食品券援助计划遭到削减之时，里根政府才在1981年开仓把3000万磅的过剩奶酪供应给“有需要的人士”。几家电视台实况转播了这一盛况。当天穷人和老人排着长队，领取由流水线生产出来的过剩乳制品，美其名曰“美国奶酪”。领到该奶酪的人们按要求刮除在储存期间长出来的表层无毒霉菌。[38] 这次奶酪赠品事件不仅给加工奶酪贴上了穷人食品的标签，而且丝毫没有减少侵蚀奶农利润的过剩产量。在全国奶酪研究所的要求下，政府买断与再分配计划被另一项旨在恢复市场均衡的联邦计划所取代，即“乳制品终止计划”。这项被戏称为“凭举国之力收购活牛”的联邦计划规定，由政府付钱给奶农，购买成群的奶牛供屠宰。[39] 政府要求奶农要么做大规模，要么出局。

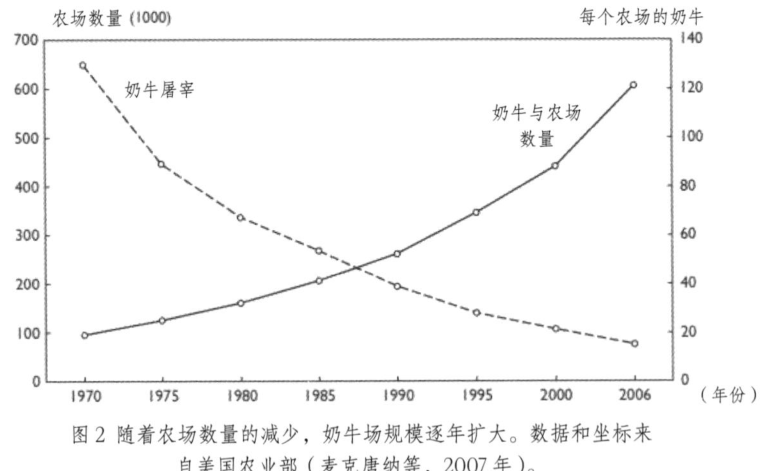

图2 随着农场数量的减少，奶牛场规模逐年扩大。数据和坐标来自美国农业部（麦克唐纳等，2007年）。

佛蒙特州和威斯康星州的州政府希望找到一个折中的办法，支持所谓的“增值”农产品。它们不是一味地鼓励扩大畜群规模和提高产奶量，从而以低价出售给加工厂。与此相反，州政府要求缩减中型农场的规模，通过将牛奶加工成黄油、冰激淋或奶酪这样的中间产品，并直接卖给终端消费者，从而增加牛奶的商业价值。[40] 自2004年以来，佛蒙特州手工奶酪研究所（Vermont Institute of Artisan Cheese，VIAC）与威斯康星州乳制品企业创新中心（Dairy Business Innovation Center，DBIC）为高附加值乳品业提供了技术支持。尽管这些州努力促进奶业发展，但它们历史上规模较小的农场还是难以跟占据全国液态奶市场半壁江山的加州农场竞争，因为那里有广袤的山谷、温暖的冬季和支持农业综合企业的政治气候。[41] 农业养殖户试图扩大利基市场（niche market），以获得更大一块终端消费的蛋糕。政府援助的目的是通过创造就业机会、保护农业或开发土地来促进农村经济的发展。[42]

自20世纪80年代以来，从缅因州到加州，许多拓荒者和乡村移民购买废弃农场并制作奶酪，取得了显著成效。受此启发，政府出台了乳品业（dairy farming）的转型政策。资金实力雄厚的企业（早期的有纽约州偏远地区的蔻驰农场和查塔姆牧羊公司）因制作美国手工奶酪而声名鹊起，为创业资金微薄、缺乏市场资源的新入行者铺平了道路。与此同时，在20世纪抵制工业自动化的手工奶酪厂开始重新包装他们的特色奶酪，以崭新的面貌进入21世纪的手工食品市场。

无论是为了逃离办公室、追求新的“生活方式的移民”，还是改变经营策略的老一辈奶农，今天的手工艺奶酪制造商们都希望制作和销售比工业品更好的食品：更低的社会和环境成本、更丰富的口味、更高的营养价值与商业价值。[43] 为此，他们添加适量的营养强化剂或风味物质，小批量制作奶酪，而不是采用自动化流水线，加工大批量的、标准化的牛奶。他们从社会学家道格拉斯·哈珀（Douglas Harper）所说的“手工农场”（craft farm）里，使用自产或购买的牛奶小规模生产，由家庭成员亲自动手操作或部分参与生产过程。在手工乳品业中，“工人主导并控制机器而不是受其控制”，哈珀写道。[44] 凯勒夫妇和像他们那样的手工业者希望购买废弃的农场，用手工生产替代工业生产，重振被农业产业化破坏得伤痕累累的农村社区和农业用地。这是一个阶层政治和经济的问题：许多新的手工企业是由于政府取消废旧农场的抵押品赎回权一手促成的，而这些旧农场正是当初对农业产业化的前景失望而退出市场的牺牲品。

手工或工匠制作的奶酪可不是什么廉价食品。一位从小在传统奶牛场长大的山羊奶酪制造商曾跟我说：“你现在别指望去农贸市场捡便宜。那是 20 年前甚至 25 年前的事了。”跟过去比，农贸市场里的农产品价格确实涨了不少，但这并不是因为如今的奶农对农产品的价格比过去有更高的奢望。相反，工业化规模的农业生产、政府补贴、放松管制的运输以及全球贸易等因素造成超市食品的零售价过低，结果农产品的价格显得相对昂贵。[45] 这里不仅有工业机械的问题，而且涉及政府决策。政府补贴劳动密集型的乳品行业和手工劳动力的价格——这一价格使美国农村的小部分地区重获生机——但对许多人，甚至是大多数消费者来说是遥不可及的，并不是因为这些生产商高估了他们的劳动价值，而是因为美国政府补贴的对象是大型工业乳品企业，但不是像欧洲那样补贴手工食品生产商。与本土的工业生产企业和欧洲的手工食品生产商相比，美国的手工生产商承担了更高的成本。因此，尽管手工奶酪制造一直被认为是美国农业企业的领头羊，可能替代工业食品生产，但不要奢求这个过程会一蹴而就，除非政府立法时改变一刀切的农业政策。[46]

人类学家试图了解的社会变化不仅表现在有形物质方面——例如在制度政策和生活水平方面——而且也表现在无形的一面，即人们对自我选择的反省和心理感受。作为一种在市场出售的商品，手工奶酪固然是资本主义经济企业的体现，但其生产并没有严格遵循经济效益至上的工业逻辑。作为一个创业企业和一种生产模式，手工制作奶酪明显受经济价值观与个人情感的影响，尽管其影响机制并不明了。[47] 制作哪种奶酪、如何营销，以及做多大规模的企业，这些决策均须权衡经济和道德价值。这种决策考量也出现在关于名称的意义和价值的辩论中——地方的、有机的、手工的、农庄的、风土的——这些名称既建立了共性，也区分了商品奶酪与手工奶酪。虽然手工艺人和手工奶酪制造商热衷于融合道德与经济价值，但他们是在市场经济之下谋生。然而市场经济的神话是，资本主义只奖励那些冷酷、理性的利己主义者。夹在两个互相冲突的价值之中，他们美好的愿望遭遇现实的骨感，这往往令他们心力交瘁。

我认为，手工奶酪获得其独特的内涵，缘于其生产工艺、承载
的价值与工业奶酪的迥然不同。正如历史学家黛博拉·菲茨杰拉德 13
（Deborah Fitzgerald）所言，如果20世纪工业食品生产的目标是使“每个农场变成工厂”，那么21世纪手工食品生产的关键目标是使每个农场都成为一个工作景观——一种多元价值共存的景观：体面的生活、健康的生态环境、美丽的风景以及梦寐以求的美味佳肴。[48]

如何实现半成品的价值

通过介绍奶酪手工艺人如何靠勤劳的双手过上美好的、体面的生活，本书展示了人们的经济、道德行为和社会行为三者是如何相互关联的。[49] 奶酪制造商绝不是努力调和多重价值观的唯一群体——正如社会学家大卫·史塔克（David Stark）所说——因为这是我们社会的市场化运作方式。[50] 除了通过赚取工资或薪金来购买商品和服务之外，我们还可能从亲戚那里继承财产或现金礼物，约朋友各自带上孩子参加亲子活动，出行时请邻居帮忙给花园里的蔬菜浇水等。这些行动的价值同样是实质性的和象征性的。人类学家斯蒂芬·古德曼（Steven Gudeman）称之为“经济的张力”，即市场竞争和我们都依赖的非市场交易的“互利共生”之间的辩证关系，体现了人们对劳动意义的不懈追求。[51] 手工奶酪制造商阐明了这一更广泛的现实，因为他们在商业企业中，通过经营企业实现多重价值的努力是自觉的，并受到他人的评判。然而在其他方面，经济价值和道德价值之间的相互作用常常被某种话语所掩盖，比如将“工作”和“家庭”空间，以及为钱和为兴趣工作截然分开。

通过不断拷问市场原则与实用主义之间的紧张关系，奶酪工匠们把自己塑造成一个道德主体。我绝不是说制作奶酪的做法本身就是道德的。相反，我的观点是商业手工奶酪制作适合于道德的自我塑造，评估自己是否是个好人，因为美国手工奶酪的价值还没有完全确定。[52] 手工奶酪是我所说的未完成商品，其内在价值还没有（或者已经）被贬值到等同于其市场价值的地步。作为一种商品，手工奶酪的未完成特性使人们关注它的价值可塑性，因而预示着未来可能实现其多元价值。[53]

事实上，成品的外观价值等价于使用价值（从购买中得到的）和交换价值（为购买所支付的）。以一盒麦片为例。超市的过道往往摆满了不计其数、价格大致相同的各类商品。作为消费者，我们无从判断商品的生产要素，如人工、研发、产品设计、原料采购、环境成本、市场营销和包装。所有商品都有一本生产的传记或“社会生活”。[54] 在成品中，这些背景故事对消费者来说是模糊不清的。通过品牌包装与产品营销，新颖的商品故事被创作出来，将商品的直接与间接成本隐藏。[55] 正是通过将商品设计者和生产商的经验、情感和兴趣排除在商品交换之外，人们才能把商品的合意性和功能性（其使用价值）计算为消费者愿意支付的商品价格（它的交换价值）。因此，价值被认为是商品的内在属性，这就是马克思所说的劳动异化和商品拜物教。[56]

相比之下，奶酪制造商把关于手工奶酪制作的社会背景故事中的特色元素带到台前。工匠们的劳动痕迹被保留下来，增加了奶酪对消费者的吸引力。在商店或在一个农贸市场的摊位上，一张奶酪制作的农场照片可能与供品尝的样品一起展示。与更为熟知的、将奶酪按品类（如切达干酪、水洗式奶酪）进行命名的方式不同，那些听起来更像昵称（大块头姑娘、厚实方奶酪）的奶酪名称承载了生产者的某种身份。[57] 通过唤起人们对其劳动以及农场动物、细菌和真菌的生产贡献的关注，奶酪制造商试图揭开奶酪神秘面纱下藏匿的生活。

手工奶酪以其斑驳的外观、不规则的形状或浓郁的气味，似乎在提醒人们，它源自个人的手艺而不是流水线生产。尽管这样的变化可能会被宣传为手工劳动的一种价值体现，但是如果奶酪制作商的产品质量始终不稳定，而不是品类或口味变化多样，那就可能会削弱其市场价值。在习惯于超市里购买成品、标准品的消费者看来，形状不完美的奶酪——变色、参差不齐、无法归类为熟悉的类型——可能看起来不是一个成品。[58] 那消费者该如何评估一个未加工完成的商品是否物有所值呢？光凭它们的名字——宜人岭保护区（Pleasant Ridge Reserve）、卡莫迪（Carmody）——我们只能猜测奶酪的外观、气味和口味。不过，餐馆、农贸市场和专卖店每天都会买卖半成品。生产者、贸易商、消费者无须就如何评价手工奶酪达成共识。当然，消费者对干酪的内涵与价值并没有最终的发言权。

美国手工奶酪未完成的特征是市场经济的结构性张力的具体体现。[59] 如果每个批次的产品质量特征（颜色、质地、味道、气味）存在差异，这反映的到底是手工处理的变化，还是自然环境的影响，抑或草率的工艺？作为一种商品，手工奶酪代表了高端消费者的上乘享受，抑或是奶酪大师马克斯·麦卡曼（Max McCalman）所说的"垂死挣扎的（乳品）行业的救命稻草"？[60] 这些问题都将在接下来的章节中进行讨论。与此同时，手工奶酪为生产者创造了道德价值，这在很大程度上是因为它是一种未完成的商品。

手工奶酪未完成的商品特性进一步说明，人们之所以愿意去生产和销售奶酪，是因为看好其现值，而且对其未来价值有所期待。[61] 随着食品生产商重新调整其个人价值观，他们也促成了土地和自然景观的变化。一位佛蒙特州的奶农刚开始基于经济的考量转向有机生产，但后来对放养型有机牧场深信不疑，只给奶牛喂草，结果他们的兽医账单神奇地减少了。生产、交换和饮食的做法往往以不可预见的方式构成了一个更广泛的社会和物质现实。[62] 从城市到乡村的移民可能沾沾自喜，因为他们对保留农业用地用于耕种，并以公平的价格向邻居购买干草或牛奶。不过当他们把从城市赚来的钱投资到农村社区时，也可能造成农村财产税的提高和原住居民的流离失所。从这个意义上说，手工奶酪绝非代表浪漫自然的回归，而是创造“工作景观”的一种方式，随时间的推移将产生多重价值。[63]

后田园时代

手工奶酪为美国田园诗谱写了新篇章。在古典的田园想象里，自然和文化是关系对立的两个概念，人们在农村生产而在城市消费。以颇具讽刺意味的城乡对立作为前提，逃离城市喧嚣到乡村田园里生活，这个美国叙事中的永恒主题，出现在作家詹姆斯·费尼莫尔·库珀（James Fenimore Cooper）、亨利·大卫·梭罗（Henry David Thoreau）的文学作品中。文学理论家特里·吉福德（Terry Gifford）写道：“自古以来，田园诗歌为城市人而作，因此利用了两种互不相容的诗歌元素：海边小镇与牧羊人的山区、庭院楼阁与农舍生活、人类与大自然、退缩与回归之间。”[64] 这些田园意象传达出一种远眺大地的风景。

手工奶酪，尤其是在奶牛农场生产的，通常会利用田园生活 16
的某种神秘感。[65] 举一个突出的例子：迈尔斯（Miles）和莉莲·卡恩（Lillian Cahn）出售了一家奢侈品公司寇驰皮具，并在 1983 年购买了位于纽约哈德逊河谷的一家废弃农场，很快就开始生产“寇驰农庄”品牌的山羊乳制品。2001 年，在纽约市举办的一次慢食活动上，我听到卡恩夫妇讲述他们的故事，在一本叫作《驯化山羊奶酪的危险与快乐》（*Perils and Pleasures of Domestilating Goat*

Cheese）的插画书中也提到这样的内容："我们早就有搬到农场的想法，"他对全神贯注的观众说，"我们是曼哈顿人。我脑海里有一个特别的农场画面，那是我在一部卡通片里看到的：那里有一个红色谷仓和筒仓，不远处有一位农夫布朗坐在拖拉机上，正转身跟一旁的母牛悄声说话。我也是这样想的，我也可以跟动物交谈。"[66] 卡恩在书中写道："这一切都源于最初的想法：在乡村有块地多好啊——准确地说是一个农场——一到周末我们可以享受不同节奏的生活。"[67] 卡恩的意象是一首自我觉醒式的田园牧歌。

尽管田园意象往往在大众的话语中显得过于浪漫或多愁善感，利奥·马克斯（Leo Marx）却表明，在美国文学中，田园生活的理想不停被打破：机车在沉静的荒野里发出突突声，那是代表工业进步的引擎——利奥称之为"花园里的机器"。[68] 他呼吁人们关注美国工业主义的一个核心悖论，即大自然既是人类文化和技术变革的原材料基地，又是人类顶礼膜拜的对象和凝神沉思的地方。土地被农业和采矿业视为攫取实用价值之处，然而景观却被构想为冥思的对象和消遣的场所。这一悖论对美国文化进步的意义与马克斯关于"复杂的田园主义"的观点针锋相对。

在《乡村与城市》（*The Country and The City*）一书中，雷蒙德·威廉姆斯（Raymond Williams）认为复杂田园主义的悖论是意识形态的。对于威廉姆斯来说，"农业生产资料——田地、树林、正在生长的庄稼以及动物——对观察者很有吸引力，这不仅仅是诗情画意"。[69] 在对农田和牧场的美化过程中，城市与乡村之间的鸿沟日渐消失，同时也掩盖了乡村剥削——这种剥削是在法庭、货币市场和炫耀性消费之时进行的——所有这些都可以在城市中找到踪迹。[70] 从农业劳动史中可以清楚地看到，乡村田园意象的影响深远。比如，在大萧条时期的加州，土地所有者利用乡村田园的美妙前景来蛊惑农场工人离开中心地带；然而当那些心怀幻想、被贬称为欧浪子（Okies）的外来劳工初来乍到时就受到剥削。[71] 通过讲述他们的悲惨故事，约翰·斯坦贝克（John Steinbeck）在小说《愤怒的葡萄》（*The Grapes of Wrath*）里竖起了一面反田园牧歌的旗帜。田园神话继续掩盖着社会的结构性不平等：从城乡医疗的卫生差异到监管权和咨询权席位在城乡分配的差别。当资本从农村流向城市时，这种政治与经济的不平等进一步加剧。

乍看之下，马特奥和安迪·凯勒似乎在刻意模仿梭罗式的自然 17
实验，但他们的自我叙述——以及本书中提到的其他奶酪制造者的叙事——与其说是矛盾的“复杂牧场主义”，不如说是乐观的后田园主义。他们的思想源泉是一种修正版的田园诗，一方面批判工业资本主义对自然与文化的剥削，另一方面却保留了城乡对立关系。贾斯珀·希尔农场的“花园里的机器”——奶酪桶、气动压力机、步入式冷藏机、真空包装机和源源不断的美国联邦快递公司（UPS）的卡车——非但没有被抛弃，反而傲然挺立于农场中的显要位置，因为这些都是生产奶酪并将其分销到全国市场所必需的。他们的梦想与特里·吉福德所描述的20世纪环保主义者的后田园文学流派有许多相似之处，这一文学流派的代表作包括约翰·缪尔（John Muir）的自然主义散文与泰德·休斯（Ted Hughes）的诗歌。[72]

以利奥·马克斯在“花园里的机器”作为参照点，手工奶酪生产的“机器”被融入后田园的景观中。这并非取代自然，而是与农场的动物、有机生物一起协作生产。这台机器虽然是铜筋铁骨的，但仍然是人性化的。奶酪制作的劳动不疾不徐而且细致入微，其节奏不受工厂时钟控制。工匠们采用巴氏杀菌工艺，缓慢、温和地给牛奶加热、消毒。与工业制造中采用的瞬时超高温灭菌法相比，这种巴氏杀菌工艺更耗时，但对牛奶中酶的损害更小。工匠无须遵循预先设定好的程序，而是将手伸进奶酪桶里，十指插入凝结的凝乳中，以确定何时将凝乳切开并排出乳清。手工制作意味着工匠在生产过程中身体力行，而不是受计算机技术的摆布。

工匠的后田园时代的“花园”不是荒野，也不是乡村庄园，而是一个工作景观。城市移民移居乡村，不只为观赏自然美景，也是为了工作并管理土地。农村新移民，比如卡恩夫妇和凯勒夫妇，刻意将土地用于农业耕种，以保护土地免受远郊扩容（如纽约的威彻斯特郡）、小镇房地产开发（如马萨诸塞州的伯克郡或加州的葡萄酒之乡）的影响，或者在佛蒙特州，由于牲畜食草而使田野保持开阔，防止杂草再生长。奶酪制造商重视工作景观的情感价值与实用价值，主张把土地（通过劳动开采资源）和景观（田园景色）相
18 结合。他们看重自然的潜力，有时甚至把它浪漫化，但并不心存幻想，以为不费吹灰之力就能结出累累硕果。相反，他们清楚，要想收获果实，就必须躬行实践、精心呵护自然。

史蒂夫·盖茨（Steve Getz）在9·11恐怖袭击事件之后辞去了商务顾问的职务，举家从宾夕法尼亚州郊区迁往佛蒙特州，他这样描述自家农场：

> 凭栏远眺，只见四面环山，非常惬意。这里适宜耕种，不过农场还在修建中……我们是（从）一个年轻人那里买的，他一年到头都把牛关起来，还大剂量喂药。整地时长期使用犁地的方法，以种植玉米并制作青贮。我从粪堆里看到两袋注射器。这阵子我们一直在清理。

因此我心目中的未来农业是，采用传统的放牧和制作干草的技术。[但是]我们也使用一些新技术，比如建造太阳能谷仓，地板上铺一层厚厚的稻草，当作奶牛过冬的地方。不过，待在外面还是里面，这是它们的选择。[73]

史蒂夫把奶酪制作和养殖业解读成反工业化的、挽救农业的一剂良方。

后田园主义精神认为文化与自然不是根本对立的；相反，自然跟文化一样，包含和释放出创造力与破坏力，因此需要人类的因势利导。奶酪本身就是人工培养的自然产物，是技艺精湛的人们徒手与自然里的细菌、酵母和霉菌一起改造反刍动物产下的液态奶的结果。[74]“在生与死、重生、生长和衰亡的循环动力中，具有破坏式创造力的大自然始终保持平衡”，吉福德认为这是后田园文学的基础。工匠们与有益的微生物共同努力，战胜那些可能会破坏发酵或将病原体引入食品中的细菌。[75]奶酪虽然是人造的，但却拥有自己的生命。所谓天然、正宗的奶酪，像人类一样会“衰老（或成年）”和“成熟”。威斯康星州的一位奶酪制造商安妮·托普汉姆（Anne Topham）曾对我说：“我一直认为，奶酪有自己的生命，一旦开始工作，我就和它形影不离，帮助它成功。”

工匠们的后田园主义是玛丽莲·斯特拉森（Marilyn Strathern）所描述的“后自然主义”，认为人类文化活动之外并不存在原始的自然世界，追求的是某种重塑的自然，作为人类适度活动的基础。[76]后田园主义仍然受惠于传统田园主义：与传统田园主义一样提倡自然的美学价值，把自然作为个人自我实现的源泉，尽管实现的方式更多是靠辛勤劳动，而不是靠静思冥想。今天许多从事奶牛养殖和

19 手工生产的外来移民当初都是为了休闲度假，而不是为了定居而搬迁。凯勒夫妇现在经营的农场曾是他们祖母度假的地方，这绝非偶然。美国史学家罗伯特·科勒（Robert Kohler）在一本其收藏的关于美国自然文化史书的《所有的生物》（*All Creatures*）中，将19世纪末中产阶级户外度假的兴起与对自然的科学兴趣联系在一起："自然历史是一项户外活动，特别体现了积极、娱乐的理念。这样一种工作（和娱乐），从情理和逻辑上都很容易被中产阶级的度假活动所同化。"[77] 手工奶酪制作被视为乡村移民的一种工作（和娱乐）实践，将中产阶级青睐的、不断改进的娱乐活动融入市场经济中。如果说当初对田园风光情有独钟、购买废弃的农场作为度假屋的中产阶级为20世纪初博物学研究铺平了道路，那么经历了三代人之后，某些相同的特征也为商业奶酪制作提供了契机。[78] 在威廉姆斯看来，工匠们的后田园主义是建立在资本主义经济结构基础之上，其田园理想早已合法化。

出于同样的原因，手工奶酪制作不仅呼应农业产业化的诉求，而且还受到它的推动。公路和长途冷藏卡车将乡村制作的奶酪源源不断地运往城市的千家万户，这造就了沃尔玛称霸美国食品杂货市场。[79] 20世纪80年代，美国手工奶酪的兴起恰逢小型家庭乳品业的衰落。当时新一波农村移民购买了经营不善的农场，并翻修旧谷仓和农舍。在许多情况下，那些小型农场成了农业产业化的牺牲品，这并非巧合。也许，寇驰农场的卡恩并没有意识他能够梦想成真只因生逢其时："我的梦想是找到一家还在运营的农场……但是我很快就意识到，一家在营业的农场一般是不会出售的。如果在售的话，那肯定是经营不下去了。"[80] 正如研究20世纪80年代美国中西部农场关闭现象的人类学家凯瑟琳·达德利（Kathryn

Dudley）指出，文化浪漫主义以其理想化的乡村生活方式掩盖了美国农业危机造成的社会创伤。“家庭农场的消失没有留下一丝半点的国民记忆。田园理想的悖论让我们产生了一种错觉，以为任何家庭仅凭技能、抱负和运气，就可以在这片土地过上体面的生活”。[81] 手工奶酪制作是20世纪80年代农业危机的续篇，奶酪制造商继承或者（更可能是）购买的“自然”远非田园牧歌式的大地，而是农业产业化的土地。本书也是达德利故事的部分续编，讲述了一群正在打造新的后田园理想的郊区和乡村新移民的故事，冀望凭借技艺、抱负和运气，他们能实现新的后田园理想。

在后田园主义视角下的工作景观中，人工养殖的自然——一群在山坡原野上放牧的牛羊或者长出一层“天然”外皮的微生物活动——既是商品生产的产物，也是社会和美学价值的载体。尽管在很多方面，手工奶酪制作打破了城乡之间的二元结构——借用雷蒙德·威廉姆斯的一句话来说——“此处乃幽静安闲的大自然，而彼处乃喧嚣繁杂的世俗之地”，但是这些耳熟能详的二元对立关系仍然不时出现在奶酪制造商的营销活动中。[82] 加州阿卡塔柏树格罗夫（Cypress Grove）陈年山羊奶酪的创始人玛丽·基恩（Mary Keehn）在一次采访中告诉我：“我在一篇文章中写道，您得备好几双鞋子，在谷仓里穿的靴子、制乳品室里穿的木屐、进城（推销奶酪）时穿的高跟鞋。人们盯着高跟鞋看，心里想的却是浪漫化的奶酪。”尽管如此，基恩公司的网站还是宣称：“在法规允许的条件下，我们尽可能把反映当地环境的自然元素纳入奶酪制作过程。这种环境元素看起来是什么样子，感觉是什么样子的呢？嗯，是令人叹为观止的远景，是温润潮湿的空气。我们地处加州最北端的洪堡县（Humboldt County）。这里地形崎岖而且偏远，每年在这里都会举行大脚怪节……我们乳品厂就坐落在一片片红杉树林与太平洋的交汇处，是漫观天外云展云舒、海雾滚滚而来的绝佳眺望点。”[83]

尽管工匠们做出务实的商业决策，而且制作方法往往复杂，但是他们的奶酪的商业价值仍然依附于经典的田园浪漫。在工匠时代的后田园生活中，不仅蕴藏着对工业资本主义进行强烈批判的文化种子，而且还有关于劳动与价值的新神话。工作景观并非为了炫耀财富，而是用来展现“勤劳美国人”的民主理想。[84] 然而，就像此前经典的“田园牧歌”一样，工作景观的理想化可能掩盖了农民和工匠之间的真实经济差异。

社会阶层

在农村，都市白领每天黎明时分起床挤奶，周末到农贸市场，坐在折叠桌前做小买卖。我们怎样判断他们所属的社会阶层？他们中有些人是经济条件优渥的土地所有者，把精致文化品味带入生产
21 活动中。有些人返乡时接受《纽约时报》（*New York Times*）和《华尔街日报》（*Wall Street Journal*）记者的采访，被描绘为解甲归田、实现人生理想的励志模范。不过，也有人备受瞩目，却生活在贫困线上。虽然仅按收入来划分他们的社会阶层，可能有点误导，但在我 2009 年进行的一项全国调查中，14%的奶酪制造商报告他们的家庭年收入低于 2.5 万美元。这些生活拮据的家庭完全依赖奶酪和其他农产品的销售收入，因为他们既没有配偶的非农收入，也没有投资收入。

严格来说，这些家庭也并非赚不到更多钱。相反，金钱不是这

些农民和工匠们追求的生活目标。尽管如此，不以赚钱为目的并不意味着贫穷是他们的主动选择。相反，他们生活在“市场道德生态”之中，每次决策时，都受到各种经济条件的限制。[85] 在美国，这些条件有利于初始资金雄厚的大企业，而不利于囊中羞涩的初创小企业。

为了理解当代农村社会，划分奶酪制造商的社会阶层，我们不能仅凭他们是否拥有生产资料。[86] 我们需要揭示经济和文化资本（金钱和品味）的象征意义以及它们是如何互相影响的。“文化资本”是社会学家皮埃尔·布尔迪厄（Pierre Bourdieu）提出的一个概念，目的是引起人们对品味的关注。他认为，尽管品味是主观的和个人的，但实际上由品尝者的阶级地位塑造而成。[87] 由于雇佣可以将一个人的文化资本转化为赚钱能力，因此品味作为个人的内在品质，似乎是一种合理的阶级划分。不过，与艺术家和教育工作者一样，非传统的农民和手工食品生产者的社会地位常常使文化资本与经济资本的关系变得复杂。嬉皮士奶酪制造商可能明显缺乏资金，但却表现出迎合世界潮流的品味，用希腊女神或者全国广播电视台女记者的名字给他们的山羊命名。当奶农为了获得额外的收入而培养手工技能，他们可能就获得新的品味。尽管这对于消费者并不总是显而易见的。[89] 我的一位研究生曾问我：“你研究的是嗲嗲（frou frou）奶酪吗?”他不屑一顾的口气表明，迎合精英人士口味的奶酪肯定是由精英人士动手做的。他对手工生产方式和商业模式的天真想法让我想起上个世纪 90 年代被大卫·布鲁克斯（David Brooks）讽刺为“资产阶级放荡不羁者”（bourgeois bohcmians）或“波波族”（Bobos，指有意延迟青春期工作与生活的普通中产阶级）。[90] 对消费模式的理性分析无助于我们了解商品的手工生产，

22 即使手工业品市场可能依赖“波波族”的消费者。[91]“嗲嗲族”的人物形象影射了对“多愁善感的田园主义”的阶级批判，这掩盖了全国工匠们关于经济利益和道德伦理孰重孰轻的辩证思考。

正如我的学生含沙射影地说，只有不差钱的主儿才会染指手工制品。对精英主义的指责也反映了在超工业社会中手工艺人模棱两可的、边缘化的社会地位。[92] 工匠，就像独立的农民一样，既不是典型的资本家，靠剥削他人劳动为生，也不是被异化的工薪阶层。手艺混淆了人们熟悉的社会分层。在规模较小的企业里，人们可能会看到富有的土地所有者承担奶酪制作的体力活，而在较大规模的企业里，会看到员工改进新的生产方法和推出新款奶酪。根据理查德·弗洛里达（Richard Florida）的说法，那些将奶酪制作当第二职业的人可能被归入“创意阶层”，这是美国劳动力中不断增长的群体——科学家与工程师、艺术家与设计师、新媒体制作人与大学教授——他们因“创造新想法、新技术和或/新创意内容”而获得报酬。[93] 但并非所有的手工奶酪生产商都具有此类特征。

不过，白人是从事奶酪制作业务的主要群体。[94] 造成这种状况的原因很多，包括欧洲和中东奶酪制作和奶酪食用的传统、美国农业贷款和农业部联邦援助方面的种族歧视历史，以及在乡村地区（种族）隔离度假的历史。然而，在全国各地，农业和食品加工业，包括本书提到的几家较大的企业，都日益依赖于外来劳工。[95] 远至佛蒙特州和缅因州，几家农场（比我调查走访的农场规模更大）雇佣来自墨西哥和拉丁美洲的低薪农场工人。[96] 在这些农场工人中，有些人是在无合法牌照的农场兼职，把牛奶加工成新鲜奶酪和其他“西班牙风格”的奶酪，以供家庭食用以及在黑市交易。他们的经历跟威斯康星州的阿米什人（Amish）在许多方面都相似。[97]

最近有迹象表明，我描述的手工奶酪社区开始走向多元化。在威斯康星州的一位汽车修理工，名叫塞萨尔·路易斯（Cesar Luis），十几岁时就从墨西哥移民入境找工作。因嘴馋，想吃祖母从小教他做的瓦哈卡人绳状奶酪（Oaxacan Rope Cheese），他决定利用周末参加奶酪制作课程，以获得从业执照（威斯康星州是唯一一个向商业奶酪制造商颁发许可证的州）。[98] 在租用奶酪桶一年后，他和妻子海蒂（Heydi）从东部威斯康星州的一家奶牛农场购买并安装了奶酪桶。他们每周两天制作奶酪凝乳卖给农场，剩余时间生产墨西哥风格的奶酪，并以自有品牌“凯撒”奶酪（Caesar 23
Cheese）出售。[99] 2010 年在美国奶酪协会举办的比赛中，塞萨尔和海蒂凭借他们的辣酱绳状奶酪（Queso Oaxaca）获得了马苏里拉奶酪（Mozzarella）品类的第一名。

研究方法

出于对手工制作奶酪的爱好，我实地调查了奶牛场和乳品厂，并采访了奶酪制造商。[100] 虽然我访谈的对象绝大部分拥有小型企业，但有少数人与他人合股、合作经营较大规模的奶油干酪厂。[101] 我正式采访了 45 位工匠和企业主，他们代表了 42 家企业，主要集中在三个乳制品和奶酪产区:新英格兰、威斯康星州和北加利福尼亚州。[102] 这约占全国手工奶酪制造企业总数的 10%。此外，在多地农贸市场、美食节举办地点和其他公共场所，我还与数十名奶酪制造商进行了非正式交流。

虽然每次访谈前我都做足准备，但还是没法预料会谈时会发生什么。我经常被邀请去奶酪手工艺人的家里做客。在参观农场之前，我们会先喝杯咖啡，悠闲自在地聊一会儿，或者享用便餐。有时，我会参与他们的日常工作，边聊边匆匆记笔记。要是录音的话，效果可能不好，因为往往混杂各种声音，比如我们绕着农场走来走去时的沙沙脚步声，或者清洗奶酪模子时发出的、金属碰撞的叮当声和哗啦啦的水流声。每次看到农场各种设施时，我总会想：这些设备是最先进的，还是闲置设备的翻修再利用？芝士屋是被设计成带一个俯瞰奶牛牧场的观景窗户，还是藏在牧场车库的某个阴暗角落里？

2004 年春天，我在佛蒙特州威斯敏斯特西区的绵羊牧场做了 12 天的田野调查。每天住在大卫・梅杰（David Major）的谷仓，帮助制作和熟化佛蒙特州轮子形状的牧羊人奶酪（Vermont Shepherd）。人类学家将这种学习模式称为“参与式观察”，指实际参与研究对象的日常社会生活，以观察研究对象之间的互动。我与大卫的实习生共用谷仓里的工棚，与大卫一起制定牲畜划区轮牧方案、运送羔羊、给母羊挤奶，以及参与腌制、塑型成熟的干酪制作过程。此外，我还体验了牛奶变成奶酪的过程——凝乳的顺滑触感，奶酪室里的湿度、没完没了的洗涤和消毒活。后来在梅杰农场
24 工作，或者在佛蒙特州参加奶酪制作工作坊时，我从一个奶酪制作者的角色转变为研究奶酪制作的人类学家。我与绵羊和凝乳打交道的经验在后来与奶酪制造商交谈时变成了无价之宝，因为我能很快明白他们想传达的那些只可意会不可言传的隐性知识。

奶酪是一种发酵的牛奶制品，由人类手工制作而成。就像任何艺术作品一样，奶酪是通过无数人的集体努力(如果不总是合作的话)来制作、包装和展示的，并被赋予了美学价值。除了奶酪制造

商，还有办公室经理、设备销售代表、暑期实习生、特色食品分销商、零售商、技术和商业顾问、厨师、美食作家、芝士比赛的评委和消费者。这个分散合作的群体被称为工匠们的奶酪世界。[103] 美国奶酪协会（ACS）是一个非营利性组织，由康奈尔大学的一名乳业科学家于 1983 年成立，旨在帮助开发和扶持手工奶酪生产。随着在ACS年度竞赛中颁发的蓝丝带奖获得媒体的日益关注，获奖企业的销售额也明显提升，ACS逐渐改变了人们对美国本土奶酪的看法。[104] ACS年会是一个参与式观察的重要场所，为我提供了一个无与伦比的机会，得以深入了解手工奶酪世界里的人们关心什么和争论什么。比如，按照政府法规修建农场设施，使用原奶与巴氏杀菌奶、品牌营销和商标注册、寻找市场，以及定义农庄和手工艺，这些术语有助于理解这个方兴未艾的行业。七年来我参加了四届ACS会议（2005 年，2007 年，2008 年，2011 年），在大会期间，我访谈了奶酪制造商、零售商、分销商和食品工业和乳业科学顾问。

本书讲述了生活在美国手工奶酪世界里形形色色的人们的故事。我将从多个角度解读这些故事——包括但不只是我的观点——涉及手工制作奶酪的过程及其内涵。因为他们的个人故事和观点是本书的核心，所以我决定使用他们的真名。尽管我的分析是根据所有的研究资料综合而成，但我不得不有选择地讲述最生动或者最具代表性的故事。很遗憾，我无法讲述更多的故事。本书中提到的所有人都同意我引述访谈笔录。

另外两种研究方法也值得提一下。首先是品尝奶酪。作为一名消费者，我初遇奶酪时曾仔细琢磨过本地的手工奶酪，后来我一直有机会大饱口福。在购买和品尝奶酪的过程中，我已经学会根据不同的产品批次，以及任何特定的奶酪轮或楔子的质量稳定性判断出

25 生产商的手艺水平。我观察了奶酪零售价格的起起落落，也见证了各式各样的奶酪品牌与企业的兴衰。

最后，在2009年1—2月，我在全国范围内对手工艺奶酪制造商进行了一次广泛的调查，这是同类型社会调查的首次，收集的资料包括奶酪制造商的种族、年龄、性别和家庭构成；教育背景和从业经验；土地所有权和融资策略；家庭收入以及企业规模和业务利润。我一共发放了398份调查问卷，177家企业回复（回复率为45%）。[105] 此外，该调查还收集了其他信息，比如他们为什么、何时又如何学习制作奶酪，他们的奶酪销往何处，农场是否外购牛奶制作奶酪以及其他业务相关的内容。这次调查报告已发给所有调查参与者、ACS以及一些地区奶酪组织。

尽管一开始并没有打算做区域比较研究，我还是发现了一些区域性规律。在新英格兰和加利福尼亚，当疏林草地受到土地开发的威胁时，业主普遍的一种做法是将土地使用权出售给土地信托，并融资扩大奶酪的生产规模。而在土地溢价较低的威斯康星州，就很少听到有人谈及“工作景观”的保护（就像佛蒙特州的做法），农民也没有向信托公司出售土地开发权。我在那里听到的一个说法是，手工奶酪提供了一种将威斯康星的“乡村生活方式”传承下去的方式。威斯康星州人谈论奶酪时，通常会关注奶农和奶酪制作者。而在加州一带西海岸地区的人们谈到奶酪时，他们通常会关注牧场和工作景观。新英格兰的奶酪制作商以大学生居多，而且大多毕业于常青藤名校。他们带着新的阶级感情和商业敏感返乡，把佛蒙特州或缅因州等作为对环境无害的、充满商机之地。在威斯康星州，奶酪制作一直是，并且未来也是切实可行的、随处可见的职业。在这里，农村新移民与第三代农场主、工匠们一起工作和生活，常常被人当作是“中西部职业伦理”的典范。

消费者偏好补遗

尽管本书主要介绍奶酪的生产和生产商，但是消费市场对生产商事业的成败起着关键作用。马萨诸塞州剑桥市附近的福马吉奥厨房（Formaggio Kitchen）是全美第一家安装法式奶酪“熟成窖”的制造商。它的老板伊桑·古达尔（Ihsan Gurdal）从零售商的角度 26
分享了他的看法：美国消费者对国产奶酪的兴趣始于20世纪90年代。当时强势的美元升值和国内经济促使美国人前往欧洲度假。在那里，他们“接触到奶酪”以及欧洲人把奶酪作为一道正餐菜品的传统。同时，他指出，人们开始认识到80年代的“胆固醇恐慌症有点过头了”。美国人要求餐厅提供餐后奶酪点心，这让厨师们心花怒放。自那以后，中产消费者蜂拥而至，在饭店、酒吧、零售店举办的奶酪品鉴会上都能看到他们的身影，就像他们在20世纪70年代开始探索葡萄酒一样。奶酪是那个装上新酒的旧瓶子，是有教养、有品位的标志。与此同时，本世纪初兴起的低碳水化合物饮食热潮对奶酪消费的影响甚至超过了有益胆固醇的消息。2004年，马吉奥厨房的一家零售商告诉我，一位以前从来不认为奶酪本身是一种食物的老主顾昂首阔步地走进店来，吆喝道：“我在服用阿特金斯（Atkins）减肥药！来一碟奶酪！肥胖是问题？非也非也！”

如果高端奶酪的消费量在增加，那么这个市场中，有多少是由欧洲进口的，有多少又是国内生产的呢？这是一个很难回答的问题，因为还没有关于美国手工奶酪产量和销售量的一手数据。各州与联邦政府的统计数据没有区分手工奶酪与特制奶酪。“特产”包含了国外原产的工业制造的奶酪（比如菲达、阿夏戈、西班牙风格的）以及限量版的特制奶酪（比如工业生产的打蜡切达干酪，其形状与威斯康星州的地貌轮廓相似）。此外，美国国家农业统计局拒绝公布山羊奶和绵羊奶奶酪产量，因为同行业里的生产商过少，公布生产端的数据可能会泄露最大几家生产商的商业机密。[106] 不过，可以肯定的是，国内生产的手工奶酪市场在持续增长。

尽管 20 世纪 90 年代的强势美元刺激了美国人购买欧洲奶酪，但是本世纪的头十年，强势欧元却有助于扩大国内奶酪的市场。在加州的索诺玛县，我问了 80 岁的伊格纳齐奥 · 维拉（Ignazio Vella）——一位令人尊敬的维拉 · 干杰克奶酪（Vella Dry Jack）的第二代掌门人——怎样看待所谓的国内手工奶酪的复兴。他坐在办公椅上，身子微微前倾，头上戴的折叠纸帽耷拉到一边，睁大眼睛回答说：“是欧元推动了这一切。欧元开始攀升，”突然——他压低了声音，神秘兮兮地对我耳语道，“美国制造的奶酪一点也不差！……欧元涨了，一直涨，我们的奶酪销售好得很。那就是咱的
27 复兴。”确实，上一轮美元兑欧元汇率下跌是在 2002 年的秋天，那时贾斯珀 · 希尔农场和其他许多国内奶酪生产商正打算进入市场。过去十年来，美元疲软使欧洲奶酪的价格（由欧洲政府慷慨补贴）与本土产品价格持平。一旦欧洲奶酪不似过去那样物美价廉，据一名零售商证实，哪怕欧洲奶酪的铁杆粉丝都乐于尝试美国本土奶酪。但是对高端欧洲奶酪的浓厚兴趣可能有助于本土奶酪打开一个“蓝海市场”，但也提高了行业准入门槛。另一个零售商认为，生产技术含量的提高可能会使消费者对美国奶酪“更加疑心重重”，而不是充满好奇。美国手工奶酪业正是在这种内忧外患的情况下实

现了腾飞，但却是以别具一格的方式突围：持续生产高品质的奶酪。

随着农贸市场的开业，以及食品为题材的电视节目的增长，消费者难免对食品的来源及其生产过程产生兴趣。美国的慢食运动正是这种兴趣的表现。这原本是意大利的一个组织，旨在保护传统的食品制造知识，并培养新一代在欢乐氛围之中享受“传统”美食。虽然欧洲的慢食运动一直由生产商倡导，但美国慢食运动却由消费者和零售商驱动。本地出产的食品一度很时髦。一家零售商对我说，奶酪俨然成了“厨师的宠儿”，因为餐馆热衷于捧红一种（而非多种）“完美的奶酪”。随着对地区性食品的重视，更多特色奶酪在国内生产。自从《纽约时报》撰稿人玛丽安·伯罗斯（Marian Burros）称马特奥·凯勒为“奶酪世界的摇滚明星”（在我初次访问贾斯珀·希尔之后不久）以来，凯勒夫妇和其他几家奶酪制造商（及其奶酪）也在“早安美国”（*Good Morning America*）和“玛莎·斯图尔特秀”（*Martha Stewart Show*）电视节目上亮相，同时其事迹还登载于美食杂志、《财富》（*Fortune*）和《明细报》（*Details*）。[107] 如果在媒体的高曝光度提升了生产商的自我价值，那也不足为奇了。

各章节内容概览

本书的各章介绍了几位奶酪制造商的故事，同时论证了多个论点。第二章和第三章集中讲述了 20 世纪 80 年代始于沿海地区，并蔓延到全国各地的工匠复兴运动，而第四章以威斯康星州为落脚点，提供了自殖民时期以来美国奶酪制作的历史概况，其中有一些前田园主义时期的手工作坊现在仍在运营中。第五章和第六章借鉴科

技研究的成果，对商业奶酪生产的工艺实践和监管条件进行了分
28 析。第七、八章将手工奶酪的生产和消费置于当代农业和粮食政治中去讨论。

第二章“生产生态”，从我在大卫·梅杰的农场的经历引申出来，详细描述了奶酪的生产过程，并分析了生产者如何从劳动中汲取意义。佛蒙特州牧羊人奶酪的农场生态包括草地、绵羊和微生物，这些都有助于生产出独特风味的奶酪。通过讲述、兜售关于奶酪是如何在农场制作的故事，奶酪制造商把牲畜和微生物描绘成合作者，此举反映出人们对动物及使奶酪发酵和熟成的有机物的感激之情。然而，农场加工的奶酪（或农庄奶酪）的哪些属性应该被视为是增值的，这是一个关于何谓“农庄”奶酪的争论问题。

如果说第二章从生态学的角度考察了“奶酪的生活”，那第三章“情感经济”则将重点放在那些把奶酪制作作为他们的个人爱好的生产商。首先，调查了他们当初开展手工奶酪制作业务的动机与目标。然后在定价、行销和调整业务增长方面，他们如何努力调和自己的道德原则和务实需要，以确保他们的企业既给个人带来成就感，又能在财务上盈利。

第四章“发明的传统”，追溯了美国奶酪制作的历史，认为手工生产的组织形态和重要性的变迁掩盖了工厂和农庄之间在手工制作方法方面的连续性。通过比较威斯康星州的第三代工厂奶酪制造者与佛蒙特州的第一代农庄奶酪生产商的手工做法与情感，我展示了奶酪制造者如何不断地重塑美国的创新与创业传统。

第五章，“手工的技艺”，探讨了手工奶酪成为工匠工艺品的成因。工业奶酪制作采用标准化的配方和超无菌条件，以生产出完全一致的标准品。与此相反，手工奶酪制作商调整方法去适应而不

是抵制季节和气候变化，因为这些因素都会影响发酵、凝结的过程以及奶酪的色泽与风味。手工奶酪与众不同之处在于工匠们的通感能力（synesthetic reason），运用感官来评估凝乳形成、熟成的条件和性状。在奶酪制作商看来，这项技能不是一门手艺，而是艺术与科学的平衡。

第六章“微生物政治”讨论了食品生产的监管。尽管美国食品药品监督管理局（Food and Drug Administration，FDA）认为生奶
奶酪里存在一种可能危害人体健康的病原微生物，而许多工匠与消 29
费者却认为，它是一种传统食品，益生菌可以杀灭潜伏在牛奶中或残留在陈年奶酪表面的“腐败菌”。从微观角度重新审视生产生态，我提出了微观生物政治学的概念，用来分析农民、奶酪制造者、食品微生物学家、安全管理人员、零售商以及消费者是如何调和巴氏学派（卫生）和后巴氏学派（益生菌）对于奶酪微生物制剂的态度。

第七章“地方、品味和风土的承诺”重温了价值创造的主题，探讨了美国如何将法国风土的概念吸收并举、融入本土奶酪。法国的风土概念将食物的味道与农田的地理和地质特征联系在一起。有些奶酪制造商描述了土地、气候、奶酪类型与风味之间的独特联系，而另一些人则从建构主义的角度，以国人独有的方式，援引产地来表达手工生产的工具价值。对许多人而言，手工奶酪可能恢复农业自然景观的生机、重振农村经济，甚至开辟一片新天地。通过使用“风土”这一词汇，生产商努力将手工制作奶酪的价值梦想落地。

在简短的结论中，第八章“领头羊”，讨论了手工奶酪对美国农业实践与食品政治的未来带来什么启示。

ECOLOGIES OF PRODUCTION

第二章
生产生态

每一轮佛蒙特州牧羊人奶酪如此与众不同，外壳呈金棕色，形状质朴，质地光滑细腻。味道香甜、浓郁，略带泥土气息，一股三叶草、野薄荷和百里香的味道……像许多美食那样……草莓、博若莱红葡萄酒和羊肚菌蘑菇，我们的羊奶奶酪是季节性的。奶酪是在我们的牧场上长满野生草药与青草之时制作的。

——《佛蒙特州牧羊人奶酪营销手册》

在佛蒙特州东南部的一个绵延起伏、风景如画的丘陵地区，有一间邻里杂货铺和一家温馨舒适的早餐旅馆。大卫和辛迪·梅杰自20世纪90年代初期就开始在这里生产佛蒙特牧羊人奶酪。大卫在马路对面的一幢房子里长大，他的父母现在仍然住在那里。大卫的母亲是幼儿园老师，父亲是房产经纪人。另外，他们还养羊，靠卖羊肉、羊毛挣点外快，当然也觉得这样做挺好玩。大卫曾在哈佛大学就读，专业是国际发展与工程，但他认为这个专业不实用，还不如学挖井。1983年大学毕业后，他返回父母的农场，想靠耕种谋生。他尝试做羊毛、羊肉生意，但未成功，后来偶遇辛迪，她当时正在他家附近的万宝路学院（Marlboro College）就读。辛迪的父亲，当年经营一家位于纽约皇后区（Queens）的乳品加工厂，极力主张这对新婚夫妇做羊奶生意。他俩此前从未想过，因为他们一直有个偏见，认为养羊只不过是卖羊肉、剪羊毛或养宠物。1993年之后，辛迪和大卫将鲜羊奶加工成佛蒙特牧羊人奶酪轮。2004 年我到访时，这家农场养活了他们四口之家和几名员工。后来大卫和辛迪离婚，与耶塞尼亚·艾尔皮（Yesenia Ielpi）再婚，如今跟他新组建的家庭一起经营这家农场。

奶酪始于农场。大卫·梅杰一直认为自己是一位兼职做奶酪的牧羊人。在春季产羔羊季节，他睡在没有暖气的谷仓里，随时准备救助难产的母羊。他剪羊毛，在挤奶厅里轮班。在邻居的帮助下，梅杰一家从用堆肥和乳清（奶酪制作过程中产生的、富含蛋白的液 31
体副产品）滋养的田地里割草并打捆码垛。大卫还在地方和州农业委员会任职。他从大学生到绵羊奶农、奶酪制造商的人生轨迹代表了对后田园生活的孜孜以求。

2004 年 3 月，在一个春寒料峭的下午，我第一次造访梅杰农场。大卫带我徒步参观了奶酪制作的设施，包括一间独立的奶酪室和奶酪熟成“窖”。我们带着两只边境牧羊犬穿越白雪皑皑的田野，到大卫父母的谷仓里给 65 只母羊喂食。我发现奶酪不是大卫生活的全部。对他来说，制作并销售奶酪给了他在户外生活的机会，“直接与大自然打交道”。草地放牧才是大卫的最爱：在布满了三叶草、野花和茂盛草丛的山坡上轮牧。大卫也喜欢羊，这是他从小饲养的动物的后代。当我帮他把一捆捆干草拉到饲料槽里时，他对绵羊的远祖特征如数家珍：比如，最高产的一只母羊身上有独特的面部雀斑，这是他专门用东弗里斯（East Friesian stud）的一只母羊繁育的。大卫对奶源而不是乳品抱有执念，这有助于解释为什么十几年来他只生产一种奶酪：佛蒙特牧羊人，一种以田园产地（pastoral origin）命名的奶酪。[1]

那天下午与大卫·梅杰一起在牧场上散步，我第一次认识到草、动物、羊毛、肉、牛奶和奶酪都是农牧生产的一部分。为了产奶，母羊必须先怀孕并分娩。奶酪的背后蕴藏着大量的生活日常：研究动物谱系和育种、通过屠宰成年的公羊来控制羊群中公母的比例以及放牧和挤奶。奶酪可能主要是人工制作的，但并非单独完成：反刍动物、牧羊犬和护卫犬以及自然界的细菌、酵母和霉菌也有贡献。

想要了解奶酪是如何制作的话，我们必须掌握奶酪生产的全部，依我的意思，这是一个由历史、经济、社会和监管多方力量合力创造的价值活动。本章追溯了一轮奶酪、多家乡村企业的发展过程，以论证佛蒙特牧羊人是通过特定的生产生态而产生的，这是将有机的、社会的和象征性的综合要素投入生产实践中，以实现后田
32 园生活方式，寻求恢复自然界的生机而不是耗尽它的能量。[2] 生态一词，是从意思为“家”或“房子”的古希腊语词语*oikos*衍生而来，由恩斯特·海克尔（Ernst Haeckel）于1869年提出。在学术领域，它研究的是“生物体与其环境的相互作用”。[3] 我在生产生态的视角下探讨手工奶酪制作，是为了提醒人们留意那些对农牧企业做出积极贡献的诸多因素，同时强调农场的动态能动性，因为它是按照资本主义的生产方式为家庭和市场提供食品。商业化农场在农村绝非孤立地存在，而是与工业制造和城市里的市场紧密相连，并嵌入县、州和联邦政体中。[4] 生产生态则包括生产活动的多个嵌入领域：首先是农场里多物种的活动；其次是农场如何组织、经营，又是如何受到更广泛的社会、经济和法律规范的约束。[5]

2004年5月，我回到梅杰农场做田野调查，帮助挤奶、转场放牧、用奶瓶喂养新生羔羊、记录养殖资料，并制作、熟化奶酪。我逐渐认识到“佛蒙特牧羊人”奶酪制作对梅杰一家意义非凡，因

为它带来的是一种迷人和舒适的生活方式。这既是体力劳动，又是语言文字工作。从本章首语里引用的农场手册可以看出作者的字斟句酌：如何通过对佛蒙特州牧羊人奶酪的描述，激发消费者想象这种奶酪的独特味道是从与众不同的、三叶草丛生的牧场中散发出来的，从而在风光迤逦的田园中找到奶酪和它的生产商，形成精准的产品定位。这样的意象激发消费者对田园浪漫的想象，而且也反映出生产商的真实信念，即手工奶酪之所以口感独特、有别于工业品，是因为其源自独特的生产生态环境或者佛蒙特州人常说的“工作景观”。从这个意义上说，农业的大自然不应当被视作一种物化的、价值榨取的客观化资源，而应将其视为物质与象征价值创造的合作者。

在工作景观里，可以看到放牧的牲畜与人类行动者一起“工作”以产生价值。通过讲述农场怎样制作奶酪的故事，生产商把注意力集中到各种形式的劳动和生活——从放牧到微生物的新陈代谢再到手艺精湛的工匠——他们如何聚集在农场，生产品质上乘的奶酪。这个理念融入“农庄”的标签里，以此来区分由同一家农场饲养、供奶并制造的手工奶酪。农庄奶酪的标签既重视，又充分利用了某种生产生态的价值。通过这种生态，奶酪制造商构筑了内在品质优良（天然、正宗的）且匠心独运的产品形象。绵羊和微生物活 33
动，不亚于人类的辛勤劳作，可以被描述为产生商品价值，因为这一叙事触及了文化价值中努力工作的美德。勤奋工作是实现美国梦的基石，也是精英主义的思想基础，这是许多美国人都相信的社会阶层的基础。（根据这一观点）辛勤劳作让许多事情变得顺理成章。对此约翰·洛克（John Locke）在17世纪提出了一个发人深省的观点，他写道：“正是劳动赋予每件事物不同的价值。”[6]

与此同时，通过将洛克的劳动创造价值的理论延伸到动物甚至微生物世界，农庄奶酪的制作和营销似乎将劳动价值理论自然化了——使其看起来十分重要、不可避免，并且道德高尚。[7] 然而，正如我们稍后会介绍，究竟是哪些特定的“农庄奶酪”的生产要素提升了手工奶酪的价值，在这个问题上奶酪制造商们也都众说纷纭、莫衷一是。价值创造毕竟不是自然而然发生，也绝非不言而喻。

本章跟踪了佛蒙特州牧羊人奶酪制作所使用的物质资源和修辞元素，从牧场到挤奶厅，从奶酪室到熟成窖。[8] 作为一名人类学家，我认为不仅要描绘生产关系网络，而且要探究为什么人类行动者会深信某种道德正义，并孜孜以求，直至实现其理想。[9] 为什么像大卫・梅杰这样的人会把农庄奶酪的制作看作他生活的全部？要找到答案，我们必须参观农场。

绵羊乳业和优质奶的系统生产流程

那是一个星期六的下午，我把租来的车停在帕奇农场（Patch Farm）挤奶厅旁边的停车坪，然后往梅杰农舍的方向走。帕奇农场在 20 世纪 90 年代中期在市场挂牌出售时，佛蒙特州土地信托基金（Fermont Land Trust）建议大卫・梅杰购买相邻房产，这样既扩大经营规模，又能保护自然景观免受非农产业扩张的影响，特别是城市居民二次置业的破坏。在辛迪父母的资助下，大卫・梅杰与信托和州住房保护委员会合作，共同买下了这家农场。帕奇农场的谷仓修建于 19 世纪，当初是一个羊圈，在大卫的童年时期被改建成牛棚，后来大卫再次把它改建成羊舍。

在挤奶厅里，我遇到了露西（Lucy），她刚从史密斯学院 34
（Smith College）毕业，到农场暑期实习。我和她一起住在一座带两间卧室的、简易但舒适的木屋里。我跟着露西到谷仓后面的牧场赶羊挤奶。我们站在牧草山坡上，两只牧羊犬切特（Chet）和凯西（Casey）在一旁原地待命。随着露西的一声令下：“绵羊们，到这儿来！”顷刻间，一百多只被剪了毛的动物们乖乖地顺着通往谷仓的小路呼啦啦地奔下山来。一旦羊群跑得太快，与牧羊犬并驾齐驱，它们就会四处乱跑，这时露西就得上前哄它们走一段路。最后羊群被撵到挤奶厅门前等着挤奶，一会儿转来转去，一会儿停下来啃干草。

威斯康星州的一位奶农（羊奶）兼奶酪制造商曾经告诉我，有一次她在农贸市场卖奶酪时，几位传统的奶农们（挤奶牛的）硬生生地对她说：“挤羊奶是造孽啊！”他们有所不知，其实挤羊奶的历史比挤牛奶更早，尽管羊奶业从古至今主要集中在地中海附近，一直延伸到南欧。洛克福鸡尾酒（Roquefort）、佩科里诺鸡尾酒（Pecorino）与菲塔鸡尾酒传统上都是用羊奶制成。梅杰一家于1993年首次在新英格兰创立商业绵羊奶场，次年查塔姆绵羊牧业公司（Chatham Sheepherding Company）在纽约也开展了这项业务。

帕奇农场的挤奶厅用的是一种特殊的压杠闸（cascading headgate）装置，由大卫的一位做焊接的中学校友帮他设计、建造。大卫利用他的工程学专业优势，于1987年为该欧式设计申请了美国专利。这是人类“花园里的机器”。绳子一拉，挤奶台侧面 35
的门就打开，高出地面约三英尺。一群母羊进入规定卡位、在挤奶台前一字排开。当第一只母羊把脖子伸进一扇打开的门，去够饲料桶时，轭就关闭，并触发左侧门打开。偶尔我们也得拍打不听使唤或慌乱的母羊规规矩矩地入队，但一般情况下绵羊都乖顺听话，井然有序地排成一排。一旦固定住16头母羊，我们就两人一组拿着塑料瓶走到生产线，用抗菌碘溶液喷射16对奶头（绵羊的乳房和山羊的一样，有两个乳头，而母牛的乳房有四个）。绵羊乳房贴近我们的脸，如果我们看到上面沾着任何污垢，就用消毒纸巾擦干净。用这种简单的消毒方法杀灭羊粪中滋生的大肠杆菌或其他有害的微生物。这是青草通过反刍动物的消化系统变成奶，再转化成安全、可食用奶酪的重要环节。

一旦我们将真空加压的挤奶杯放在绵羊的奶头上，羊奶就会通过塑料管喷射而出，流进老式的奶罐里。常年的训练才能培养出好手感，才能轻松高效地挤奶。有些羊会踢后蹄，与挤奶机搏斗（我的手背满是羊蹄的划痕），而另一些羊则顺从地叉开后腿方便我们挤奶。露西眼尖，一眼就发现惹事的羊，于是她会发出警告：“这家伙疯了！”她遂打开广播，过一会儿加压挤奶机发出的、持续不断的嗡嗡声顿时淹没在小音箱里播放的国家公共广播电台的音乐或新闻节目声之中。这群绵羊似乎被牙买加的雷盖音乐与爱尔兰的民乐催眠了，很快就平静下来。在挤奶时，我们也要悉心照料绵羊（比如治疗羊蹄的问题），这样它们才会配合。卸下挤奶机后，我们走下生产线，再次用碘挨个喷射羊奶头，以防乳腺炎（一种由外伤、压力或细菌感染引发的乳腺体发炎）。在农场的那段时间，我跟露西挤了7组母羊的奶，每组16只。每天两次，每次挤奶需要两人约两个小时才能完成。不过我第一次帮露西时，我们花了近三个小时。

奶农把他们的牲畜视为农场劳工。然而我走访的手工农场里劳作的绵羊、母牛和山羊，并非受工业效率推动，以达到奶产量的最大化。这些农场的奶牛通常被喂以混合饲料，其中包括大量的干草与季节性的牧草，山羊的话则是林地放牧。然而工业化农场上的反刍动物们却被喂以高蛋白谷物口粮，注射亚治疗剂量的抗生素以促进生长，每天挤奶多达 3 次。在帕奇农场，挤奶季节的日常工作包括“营建牧场”，用移动的栅栏划定牧区。密集轮牧为绵羊提供了可食用的各种草和野花，其中有我能辨认出来的蒲公英、三叶草和
金凤花。每次挤完奶后，母羊都被带到一片新的牧场上觅食。为了 36
减少牧场压力、避免过度放牧，大卫和牧羊犬隔三岔五地将羊群撵到一片新的草地上。那些一岁大的绵羊通常要等到下一个季节才会开始繁殖，还被当作“清道夫”，专吃哺乳期母羊吃剩的植物，以免这些不太受欢迎的物种长满草场。通过这样的人类、犬类和羊类的活动，工作景观被培育成有价值的商品。

绵羊奶业的工作景观与三个不同的市场相关：奶酪、肉和羊毛。[10] 在早春时分，大卫就剪过冬羊毛，这些最优质、最干净的羊毛将以一磅一美元的价格卖给当地的一家纺纱厂，纺成纱线后再出售给业余编织者。但在这之前，大卫必须先把羊毛送到得克萨斯州洗涤，因为新英格兰没有羊毛洗涤工厂。[11] 在向我讲述羊毛市场的历史时，大卫透露了佛蒙特州养羊的由来。1811 年，有一位名叫威廉·贾维斯（William Jarvis）的佛蒙特州人，时任美国驻里斯本的领事。他利用拿破仑征服西班牙的事件去游说西班牙贵族，让他们
把羊毛纤细柔软的美利奴羊（Merino）卖给他，说这样就可以避免 37
被饥肠辘辘的法国士兵们吃掉。[12]

贾维斯一次买了 400 只珍贵的美利奴羊，并送到他在佛蒙特州韦瑟斯菲尔德（Wethersfield）的农场，随后在全州出售种羊。[13] 在 19 世纪二三十年代，美利奴羊毛的售价为每磅 80 美分至 1 美

元。由于该州的地貌多为基石裸露、山石嶙峋，不宜耕种小麦，但适于放牧，因此羊毛业务发展非常好。到 1840 年，佛蒙特州的绵羊数量是人口的 6 倍。[14] 然而 19 世纪 40 年代，不断扩张的铁路给新英格兰地区带来了大量的西部边境的廉价羊毛，羊毛价格遂暴跌。[15] 佛蒙特州的牧羊人宰杀整个羊群，退出了市场。[16] 内战期间，虽然军需羊毛价格一度反弹，但国内纺织业却一蹶不振。[17] 如今，大卫唯一的羊毛销售市场在中国。一天下午，我卷起牛仔裤腿，赤脚踏入一个粗麻布袋子里，露西把羊毛递给我，我接着用脚把它踩结实。一会儿，装羊毛的袋子比我的人头还高。一袋袋次级羊毛装满后卖给一家经销商，然后送往中国进行洗涤。

一天早上，大卫和我开车去他父母的农场。为了错开产羊羔的时间，那里的母羊繁殖季节要比帕奇农场母羊的稍晚一些。我们到达时发现，在过去的两小时里，有 3 只母羊产下了 6 只羊崽。羔羊通常是二胎生，鲜见单胞胎和三胞胎。我在剪贴板上用图表记录了羔羊的公母、体重。不久第四只母羊挣扎着欲分娩。当大卫戴上一副齐肘长的塑料手套时，我在一旁身子半蹲、双臂按住母羊，但一会儿就遭羊猛踢。我又把母羊抱到腿上，大卫则用力拉出双胞胎羊羔。小羊羔身上沾满了血渍与黏糊糊的羊水。母羊爱怜地用舌头不停地舔羊羔子。仅过了一个小时，羔羊们站了起来，蹒跚而行，嗷嗷待哺。“如果 24 小时内未能哺乳，这些羊羔就会夭折，”大卫说，“你是第一次接生吗？”他站在两只新生羔羊面前问我。我点了点头。“恭喜你！”他笑着说。

并非所有的母羊分娩后都能活下来。我第一次到农场时就听说，一只母羊刚产下三胞胎就死了。我们把这些孤儿小羊跟刚产单胎的母羊一起关进围栏里。母羊头部固定在木板间，以免干扰羔羊嘬奶。经过几天的哺育并且与母羊初生的羊羔一起生活，孱弱的孤儿身上也沾上其他羊羔的气味，逐渐就被母羊认定为自己的亲骨肉了。[18]

在将羔羊放牧之前，它们的尾巴会被剪短。使用一种称为“弹簧缩手”（Elastrator）的伸展手术钳，在每只羊羔的尾巴上套上结实的橡皮筋，这种收缩阻止了血液的流动。大约三周后，尾巴就脱落。这样做的目的是避免毛茸茸的长尾巴会沾满羊粪。预料到会有 38
人会反对这种做法，查克·伍斯特（Chuck Wooster）在《与羊同住》（*Living with Sheep*）一书中诠释了一个资深剪羊毛人的至理名言：“身上背着十几磅羊毛的羊四处走动极不自然，同样拖着毛茸茸尾巴的绵羊也不正常。此事无关合乎自然与否。除非你想看到小羊尾巴沾满蛆虫和苍蝇，不然就剪掉尾巴。”[19] 牲畜经过几代的选择性育种改良，才进化成目前的生理构造。一切改变都因应人类自身的利益：产奶量、脂肪和蛋白质含量、羊毛质量、新生羊羔重量和动物的社交能力。[20]

把羊奶加工成奶酪（而不是将散装奶卖给别人加工）的奶农们往往在绵羊超出行业标准的产奶年限之后继续挤奶。我曾经遇到过一个奶农还在给 15 岁的山羊挤奶。大卫在绵羊 2 岁大时开始饲养，只要它们继续产羔和产奶，就会一直待在农场里。一只“优质”的母羊会在她短短 12 至 13 年的生命中持续履行她的使命，尽管只有大约四分之一的母羊能坚持那么久。[21] 末了，这些羊会被送到马萨诸塞州的一个牲畜市场上拍卖，进入“波士顿的印度餐馆”。

奶酪不可避免地与肉类的政治和伦理联系在一起。[22] 每当卡伦·温伯格（Karen Weinberg）跟我讨论这个问题时都会义愤填膺。那是在 2007 年一个炎热的夏天，我们俩驱车绕着她的草原牧场转悠，给水槽补水。这是位于纽约州蜀山的一家叫三角场

（3–Corner）的田间农场，幅员辽阔，横跨了佛蒙特州边界。卡伦像大卫·梅杰一样，起先养肉羊、卖羊毛，之后又生产乳制品。在曼哈顿的联合广场绿色市场（Union Square Greenmarket），她出售奶酪和酸奶，还有羊腿、羊肠、羊皮和羊毛纱线。卡伦，这位五十多岁的妇女精力充沛，齐头短发，拥有心理学学位，向我抱怨起一些顾客的天真。

> 好几次客户对我说："哦，看见肉我就受不了！别让我看见，恶心死了——不过你们卖的是什么奶酪呢？"
>
> "没有羊，哪来的奶酪？你明白这两者的联系吗？"
>
> "哦，但是你无须杀羊取奶啊，总得给羊群留个活路吧！"
>
> "难道你不明白羊羔因产奶而死吗？"
>
> 麦当劳之所以存在，是因为我们美国有一个乳制品行业，而不是因为人们多想吃汉堡包。因为人们喝大量的牛奶——如此多的牛奶——这些母牛必须要有个去处。他们都是这个系统的一部分，就像这些羊是我们系统的一部分。他们最终要上餐桌，而您却在争论谁该为此负责的问题。我的想法是，我把它们带到这个世界上来，至少我可以确保它们生时乐生，死时乐死。

39 在卡伦看来，将羊肉跟羊奶奶酪一起售卖不仅高效而且诚实守信。羊排不仅是奶酪的副产品，淘汰雄性羊羔也是维持羊群公母比例行之有效的办法。卡伦认为供应羊肉、奶酪、酸奶、羊毛、绵羊皮和小羊皮既经济高效又符合道德。

卡伦非但没有冷酷无情地对待那些羔羊的生命，反而努力让它们快乐活着、安宁死去。[23] 她的羔羊都在牧场上饲养，不论最终要运往农贸市场，还是用来取代淘汰的母羊。羔羊 3 个月大时，她会将“公羊和母羊”分开，否则“公羊”会骚扰“母羊”，结果“使她们的生活变得凄惨”。正如唐娜·哈拉维（Donna Haraway）所说，当物种相遇之时，[24] 不可避免地遇到仁慈与强制、大爱与工具主义间的张力。不过，这样的矛盾关系往往会被轻易地撇在一边，眼不见心不烦。令卡伦感到沮丧的是，许多人仅从消费者的角度来理解食品政治。

> 观点人人都有一个，但是许多人往往不知所云。有多少人不明白这样一个浅显的道理：哺乳期的母羊才会产奶！我甚至会对其中一些人说：“嗯，您原本以为奶是从何而来？”他们会说：“嗯，到了一定年龄。”我会说：“是吗？您到一定岁数时，难道奶也会从您的乳腺里喷涌而出？”

那些在营养指南金字塔中长大的人认为，肉类与乳制品分属两种“食物类别”。但在卡伦看来，它们显然属于同个生产生态。卡伦对我说：“我希望人们明白，无繁殖能力的老母牛是不会安排在庭院里厚葬的，而只会端上你我的餐桌，这就是生产生态系统。”田园生活不只意味着旖旎风光，而且还有袅袅炊烟。

该系统的某些要素取决于奶源、天气条件和其他不可控的变量。此外还有社会因素（将在下一章中探讨），这取决于农业产业化的资金需求（昂贵的农业设备）、市场关系和监管限制（根据法

律，奶农不允许私自屠宰牲畜，而必须向持有营业执照的屠宰场
支付劳务费）。优质羊奶——由牧草调味、富含脂肪且不含病原
体——是通过轮牧、卫生挤奶和呵护牲畜而获得。但是当奶农把动
物妊娠、分娩、进食、反刍、消化和哺乳的生物过程叙述成劳作
时，动物奶被视作大自然对人类最好的馈赠，因为劳动（从理论上
40 说）产生价值。当奶农认为牲畜是协作（主仆关系）劳动者时，就
会激发消费者重新审视牲畜的饲养方式。通过这样的关联链，使
牛奶变好的产品品质与使其生产合乎伦理规范的道德品质联系在
一起。

马特奥·凯勒讲述了与他的弟弟安迪一起在佛蒙特州经营农庄奶酪制作的业务：

> 贾斯珀·希尔是我们响应全球化的结果。秉着这种精神，我们把奶酪——草原的结晶、阳光的产物、大自然的馈赠——放到地窖里收藏。随着时间的流逝，其价值倍增，变得更美味……在一个抵押债务、虚拟经济脱离自然法则和监管的时代，当资本主义的攫取效率、财富的集中与复合增长使地球的自然系统面临崩塌之时，谨记一切资本都源于阳光、雨露和土壤。[25]

马特奥暗示农庄生产生态本质上是产生剩余价值（即利润）的，而农庄奶酪代表了一种原始的，甚至是纯正的和符合道义的资本主义生产方式。[26] 尽管绵羊、山羊和牛（以及牧羊犬和护卫犬）对制作奶酪有贡献，却不是它们自主选择的结果。畜牧业的关爱伦理是家长式的。[27] 因此，当新泽西州的奶农兼奶酪制造商乔

纳森·怀特（Jonathan White）把他的所作所为描述为“将阳光变成奶酪”时，我们须保持一份清醒：光合作用、反刍、哺乳和发酵的整个过程是人类在更广泛的政治经济领域中想象与精心构造的产物，不但受政府的管制，而且受行业的监管与资金的驱动。

绵羊、山羊与奶牛

一天早上，当我帮大卫做奶酪时，他说要了解奶酪制造商，首先得了解“动物”。大卫的观点可以被视为用动物人类学的方法来研究美国农庄奶酪，这种方法关注的是奶酪制造商如何看待反刍动物的天性与社会特征，从中他们获得何种职业成就感。大卫说牧羊人进入奶酪这一行，是因为他们喜欢动物。像他这样的牧羊人都偏爱放牧的辽阔草原。他若有所思地说，养牛的牧民似乎喜欢大型机械。长期以来，动物既是人类的一面“镜子”，也是一扇“窗户”，通过它们可以洞察我们的喜好和自然观——正是大卫把我的目光引向了人类与动物的情感交织。[28] 41

与动物们一起工作和生活来完成我们的许多事务，包括制作食物。[29] 在动物的“本性”被人类饲养员利用和调养的同时，人们的性情也得以重塑。一个显而易见的例子是日出而作、清晨挤奶。[30] 关于美洲殖民地的牲畜饲养，弗吉尼亚·安德森（Virginia Anderson）写道：“动物不仅改变了土地，也改变了与它们打交道的人们的心灵与行为。”[31] 农场动物对生产生态做出了贡献，它们的身体机能被嵌入商业农业系统中，也有助于人们成为农民、奶酪制作商。

正如大卫所说（尤为值得一提），确实许多从事奶酪制作的女性出于对山羊的喜爱。2005年在肯塔基州路易斯维尔（Louisville）举行了美国奶酪大会。主办方组织了一次实地考察，参观印第安纳州南部的一家质朴的农场。农场主人是卡普里奥莱（Capriole）奶酪的制造商朱迪·沙德（Judy Schad）。出于田园情怀，她自1976年开始找机会购置农场，因为一心想饲养牛。后来她举家从城市郊区搬到一间破落的农场，但她一直未能如愿。[32] 她的邻居建议说："养奶牛的话，你得在零下20℃的时候去牛舍，那太可怕了。你养山羊吧。"于是她买了山羊。她的孩子们（人类的）加入4–H青年组织，并开始在集市上展示山羊。更多的孩子（山羊）意味着"我们有这么多羊奶，没人愿意喝"（朱迪曾经偷偷地把山羊奶装进用过的牛奶纸盒里，但被孩子们识破伎俩）。在20世纪80年代初，当时他们养了15只山羊，朱迪第一次吃到加州的劳拉·切内尔（Laura Chenel）制作的新鲜山羊奶酪，心想，终于找到山羊奶用武之地了！尽管邻居好言相劝，朱迪还是执意要做。不过她告诫说，饲养山羊所需的工作量与饲养奶牛的相当，但是每只母山羊的产奶量仅为母牛的七分之一。[33] "养山羊没什么好处，除非你真心喜欢。"

每只山羊都有不同的个性，这是受人们喜欢的原因。[34] 当特里西娅·史密斯（Tricia Smith）带我参观她在马萨诸塞州的卡莱尔郊区的农场时（此后搬到哈德威克），一只叫阿黛尔的公羊跳将起来，前蹄顶着我的胸口，咩咩地叫唤，那感觉真像我两岁的儿子，我思忖。特里西娅一会儿跟我聊天，一会儿转身温柔对山羊说："是的，你的日子很艰难，但没阿黛尔那么艰难"；"爱莉斯，别那样，好吗？"我说她像是在调教山羊时，特里西娅答道："它们是群居的哺乳动物。"在攻读生物人类学博士学位（肄业）时，她曾经研究过日本雪猴。她说山羊不仅能接收交流信号，并做出回应，“它们也互相传达着奇妙的信号。”

我采访过一位奶酪制造商，她在农场里饲养母牛和山羊，也 42
对山羊评价很高。她说，山羊比牛更聪明、更“富有人情味”。“它们会不断测试你的心理底线，挺好玩的。它们想看看你是否在意。”她指着窗外的一片草莓地，其中一半是棕色的。山羊们躲在篱笆底下伸长脖子去吃浆果，这让她丈夫很抓狂。“他想管住山羊，但是没招，”她笑着说，“你得修好篱笆，因为山羊抵不住诱惑。”沃伦·贝拉斯科（Warren Belasco）在他关于20世纪六七年代反文化的天然食品运动的历史中写道，“山羊其实很挑食，像玩世不恭的嬉皮士——目无纪律、百无聊赖的离经叛道者，喜欢吃野果，而不吃精心护养的草。”[35] 与母牛相比，山羊偏食的特点与人类更相似。它们被公认为是个人主义者，往往被拟人化成了搞怪的小丑或女王。[36]

绵羊更容易被集体驯化。在《与羊同住》一书中，伍斯特告诫未来的牧羊人，每个朋友和熟人迟早都会问这样的问题：“绵羊难道不是农场里最愚蠢的动物吗？它们难道不是比柱子、篱笆墙还笨，一旦被关起来，就一动不动，仿佛被催眠吗？”[37] 优生学者弗朗西斯·高尔顿（Francis Galton）无情地把普罗大众比喻成“无脑盲从的群居动物”。[38] 伍斯特写道，问题在于人们以人类为中心地看待绵羊。绵羊是草食动物，是被捕食的物种，其最佳防御是群居带来的安全感。伍斯特说，人们把绵羊缺乏独立自主能力理解为愚蠢，这应该视为物种对感知到威胁的应急反应。一次误入羊圈的经历改变了他对这类毛茸茸的反刍动物的看法。当时，由于他的突然出现，这些羊群快速整队。“我的眼睛接近地面——视线的高度很接近狼或土狼的眼睛——效果令人震惊：十几只动物陡然变得高大威猛，二十四条腿的斑点毛发……没有明显的机会……露出犬牙。”[39] 伍斯特认为，绵羊曾经被两足食肉动物无情伤害过，希望快速辨别谁是狡猾的捕食者。[40]

尽管如此，护卫犬或美洲骆驼仍然是绵羊农场里不可或缺的陪伴物种。前年有一只叫托斯卡（Tosca）的意大利白色牧羊犬（繁育了数百年）因背部受伤而退役，这消息却神奇地被土狼“获知”，结果梅杰家一夜痛失18只绵羊。此后，绵羊农场都设法为工作犬找点事做，比如像边境牧羊犬一样驱赶羊群，或者像玛雷玛牧羊犬（Maremma）一样保护小牲畜免受掠食者的侵害。至少弗吉尼亚州艾弗诺纳奶牛场（Everona Dairy）的帕特（Pat Elliott）医生是在饲养边境牧羊犬之后才起步的。刚开始为了让狗做点有意义的事，
43 他索性买了几只绵羊给它放牧。后来他又思忖着怎样让饲养绵羊的业务运转起来。于是他边行医，边制作奶酪。

牧民倾向于给每只山羊取名，以此来识别它们的独特个性。然而，大卫·梅杰却将羊群看作是嵌入草原生态的食草动物。绵羊一词既是单数又是复数，这并非毫无道理。由于每只母绵羊日均产奶量低于母牛甚至母山羊，出于生计的考量，绵羊奶农就会多养几只。不过，我也看到有几家农场只饲养7头奶牛或12只山羊的成功案例。

当牧羊人迷恋于草食动物赖以生存的土地和景观时，大卫独辟蹊径，把精力放到草原放牧这一具体的日常事务上，而很少关注一个物种或单只动物的象征意义这些形而上学的问题。在他看来，在动物与人的生产协作关系中，动物是生产的主体而不是客体。[41] 山羊喜欢直立着吃茂盛的树叶和嫩芽。一位山羊饲养员告诉我，“它们总是往上吃，而不是往下吃，因为这样就可以避免误食多种肠道

蠕虫”。有人说，母牛吃干草和谷物就可以打发了，而为了确保山羊健康、提高产奶量，奶农必须频繁转场放牧。羊群的吃草习惯维持了“工作景观”，避免林地扩大（或过度开发）。正如大卫·梅杰所预言的那样，饲养山羊的奶酪制造商往往依恋动物，而饲养绵羊的奶农则始于对土地的依恋。

1986 年，辛迪和埃德·卡拉罕（Ed Callahan）夫妇俩将城市陋巷蜗居换成乡村的大院深宅，从旧金山搬到加州索诺玛县（Sonoma County）的 35 英亩土地上。他们的儿子利亚姆（Liam）告诉我：“那年夏末，草足足长到六英尺多高。”他们的土地是牧场，而不是大“院子”。辛迪买了绵羊充当廉价的割草机，这样既省了一笔请人割草的费用，又可以防止灌木丛起火。一旦养了母羊，他们很快就有了羊羔。不久，羊羔的数量多到请朋友来都吃不完，因此利亚姆用他在加州大学伯克利分校宿舍里的电脑制作了一封套用的商务信函，群发给附近的各家餐馆，向他们推介羊肉。早期的客户是爱丽丝沃特斯的潘尼斯之家餐厅（Chez Panisse）。卡拉罕夫妇之后又买了更多的绵羊，并饲养了更多的羔羊。直到有一天，一位朋友闲聊时向他们提到中东地区的羊奶特别适宜加工酸奶和奶酪。辛迪还从美国农业部的统计数据了解到，前一年美国进口了六千万磅的羊奶奶酪，而当时国内只有寥寥几家生产商，佛蒙特州牧羊人是其中之一。在 1990 年至 1992 年间，辛迪将领头羊农场（Bellwether
Farms）改建为一家绵羊奶制品和奶油厂，而刚刚大学毕业的利亚 44
姆就进农场制作奶酪。他们的初心是购置乡村的土地，却阴差阳错地饲养绵羊、制作奶酪。

像卡拉罕一家一样，大卫·梅杰刚开始创办了一家农场，饲养羊群的目的是获取羊肉和羊毛，而不是羊奶。当时的绵羊品种是考力代羊（Corriedales，羊毛品种）与多赛特羊（Dorsets，根据伍斯特的说法，是“二级”羊毛和肉类品种），而羊奶只用于喂小羊羔。我问大卫，在挤奶之后，他对绵羊的看法是否变了。他笑着说：“有不同看法的是它们！”它们变得“更大胆、更健谈”。如果想要点什么，它们就想方设法让帮得上忙的人知道，手段有点“咄咄逼人”，这与挤奶前“轻巧与温顺”的举止迥然不同。大卫挤奶时，他开始根据母羊产奶量而不是羊毛质量或羔羊的大小来有选择地饲养母羊。他解释说，母羊产奶量与其乳房的大小没有直接关系。在他看来，产奶性能好意味着母羊“在人们面前能够放松，并乖乖地让人挤奶”（大型商业乳品厂，特别是那些位于较冷气候的奶羊场，可能会给奶羊注射催产素，帮助它们镇定、放松）。随着跟人交往的次数增加，与绵羊产奶性能相关的特征也日益增多。[42] 挤奶厅的层叠顶门象征着后田园主义花园里的一台机器，这改变了绵羊的个性以及它们对大卫的看法。大卫的故事进一步表明，动物们被人类学家描绘成人类的代理人，而不是被物化的客体。此外，它们也是人类行为的观察者。

人与动物的关系可以视为一种邂逅，这是现代观点的文化意义——不但区分了人与动物，而且区分人类群体——更古老的意义是培育某种东西或物种的实践。[43] 奶农遵循的原则不是最大限度地提高产量，而是按照绵羊、母牛各自不同的饮食习性去饲养，并以此为荣。例如，草原放牧而不是喂饲料。这是后田园生产生态的重要组成部分。我参观过的农场的放牧方式与工业化农业迥然不同。在工业化农业中，正如奈杰尔·克拉克（Nigel Clark）所说：“控制与改良技术已应用于生物物种更亲密的方面。”[44] 这不是说，手工农场比工业化农场更“自然”，毕竟厘清自然与文化是痴人说梦。正如黛博拉·希斯（Deborah Heath）和安妮·梅内利（Anne Meneley）所描述的那样，高脂肪鹅肝是通过强制喂养的管饲技术让禽类快速增肥而获得。同样在羊羔断奶之后，母羊还要在奶厅里叉开双腿，奶农在一旁拿着真空吸奶杯挤奶。[45]

在佛蒙特州的巴德维尔农场，奶农丽莎·凯曼（Lisa Kaiman）将泽西牛奶（Jersey milk）加工成奶酪。她训练母牛养成挤奶时不排便的习惯。一旦发现母牛翘尾巴时，她就会大喊："放下尾巴！"母牛一般都很听话。她的挤奶厅一尘不染、空气清新，不需要每次挤完奶后清洗，只需清扫干净即可。干燥的环境比潮湿的更不易滋生细菌。丽莎对她农场出售的原奶很有信心，因为她觉得自己和奶牛都清楚知道怎样才能安全生产原奶。当然，丽莎的牛奶未必比巴氏消毒的奶更"天然"，只是做事方式不同而已。

人类和动物在特定的景观中相互成就对方。但是正如卡伦·温伯格指出，他们是在特定的生产生态和经济环境下才这样做的。在后田园生态中，奶牛在农场里将草和嫩枝加工成牛奶，将"阳光转化为奶酪"。作为牛奶生产者，奶牛很少被过分渲染。在谈到贾斯珀·希尔农场的奶牛时，马特奥·凯勒大多用"机械"，而鲜用"田园"这样的词语。他说，母牛早晨去草地吃草、产奶，回到谷仓挤奶，然后出去吃更多草。母牛被描述为"我们的工人，外出收获一片草，回到挤奶厅，让我们帮助其卸下包袱"。马特奥将具有"勤奋"与协作精神的母牛视作芳草田园里的价值创造者。[46]

尽管如此，反刍动物自然文化可以对奶酪的风味做出直接的贡献。奶牛所吃的一切，包括野花和豆类、新鲜的绿草、干草堆或发酵的玉米青贮，都会影响牛奶的营养成分和味道。但是，牛奶的口感似乎也受到反刍动物饮食习性的影响。有人说山羊是一种“神经质的动物”，总担心吃不饱，饥不择食；如果需要改善羊奶的风味，那就必须调节山羊的饮食结构。在佛蒙特州制作嫩枝农庄奶酪（Twig Farm cheese）的迈克尔·李（Michael Lee）每天带山羊去林地里悠闲漫步两次，以确保它们品尝附近最美味的灌木。相比之下，绵羊则小心翼翼地掐尖摘叶地吃，这造就了绵羊奶酪清纯而绵密的口感（假如每次挤完奶后就转场放牧的话）。而母牛则连根拔起，大口吃带泥的草，边吃边咀嚼。用牛奶加工的奶酪也明显带有浓郁的牧草味。因而牧民们强烈要求根据母
46 牛放牧的户外环境判定牛奶奶酪的原产地（法国人称为风土）。[47]
这也暗示了牛、山羊和绵羊的“辛勤劳动”（以及下一章介绍的细菌、酵母菌和霉菌）可能会挫败人们试图控制生产“系统”的努力。

安妮·托普汉姆在20世纪80年代早期就开始在威斯康星州南部饲养山羊并制作奶酪。在我2008年拜访她简朴的农庄时，她说山羊以一种善解人意的方式帮助她生产奶酪。几年前，因为父母生病需要照顾，安妮就把山羊托付给一位朋友和邻居，之后就用收购来的羊奶制作奶酪。结果那年夏天的奶酪口味就变了，并不是因为“她家的”羊奶与邻居家的混在一起后给稀释了，而是那段时间安妮的山羊远离它们的家。后来羊群回家后，奶酪的风味也大大改善了。安妮对我说：

> 我认为这一切缘于我跟羊群建立的密切关系。记得一个幽静的周日下午，我到奶酪室搬奶酪，仿佛房间四周挤满了山羊。我每次做奶酪时都能感受到它们的存在。我需要那种感觉、那种亲密关系。那样的话我做出来的奶酪会更棒。我想你无法鉴别羊奶的优劣（例如季

节性或饲料变化引起的差异）。这是另一种差异。这关乎它们的生活状态。

因此，生产环境绝不是冷酷无情的。

制作奶酪

每年的 4 月中旬到下一年的 11 月，母羊“断奶”，准备春季分娩。这时，手工艺人开始制作佛蒙特牧羊人奶酪。时令奶酪，8 月上市伊始就销售一空。我连续四天跟大卫学做奶酪，图（三）显示了制作过程。为了避免外来细菌的入侵影响发酵，我戴上一套奶酪室专用的卫生防护装备：一双齐膝高的橡胶长筒靴、一件白色塑料围裙、一顶棒球帽和医用手套。我们的第一项任务是搬运羊奶罐，每个装满时重达 90 磅。把早晨挤奶的罐子放在一边，我们把前一天晚上（或者周一，周末）的冰镇羊奶倒进一个长方形的大桶里。大卫对羊奶做了抗生素测试。兽药残留可能侵害发酵所需的有益细菌，还可能造成人的过敏反应，因此食品在销售时，一旦被查出抗生素残留超标，将被判定为违法。大卫把检查结果记录在挤奶
厅门口的一个“致检查员”的剪贴板上，以备政府的食品安全检查。 47
但这只是一个形式，因为大卫只用抗生素来驱虫或者治疗乳腺炎等疾病，而且接受这类治疗的母羊产下的奶不会用来制作奶酪。[48]

当全脂原奶在大桶中缓慢加热时，我将粉末状的冻干乳酸菌发酵剂倒入一桶尚带着余温（73—83°F）的新鲜羊奶中搅拌。该菌株以乳糖为食，副产物是乳酸，从而启动一种被称为酸化的发酵过

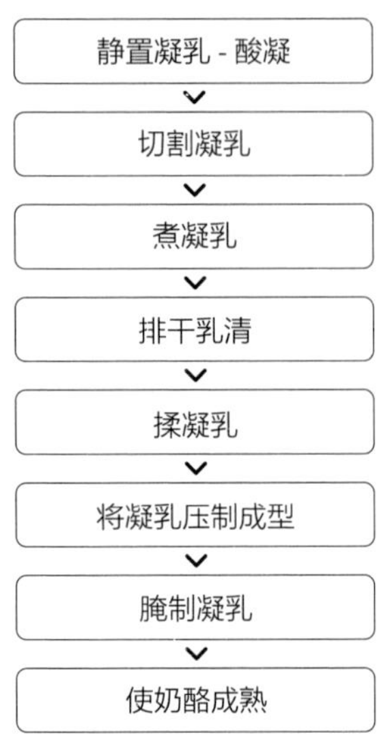

图（三）奶酪制作的八个基本步骤，源自保罗·金斯德特的著作《美国农庄奶酪》。

程，使羊奶变成奶酪。这些菌种被称为酵母，是从羊奶中提炼出来的有益成分，用来抵御环境中有害的病原体。这既保障食品安全，又有助于改善奶酪的风味、稠度和特性。大卫在未经巴氏杀菌的羊奶里加入法国实验室中培养与活化的嗜温细菌。每隔几周，他就更换菌种冻干粉，以保持奶酪室中微生物的多样性，并防止噬菌体（一种吞噬细菌、破坏发酵的病毒）的积聚。

当羊奶的温度达到 70℉至 80℉时，大卫搅拌凝乳酶，加入稀释的溶液和几夸脱的冷自来水。凝乳酶是一种蛋白酶，用于加速继酸化之后第二个关键化学反应：将生奶凝固成凝乳。自从英国暴发“疯牛病”（牛海绵状脑病）疫情之后，大卫停止从英国进口皱胃
48 酶——从哺乳期小牛第四胃（皱胃）的内壁中提取——而改用从霉菌中提取的凝乳酶。商业小牛皱胃酶是小牛肉工业的副产品，因为

价格昂贵，许多美国奶酪制造商使用替代品。在英国，素食主义者通常寻找一种来源于霉菌和酵母菌的“素食”凝乳酶。大卫说，“素食”凝乳酶在美国并不足为虑，至少在高端奶酪如佛蒙特牧羊人的消费人群中尤其如此。他的另一个选择是转基因凝结剂，但大卫很谨慎，不愿轻易地将转基因技术引入他的食品生产生态。

在加入凝乳酶后约 12 分钟后，羊奶达到絮凝状的临界点，只需要一两秒钟就会变稠。在凝乳完全凝结成胶状物质的半小时里，大卫和我一直忙于擦洗和消毒奶罐。大卫用手持式“奶酪切割栅”（形状酷似竖琴，故称奶酪竖琴）——用多条金属丝串在一起并固定在长方形的不锈钢架上——将细软的凝乳切开，排出乳清。实际上，他用了两把不同的工具刀：一把竖切用的长方形刀，另一把横切用的立方体刀。我们俩都伸手尝了尝：温热的凝乳鲜甜而浓郁，味道像奶油（绵羊奶的脂肪含量明显高于牛奶或山羊奶的）。[49]当我品尝样品时，大卫在闻香鉴别好坏：如果发现味道不对劲，那就表明哪个环节出了问题。大卫用一把大木桨不停地搅拌，在 101℉（比绵羊的体温稍高）温度下煮 30 分钟，以分离凝乳和乳清。过不久，我洗好了奶罐子。

我们将双手伸入大桶，乳清漫过我们的肘部，用手掌按压沉淀在桶底的胶状“熟凝乳”。大卫在凝乳上面铺上几块细网塑料罩子，我们开始舀出乳清。乳清，像清洗奶罐和奶酪模具产生的废水一样，被法定为工业废水，不允许直接排入家庭化粪池。但是在大卫看来，乳清不是废料，而是一种资源，因为它富含蛋白质和微生物，可用作草场肥料或者猪、母牛的饲料。[50] 乳清沥干后，我们在裸露的凝乳上压一块大卫自制的奶酪配重，这是用几根装满食盐的 PVC管子做的。万一袋口开了，撒落的食盐不会造成任何伤害。

在卸下配重和罩子之后，大卫使用U型刀切割大块的固体凝乳，此情此景让我想起切布朗尼蛋糕。我们把 32 块凝乳（正好是一个批次的奶酪轮数）放到一个长长的、倾斜的沥水台上，以便压制和成型。

49 各种奶酪大都是手工制作的。我们揉搓奶酪的样子很像揉硬面团：快速用手指揉捏凝乳，用手掌拍打边缘使四周往内折叠。将奶酪翻转过来，并摔打四次才能把凝乳“拧”在一起。这样奶酪一旦熟化，其口感就会变得绵密顺滑。每块凝乳都被放入底部镂空的塑料碗中。这些碗是几年前从一家折扣店购买的，看似简陋，却塑造出外形独特的奶酪。我们将奶酪翻转、揉捏第四遍之后，在上面覆盖一块绵羊形状（佛蒙特牧羊人的标志）的塑料薄板和代表批次的数字“15”，然后用粗棉布包好。奶酪还在一旁沥干，我们又开始刷桶、清洗用过的工具。

午饭后休息片刻，我们再次将塑料碗里的奶酪翻转过来，小心翼翼地拉平棉布。我用手推车将鲜奶酪运到几百码开外的奶酪熟成窖里沥干一夜，然后折回奶酪室，帮着洗洗涮涮。临近下午四点半时，我猛然发觉提奶罐的手臂酸痛难忍，揉搓凝乳的十指也变得僵硬起来。那天连续劳作了 10 个小时之后，大卫和露西邀请我跟他们一起参加当晚的西非、巴西舞蹈课时，我谢绝了他们的美意。

现在回过头来看，当时在田野调查笔记里记述了我参与的各种繁杂事务，以及我的反思，但是只偶尔提及工作之余的社交生活。也许在我心里，劳动才是至高无上的，不但创造价值，而且其本身就是一种价值。手工制作奶酪是一份苦力活。不止一位奶酪制作商在我采访时说，要是早点知道这活儿如此累人，他们或许不会涉足这一行。他们在营销时呼吁公众对此劳作予以关注，我深以为然。[51] 我想，如果人们认为奶酪制作商的“辛勤工作”有助于产生富有价值的奶酪品质（口味、健康与独特），那就有充足的理由让消费者支付比工业食品更高的价格。这反映了一个偶然的事实，即劳动的美德是文化价值的源泉，而颇具讽刺意味的是，这一价值恰恰是早期的几代人为了追求工业化的省力机械装置而放弃的。

奶酪 —— 一种有生命的物质

每周二、周四和周六是梅杰农场的“窖藏日”。那几天在挤完
奶并吃完早餐之后，我和露西一起去奶酪熟成窖（一个依山而建
的混凝土涵洞），将前一天制作的奶酪浸入盐水中。之前在凝乳的 50
“制作”过程中没有添加任何食盐，但是因为盐可以抵御多种有害
的微生物，所以对奶酪的未来至关重要。我们给每块奶酪称重，以
确定需要多长时间（24—36小时）奶酪轮才会从盐水中漂浮起来，
并且其表面沾满食盐。露西测试了pH值（奶酪的酸度），结果显示
4.90，安全落在佛蒙特州牧羊人奶酪熟成期的正常阈值内。这个数
据连同奶酪重量一起被记入在当天的盐水批次记录表。

佛蒙特牧羊人是一种带有“天然外壳”的奶酪，其表层因暴露在空气中而变硬。天然外壳替代了打蜡或塑料包裹的方法，可防止霉菌滋生。[52] 它不只是自然风干，而是精心培育的生化反应的结果——基本上是一种受控的变质过程。在这过程中，细菌、酵母和霉菌起着关键的作用。比如，在原料奶中添加的发酵剂，以及栖居于裸露的奶酪表面并伴随奶酪熟成的各类微生物，这些都有助于奶酪形成更丰富的香味和更好的口感。“是细菌完善了所有的奶酪

制作”，佛蒙特州研制艾尔奶酪（Ayr cheese）的玛丽亚·特鲁普勒（Maria Trumpler）有一次跟我说，“它们造就了风味与质地，而我们只要袖手旁观就足矣。”在哈里·韦斯特（Harry West）和努诺·多明戈斯（Nuno Domingos）的一篇论文里提到，葡萄牙奶酪制作商同样把奶酪描述为在熟成窖里“工作”，以完成发酵过程。[53] 同样，细菌和真菌也被看作微生物劳动者，助力提升手工奶酪的味觉价值。此外，通过把人类劳动与微生物和牲畜的劳动联系在一起，奶酪制作商将自己的个人努力升华，变成了“天然”过程的一部分。

然而，劳动并不是比喻，照料一词也可以用来指称奶农积极对待微生物和牲畜。[54] 在生态语境里，奶酪制造商经常将天然外壳的奶酪轮描述为一个生态系统或微型农场，因为他们需要悉心照料动物、耕种作物和培育微生物。一位制造商把耕种土地比作奶酪熟化的过程：“我们想要培育优质的土壤，以便长出合适的东西。”为了培育有益的微生物并剔除污染的菌种，奶酪制造商需要管控奶酪的生态环境。梅杰的奶酪熟成窖须保持温度为 55°F，湿度为 95%。有必要的话，会在地板上放一桶水来增加湿度。法国人用一个词语来形容这种控制变质的做法：精加工（affinage）或“最后润色”，这代表了克劳德·列维-斯特劳斯（Claude Lévi-Strauss）称之为通过自然手段对原材料进行的文化加工。[55]

露西和我把精力都放到前几周腌制的奶酪上，它们现在都放
51 在熟成室盐渍区的水曲柳木板上。露西将这些奶酪称为“蹒跚学步的幼儿”，处于生长发育的早期。奶酪经过风干一周后，表皮上会长出白色的真菌绒毛，好似撒了薄薄一层婴儿爽身粉。大卫说，这时年轻的奶酪“进入青春期”，然后“毕业”去了角落的货

架上。在生物学的语境里，一轮天然的干酪也被称为“成熟”或“老化”的有机体。微生物不但发酵食品，而且也赋予其生命力。每一轮佛蒙特州牧羊人奶酪都有自己的简介。当我后来直接从梅杰农场购买一块楔形干酪时，联邦快递包裹里随附了一张卡片，上面详细描述了这块干酪在奶酪桶“出生”时的天气状况和特殊的农场环境（比如一位人类学家到访）。

大卫说，在他目睹了不同批次甚至是每一轮奶酪的发展变化之后，很自然地就会给奶酪赋予独特的生命。我还发现这是很普遍的做法。一位我认识的奶酪制造商把奶酪熟成表述为从“学前班”到“幼儿园”，最后大学“毕业”的三个阶段。将生命赋予奶酪还可以找到跨文化的证据。在巴斯克（Basque），一个富有传统的高原转场放牧和奶酪制作的地区，既有生殖隐喻，又有成长隐喻。在《巴斯克人中的亚里士多德：奶酪的生殖比喻》一文中，桑德拉·奥特（Sandra Ott）详细描述了巴斯克牧羊人认同亚里士多德提出的生殖理论，即男性精液作用于女性子宫里的血液基质以孕育胎儿，就像凝乳酶的力量作用于牛奶，从而形成奶酪。[56] 巴斯克人不仅相信男性在人类繁殖中的作用，而且芝士师傅都是男性，也以类似的方式谈论芝士的诞生：“有一次，我看着牧羊人从盛满乳清的水壶里取出热气腾腾的芝士……怀抱着它，无比自豪地喊道，‘我的亲亲宝贝！’（Ene Nini txipi！）。”[57] 奥特还说，巴斯克人以类似的方式对待芝士和婴儿：两者都被置于篝火之上，以“强身健骨”；在生命的最初三个月里，两者都被限制在固定的“空间”内。[58] 此外，人们认为，男性生殖的创造力就像芝士制作一样，不仅传达出一种形式，而且还预示着一种身份。巴斯克地区产的奶酪，就像他们的孩子，既有亲属关系，又有谱系关系。

在他们奶酪制作生涯的早期，大卫和辛迪·梅杰曾前往法国南部，向巴斯克牧羊人学习奶酪制作技术。当我第一次参观梅杰农场，向大卫提起我研究人类学的一些初步想法时，他问道：“哦，你想跟桑德拉·奥特做的那样?”说完他从厨房里的一个书架上，取出一本奥特的人类学专著《群山环绕》（*The Circle of Mountains*），旁边还摆放一本《穆斯伍德的食谱》（*Moosewood Cookbook*）。[59] 大卫说，巴斯克人给他们的奶酪打上代表农场的“木屋”的印记，他也依样画瓢。[60] 不过在美国，农场木屋的标志与其说传达了一种宗教归属感，不如说是一种商品忠诚度，“就像徽标或合法商标传达了一个真实、正宗的信号”。[61] 通过这样的标记以及那些稀奇古怪的干酪名字，奶酪制作商将他们的“手工艺品”进行符号转换，希冀给消费者传达出一种与众不同的产品特色。正如罗斯玛丽·库姆（Rosemary Coombe）写道，这是“一次真正的接触、一次创造、一次打上烙印的时刻。而对个人来说，这就是一个指纹：品牌”。[62]

但是正如我在第一章中所说，奶酪上的工匠印记不仅仅是商标和品牌，更多体现的是材质。一轮佛蒙特州牧羊人奶酪的重量从7磅到9磅不等，形状有圆盘、圆顶状。有些压入塑料碗中的接缝
53 线恰好是一轮奶酪的中轴线，由于沿线长出一排霉菌而显得格外引人瞩目。在熟成窖里，有些我经手的奶酪，由于之前用粗棉布拉顺而绷紧，掀开时，就会看到印在表面的、令人赏心悦目的精细网格图案。不过有些奶酪的压痕就没那么均匀。在干酪表面长出的真菌斑点只是自然与文化差异中的一种元素，这让人觉得每一轮干酪都是一个有别于标准化工业品的、独特的个体，由于商品价值创造过程尚未完成，其价值依然待价而沽。

带天然外皮的奶酪要比收缩包装的更贵，不仅因为它们更像是正宗的手工奶酪，还因为培育天然外皮需要付出大量的劳动。佛蒙特州牧羊人奶酪熟成期间，尼古拉斯（Nicholas），时任梅杰农场经理的一位年轻人，每周两次“清洗”干酪轮。这个过程也被称为“翻转”奶酪，并不是完全浸泡，而是左前臂夹着一块八九磅的奶酪，右手戴着手套浸泡在盐水溶液中，尼古拉斯轻轻按压新近长出来的微生物菌绒，以形成一个半透气的外壳，好让气体与水分逸出，同时也给奶酪带入盐、细菌和水分。这样的盐水洗涤可以有效控制霉菌的生长。“就像久未修割的草坪会长满杂草一样”，一位经验丰富的发酵师告诉我。如果不用盐水清洗，久而久之，每轮干酪的外表就会再次长出一层丑陋的绿色霉菌。含有高达20%盐分的外皮可以保护干酪里层免受病原体的侵害，同时培育出“有益的”微生物。比如，乳酪短杆菌就有助于产生一种丰富的陈年奶酪的风味。到了某个阶段，奶酪就不再清洗了，而改用硬毛刷来刷（当时还处于奶酪熟成的早期，所以我们仍然要清洗架子上摆放的所有奶酪）。在奶酪熟成期间，每轮佛蒙特牧羊人干酪需经各种手工处理达八十余次。

第一次跟尼古拉斯一起翻转奶酪之后，我感到喉咙和肺部刺痛，带有轻微咳嗽。后来再去熟成窖时，我戴了防护面罩。大卫因为霉菌过敏，很少去熟成窖。辛迪·梅杰曾经承担了大部分的奶酪制作，但是因为此前的一次骑车事故落下了后遗症，身体被压垮了。大卫和辛迪的劳动分工部分是基于身体的而不是性别的缘故。

对于奶酪的生命力，有些奶酪制作商提出，他们自己暴躁的脾气可能会以某种传染的方式影响奶酪的生长。一位威斯康星州的奶酪制造商说，每当心情不好时，她就不去熟成窖，担心她的精神状态会影响奶酪的命运。[63] 有些奶酪制作商为了避免奶酪的发酵过程遭到破坏而采取的预防措施，在人类学家看来是奇思异想，而在其他奶酪制造商看来是“迷信”。20 世纪的人类学家布罗尼斯拉夫·马林诺夫斯基（Bronislaw Malinowski）认为，魔术
54 和科学都是建立在人类可以主宰自然的信念基础之上。科学使用直接手段干预自然世界，而魔术则通过各种咒语和仪式来驾驭超自然的力量间接干预自然界。谈及南太平洋岛民为什么对他们精心照料的花园或巧妙建造的独木舟施咒语时，马林诺夫斯基解释说，即使是最敏锐的科学理性也不能让阳光普照，也不能抵挡暴风骤雨；“为了控制这些自然之力，只能靠这些”。于是特洛里亚德岛（Trobriand Island）上的居民“使用了魔术”。[64] 魔法，从这个意义上说，反映了人类在自然力量面前表现的谦卑之心。面对生机勃勃的奶酪，奶酪制造商也同样须保持谦逊。[65] 同时，给一个批次的奶酪赋予生命也可能让奶酪制造商更加细致入微地照料它们。的确，关于有机体的奇思妙想强化了人们对于有益微生物的拜物情结。

当佛蒙特州牧羊人奶酪“成熟”时，外皮变硬，白色逐渐变成棕色，里层变得光滑，而且模样儿讨人喜欢。在美国，任何由生奶（未经巴氏杀菌）制成的奶酪在出售前必须陈化至少 60 天（请参阅第六章）。强制规定熟成期的目的是“减少病原体对身体的侵害”，因为熟成期的干燥和酸化环境有助于减少病原体的繁殖。[66] 大卫为我提供别样的解释：奶酪一旦出了问题，不到 60 天就可以看出端倪，比如气泡、恶臭。

从我 3 月第一次到访，一直到 5 月底离开，梅杰农场已下令召回在售的一系列奶酪。这些奶酪是他们的发酵师（当时的）在其他农场加工的，并跟佛蒙特州牧羊人奶酪一起存放在梅杰的熟成窖

里。有几家餐厅联系他们说，食客在用餐之后胃部不适（该症状表明葡萄球菌感染），而这些食客都吃了农场的牛奶奶酪，因此梅杰下令立即召回。FDA对熟成窖中剩下的奶酪做了检测，结果未发现病原体。但是梅杰不想拿消费者的健康或企业的未来冒险，决定召回近两个月的所有在售奶酪，并且采取进一步的措施：停止生产羊奶奶酪产品系列，解雇发酵师。现如今那些奶酪已不复存在。佛蒙特州牧羊人奶酪的召回事件提醒我们，手工奶酪的“生命”不仅反映了商品的拜物教，而且受政府机构的专业知识和系统化的控制。[67]

讲故事与兜售故事

佛蒙特州牧羊人奶酪是一个营销成功的故事，也是一个关于绵羊养殖与手工食品生产的故事。这也是梅杰家人向别人反复讲述的故事，如果是有选择性的话。通过这样的叙述，佛蒙特牧羊人不仅 55
成为一款奶酪产品，而且成为一个品牌。[68] 正如弗里茨·美泰（Fritz Maytag，艾奥瓦州的美泰蓝纹奶酪生产商，也是美泰电器家族成员）曾风趣地说：“品牌就是一个动人心弦的真实故事。”[69] 虽然成功的品牌故事不一定是编造的，但可能是有选择地讲述的。佛蒙特州牧羊人奶酪的“故事”（大约在2004年）只描述了梅杰一家作为农庄手工艺人的社会生产：他们如何提升商业化生产的能力，并获得公众的认可。这个故事凸显了梅杰夫妇如何获得工艺技能、建造和配备生产设施，以及如何开拓市场，但是忽略了社会生产的其他方面，绝口不提家庭及人生经历：与商业伙伴结婚生子、资金来源以及成功背后的辛酸往事。比如，没有人会提起，辛迪婚后不久骑单车，遭遇事故险些丧命，而这起事故的保险赔付金却为他们建造奶酪室提供了初始资金。故事还远没有结束。2009 年梅杰农场寄给我的营销手册中，辛迪的名字从佛蒙特州牧羊人奶酪的历史叙事中销声匿迹了。[70]

在和大卫离婚后，辛迪离开了公司。2007 年她参加了为期两天、主题为农庄奶酪的创业论坛，主办方是奶酪制造商彼得·迪克森（Peter Dixon）。在研讨会上，辛迪做了主题演讲，讲述了关于佛蒙特州牧羊人创业故事的另一个版本。[71] 营销话术有助于创造象征性资本，确立商品的使用价值（在这里指可食用性）。辛迪认为，手工奶酪的经济价值，即它的市场销售价格，取决于创业者的沟通能力，即如何让大众理解、认同他的社会和道德价值观，以促进奶酪制作与业务拓展。在与会者中，有两对奶农夫妇打算生产奶酪，以提高产品附加值。辛迪给他们的营销建议是：讲好您的故事。她指出，光凭手工奶酪的口味不足以卖出好价钱，你还得讲好一个奶酪品牌的故事。[72] 你可以讲述一个农业传统的故事：农地是如何代代相传的，或者与牲畜相处过程中的坎坷，甚至是个人恋爱的故事。在我 2004 年购买的梅杰农场宣传册里，有一篇“我们的故事”，文章头一句话是这样写的：“这一切缘于大卫和辛迪在 1983 年相知相识。”对手工艺与小规模家庭农业的浪漫想象深深地吸引了消费者。在场的每个人都非常清楚，明信片上男耕女织的美好生活背后是令人精疲力尽的体力活、经济的不安全感以及对未来的迷茫。辛迪承认，这是营销的一部分：向消费者兜售他们自认为想要的东西，不论他们是否确实得到了这东西，或者得到的只是某种感觉而已。[73]

56 有一次，在我正要离开马克（Mark）和加里·费舍尔（Gari

Fischer）装修好的佛蒙特州农舍时，我猛然瞥见他们家开放式厨房门外的羊群，有点羡慕地喊道，“你们家后院居然有绵羊！”马克叹了口气回答说，那个所谓的远景——田园风光，是他们宣传奶酪时的资本。他说宁愿卖掉那些绵羊，从别家农场采购鲜奶，从而专注于自己喜欢并擅长的奶酪制作。但他明白，那些绵羊象征着一种资本，一旦在他的奶酪前面加上某个农庄这几个字，奶酪的交换价值就瞬间提升。把营销契机解读为一种负担，这种情况不只存在于佛蒙特州或美国。在塔雷吉奥谷（Taleggio Valley）的一家意大利乳品公司负责人告诉人类学家克里斯蒂娜·格拉斯尼（Cristina Grasseni），“我卖奶酪不是因为它好吃”。他边卖边说，“看看我们住的地方，这里风景如画、景色宜人”。因此，产品卖得好，“部分归功于我们公司周边的环境。”[74] 本书写作的目的之一是力图摆脱以往充斥农产品营销中的世外桃源形象，因为这对许多生产商来说并不公平，因为它忽略了他们在追求农业“美好生活”之时所面临的挣扎和妥协。在农庄奶酪宣传册和网站上宣传的许多美丽风景的背后是沉重的债务、没有生活保障的家人与微薄的退休储蓄金。但是如果奶酪口感欠佳，卖不出去，靠贩卖悲情、标榜脆弱可能也无济于事。

在 2007 年的研讨会上，辛迪把她的创业史描述为一个励志故事：开始理想远大，未经世故，最后克服重重困难，功成名就。回想起学习制作、销售羊奶奶酪的艰辛日子，辛迪真诚地说道：“我们把失败作为一种营销的工具。”即便在购买当地农产品成为一股营销时尚之前，人们就偏爱梅杰一家讲述的失败者的故事。辛迪抓住了卖点，并将它推销出去。

1988 年，梅杰一家开始挤奶，并申领了生产许可证。有一段时间，他们将牛奶冷藏，每两周一次开车把牛奶送到州北部的一家酸奶制造商，但好景不长。辛迪正打算放弃生意、回学校当老师的时候，意外接到附近一所寄宿学校打来的电话，问他们是否要用学校的奶酪制作设施。这是一个乡村的社区，小镇的邻里乡亲都了解他们创业的艰辛。那时，彼得·迪克森家族的吉尔福德奶酪厂（Guilford Cheese factory）倒闭了。彼得和大卫是儿时的朋友，所以在1990年，彼得与梅杰夫妇联手，在当地的那所学校试制奶酪。虽然彼得曾有制作布里干酪（Brie）和卡门伯特（Camembert）奶酪的经验，但辛迪的父亲，时任一家乳品加工厂的老板，警告他们说："别做生鲜类产品！你们住在荒无人烟的地方，卖保质期短的食品的话，你们会给逼疯的。"他们将一个木屑坑改成了熟成
57 室，并开始探寻一种符合他们生产生态的、硬壳的陈年奶酪，可长时间存储达数月，很适合长距离运输。

大卫最初忙于养羊种草，而辛迪则全身心投入产品开发中，并且开创先河，销售国产的羊奶奶酪。他们在那所学校做了三年的奶酪，辛迪指着奶酪，皱着眉头说："那阵日子太难熬了。"他们用冻羊奶制作了菲达羊乳酪（Feta），高达（Gouda）及蓝纹奶酪，并在布拉特尔伯勒（Brattleboro）农贸市场里设了摊位。蓝纹奶酪"从未变蓝"，却在市场上热销，因此更名为牧羊人的夏普（Shepherd's Sharp）。"其实它的口感既不浓烈也不刺激"，辛迪笑着说，"但是人们喜欢"——至少不会像糊状的菲达羊乳酪或高达那样，总是在蜡涂层下面长出讨人嫌的绿色霉菌。

三年来，他们试了无数次，但一直未能开发出一种风干的、带天然外皮的牧羊人新品，反而"在粪堆里丢了许多试验品"。有一天辛迪猛然顿悟，犹如醍醐灌顶："我们得去欧洲。"如何用原奶小

规模地制作自然陈化的羊奶奶酪，在美国无人有此经验。梅杰一家是第一个“吃螃蟹的人”。辛迪写信给英国奶酪作家帕特里克·兰斯（Patrick Rance）寻求建议，描述了他们在开发奶酪的天然外皮时遇到的问题，并附上他们农场和绵羊的照片。一个风雨交加的夜 58
晚，辛迪和我边沏茶，边看兰斯的亲笔回信。他在信中写道，去法国的比利牛斯山脉（Pyrenees）看看，因为那里的地形、气候很像佛蒙特州的，同样有连绵起伏的丘陵与漫长的冬天。也许在那里，他们能学会怎样做陈年的羊奶奶酪。找洛克福羊奶酪制造商将无济于事，兰斯不厌其烦地写道，因为他们已经不再像以往那样熟化天然的外皮，而改用金属箔包裹奶酪。

1993 年，梅杰一家收拾行囊，带着他们农场的照片和奶酪样品，带着他们 1 岁和 4 岁的孩子，飞往法国。法国是正宗手工奶酪的发祥地，其饮食文化引领欧洲乃至全世界的饮食文化。[75] 在彼得组织的一场研讨会上，辛迪说巴斯克牧羊人对她带去的奶酪样品简直恨之入骨，无法相信她竟然用冷冻牛奶来制作奶酪，以至于不得不教导他们如何正确做事。

早在 2004 年，辛迪与我分享了那次旅行时拍的照片，正是那次旅行“改变了我们的生活”。他们拜访了巴斯克牧羊人家庭，并跟他们一道制作奶酪。牧民们随着季节转场放牧，夏季把羊驱赶到高海拔的阿尔卑斯山山谷，冬天下雪时返回山村。他们拜访的一个牧民家庭站在牧场上，徒手为两百多只绵羊挤奶。这家人都聚集挂在煤气灶上燃烧的水壶旁边，制作出一轮轮的奶酪。[76]

在法国待了两个星期后，梅杰一家返回家乡，调整了原来的行动计划。首先，他们决定在自己的农场上建一家奶油厂，这样他们就有更多精力去设计产品。其次，他们停止冷冻鲜奶。他们还改装了奶酪桶，使其达到新配方要求的温度。他们将制作拜师学来的两款奶酪，分别是在贝恩地区被称为布雷必斯·奥萨（Brebis d'Ossau）和在巴斯克地区被称为埃托基（Etorki）的奶酪。从照片中，我可以辨认出那些从巴斯克人那里学来的技术，经过改良之后，达到了他们的制造要求以及美国的食品安全监管标准。我还看到一张照片，上面是牧羊人在用手揉搓塑料碗里的干酪，这跟我们的制作手法如出一辙（大卫后来证实，他们确实师出有名）。另外有一张照片是用水壶制作奶酪的那个家庭，他们的双手浸泡在乳清里，在桶底用力加固“预压”，就像我和大卫用塑料网格和装满盐的PVC管所做的那样。[77]

到1993年4月，梅杰一家准备开始生产他们的新款奶酪。6月，他们打开一个奶酪轮子进行初步测试。由于紧张，辛迪挑选了丑陋无比、坑坑洼洼而且色泽黯淡的一轮奶酪。出乎他们意料之外的是，它里层光滑、洁白如玉，并且带有一种香甜的蘑菇味。那年
59 夏天，他们获得了第一个全国大奖，在ACS的年度比赛中获得农舍品类的第一名。2000年，佛蒙特州牧羊人奶酪荣膺ACS年度最佳产品（Best of Show）大奖。

如果说1993年的欧洲之行是佛蒙特州牧羊人奶酪的转折点，那一年获ACS大奖则是公司业务的转折点。在那之前，梅杰一家一直默默无闻地在农贸市场和当地食品店销售奶酪。获奖之后，他们家的电话铃声不断，全国各地的分销商、零售商纷至沓来。他们及时撤出农贸市场。为此辛迪倍感欣慰，因为她讨厌驾车频繁出差，宁愿和孩子们一起度周末。佛蒙特州牧羊人奶酪的主要收入来源是直销批发，这意味着梅杰以批发价（相当于网站或农场信用商店零售价格的一半）直接卖给零售商，包括专卖店和餐馆，而不需要经

过中间的分销商。电话、传真机、冷冻食品包装、联邦快递的卡车和高速互联网是佛蒙特州牧羊人奶酪生产生态中的重要组成部分。自从梅杰农场创立以来，其手工奶酪的营销渠道可谓是包罗万象：各地餐馆的菜单上推介特色奶酪的名厨特写、美食电视节目，以及刊登在全国、地方报纸和食品杂志上的美食专栏。此外在 2008 年至 2010 年间，他们推出了三种装帧精美的奶酪专题杂志。[78]

成功批发分销的前提是与零售商建立的信任关系。对于正在考虑制作奶酪的奶农，辛迪建议说，“如果有人邀请你进店品尝，那就去吧。一定要亲自去，不要让人代劳”。去见 10 个客户并让他们对你的产品感兴趣，你也许甘心乐意。但比这个更重要的是跟一位零售商会面，因为他日后会跟 20 个客户分享关于你们的故事。通过个人关系，生产商可以吩咐零售商，季节变化会导致产品变化（并以此区分由于制造工艺不佳而导致的变化）。一旦零售商把你当朋友，辛迪总结说，他们更可能按时付款，并向潜在客户热情地推介你的产品。在最坏的情况下，比如政府例行食品检测时发现病原体，或者在暴发食源性疾病后被迫召回所有在售商品时，与奶酪零售商建立的私人关系就更显得弥足珍贵，事关企业的生死存亡。

讲故事不只是为了卖商品，还传达出生产商给奶酪带来的某种价值。一个产品完全是手工制作的，这多少让人感觉有点特别，其价值还依附于手工艺人。从这个意义上说它仍然是未完成商品，其市场、文化价值的创造过程尚未完成。也许讲故事、兜售故事有助于把奶酪包装成一种礼品。礼物的部分价值来自对赠予者的依恋（这可能使现钞不像手织毛衣那样令人难忘），而且手工产品 60
与普通商品的差别之一是其带有生产者的印记。[79] 赠人玫瑰，手留余香。[80] 生产者从这样的交易中得到什么？可以肯定的是，通过把食品当礼品卖，迎合了消费者对食品营养和口味之外的需求，提升了奶酪的交换价值。正如巴德维尔农场的安吉拉·米勒（Angela Miller）所说，“顾客的甜美梦想已包含在奶酪价格之中”[81]，但我相信事情远不止这些。通过跟有鉴赏力的受众分享他们的故事元素，奶酪制作商也强化了自己的信念，即奶酪带来的生活剧变和持续的劳作是值得的。

“农庄”标签的价值争论

正如本章所述，奶酪制作商坚信自然再生能力的理念，认为只要妥善经营牧场、悉心照料奶牛（羊）就能生产出美味食物。自佛蒙特州牧羊人成立以来的20年里，农庄一词俨然成为一个适销对路的称谓，用来定义把各生产要素组合在一起的生产生态。2005年，我参加了ACS年度会议的一个分会，专门讨论是否应该推广农庄名称，以区分各家农场制作的手工奶酪。[82] 有一位转行制作奶酪的佛蒙特州奶农认为，农庄的称谓还是可以唤起人们对农场的关注，让人们看见小型农场“对动物关心备至”的情怀，就像他现在做的那样。但是在农场制作奶酪就能保证对动物小心翼翼吗？难道奶农把鲜奶卖给人加工就意味着对动物格外粗心？农庄的标签（这不是合法的类别）目前还没有被普遍认可。当人们试图把农场制作奶酪所体现出来的社会、道德和味觉价值等同于经济价值时，有一个问题始终挥之不去：哪种生产生态才配得上“农庄”的称谓？哪些价值需要重视？作为本章的结语，我将讨论关于农庄名称的各种争论，以说明奶酪生产生态是如何被评估的，同时暗示(如果不是设定的话)实践标准。[83]

尽管在ACS会议小组讨论期间，大家清楚地认识到农庄奶酪制
作方法各式各样，但与会者均表示，根据农庄奶酪的定义，制作奶
酪的奶源应该来自同一家农场，但并不要求该农场所产的奶都要用
来制作奶酪。[84] 根据这个定义，一家饲养十多头奶牛或数十头山羊
的小型农场，如果从附近的农场购买奶源来制作奶酪，这将有损其
农庄奶酪的名誉。然而一家饲养上万头牲畜的牧场，向食品加工厂 61
出售数百万加仑的奶（存在饲养动物粪便泻湖的风险），却堂而皇
之地以农庄的名义销售奶酪。这种逻辑推理与奶酪制造商和零售商
鼎力扶持小型农场的初衷相悖。正如ACS的一个会员所说，如果按
照这一定义，农庄与小型农场之间失去了必然的联系，而这似乎与
普通大众的看法并不一致。话又说回来，大和小的分类是相对的。
佛蒙特州的一家大型奶牛场只相当于加州的一家迷你奶牛场。此
外，正如詹妮弗·比斯（Jennifer Bice，她位于加州的大型山羊奶
场已获得动物人道主义认证）所指出的那样，小型奶牛场并不一定
能特别照顾动物，更遑论比大型农场做得更好了。

绕开农庄名称的限制，一些农场已经开始外购不同动物的奶，以开发农庄奶酪之外的多条产品线。佛蒙特州的巴德维尔农场（Bardwell Farm）就是其中一例，它生产农庄山羊奶酪，同时用购买的泽西牛奶生产另一个系列的奶酪。这个农庄（基于它的山羊奶奶酪）以其牛奶奶酪而闻名遐迩，而根据ACS的定义，它的牛奶奶酪产品并不属于农庄奶酪。这一反讽现象也提醒人们，注意农庄标签的政治性与虚构本质。

现如今，为了在不增加劳动力的情况下（草地牧场能够承载的牲畜数量是有限的）提高产量，制作奶酪的农场普遍对外采购鲜

奶。我发现生产商和零售商对何谓“农庄奶酪”正变得越来越不以为然了。一家新英格兰的零售商认为，虽然消费者在意奶酪是在农场还是在工厂加工的，他们喝的奶是否由哺乳期的动物产的，但是并不细究他们买的究竟是哪个类型的农庄奶酪。

2005年举办的ACS会议上却传出各种反例和警示故事。参会代表中，来自英国农场、生产蒙哥马利切达奶酪（Montgomery Cheddar）的詹姆·蒙哥马利（Jaime Montgomery），他敦促美国大众应该对他们“在沙堆上画出这条线”、区分何谓农庄奶酪的能力知足知止。他解释说，在英国，牛奶营销委员会（Milk Marketing Board）为“农庄”（farmstead）一词申请了专利，特指由多家农场的奶制成的块状奶酪（而不是传统的车轮形状）。这一法律定义涵盖了大规模工厂生产的奶酪，而这正是ACS力图摒弃的。他说：“只有大家始终一致地使用（而非通过立法），才能取得‘农庄’名称的话语权。”[85]

然而，即使持续使用，农庄奶酪在美国的市场吸引力也受到地理位置的限制。纽约州的第二代奶牛场在2008年增加了一个奶酪加工厂。他们曾想将企业命名为阿盖尔（Argyle）奶酪工厂，以纪念该地区奶酪制作久远的历史，特别是一英里外已经倒闭的阿盖尔奶酪工厂，他们早在20世纪初曾给这家工厂供奶。但是他们认为今天的“工厂”一词具有“不恰当的寓意”，象征着规模大、工业化程度高。她最终改名为“阿盖尔奶酪农场”，标语是“一个制作奶酪的真正的农民”。为什么不用阿盖尔农庄奶酪呢？她解释说，那是因为“纽约州北部的人们根本不知道农庄为何物”。在ACS会议上，艾丽斯·比切纳诺（Alyce Birchenough）说，她在亚拉巴马州的“甜蜜家园”（Sweet Home）农场制作奶酪。那里的人们对“农场”一词不甚感冒：难道你还能在天上做奶酪？那里的顾客也不在乎牛奶是来自“你家的还是别家的牲畜”。艾丽斯指出，“农庄名称的浪漫寓意并非放诸四海而皆准。”它似乎对大学城周边地区的休闲度假者和二手房产业主更有吸引力，因为这里介于城乡之间、交通繁忙，因而集聚了大批转行从事农庄奶酪制作的商人，也是新英格兰和太平洋西北部人口最多的地区。

在ACS小组讨论上，（詹弗妮·比斯）总结道：“农庄不一定意味着规模大小、质量高低。它意味着教育，是一种生活方式，也是一种营销工具。”她说农庄生产的话语指向了一种通过耕种土地以谋生的“生活方式”，这或许能减少城市建设对郊区景观的破坏。他们通过有策略地浪漫化自己的艰辛劳动，并把对奶酪制作有贡献的动物与微生物视为合作伙伴。他们的农庄标签利用如诗如画的田园情结，以期实现更加多元的后田园自然景观。

奶酪制造商似乎想通过宣扬乡村美食来激发人们对他们的奶酪产生兴趣，这是一种你我都向往的田园浪漫。同时，他们也质疑消费者对于农牧业与手工食品制作的现况一无所知。这种张力体现在一种我称之为后田园主义的精神之中。在下一章中，我将介绍是什么情结促使人们转行做奶酪，以及分析他们面对经济约束与偶然事件之时，将如何通过情绪经济来调节伦理原则与实用主义两者的矛盾。

ECONOMIES OF SENTIMENT

第三章 情感经济

> 这是一个棘手的悖论：我该怎么办，才能找到自己人生的平衡点，让我拥有鲜花与掌声、荣耀与桂冠的同时，依然爱我所爱：在园子里择菜、饲养牲畜并将大自然馈赠的鲜奶转化为奶酪？

苏珊·施瓦茨，《飞跃彩虹：可持续农业之梦》

在一个新英格兰农贸市场里，我边试吃新鲜、淡雅的山羊奶酪，边问一位身材苗条的女摊主，奶酪是不是她做的。“我是农民，”她回答道，“制作奶酪的农民。”言下之意，做奶酪“图钱”，奶牛才是她的至爱。

在我开始研究时，这位奶农曾预测我会遇到从事奶酪制作的两类人：一类是像她这样地道的农民，制作奶酪是为了让农场勉强维持下去；还有一类人，辞去原职，改行制作奶酪。之后，她解释说：

> 我从小在奶牛场里长大……我们用鲜奶贮存设备将原料奶送到乳制品厂加工。我一辈子都务农。你要知道，我全身心扑到养殖上，制作奶酪只是锦上添花。我不是在吹嘘自己有格调；对我来说这是事实。那是我的经历。然后另一方面——我不是瞧不起——但确实有人从另一份工作里挣得盆满钵满。我很欣赏他们，因为他

们放弃稳定的收入，挑战一份新工作。他们只收集了信息，但没有亲身体验或直觉（这来源于农场长大、从小耳濡目染）。（对他们来说）这就像一个梦想：“这就是我想做的。”他们的知识更丰富、能快速把握新生事物或潮流，因为这是他们在前一份工作中学到的。那就是区别。我没有贬低他们的意思，（我跟他们）只是看问题的角度不一样而已。

这位农民把养殖行业的直觉与对消费趋势的洞察力做比较，这让我不但注意到奶酪制作行业里经济手段的不平等，还有能力的差异。这种能力既表现为技能、品味和其他包含阶级性格的要素，也表现为情感（包括对养殖业和奶酪制作职业的情感依恋）。这种蕴含多重性意义的情感也说明了手工乳酪是一种未完成的商品，其多重价值尚待实现。但是究竟哪种价值最终会受青睐，这有待市场验证。与美国农村不断变化的阶层流动紧密相连，手工制作商的文化与经济地位既不统一，也不稳固。

奶酪制造商试图摆脱标签化的手工艺人形象，坚称自己不过是“制造奶酪的农民”，因为在他们看来，工业社会里的工匠必然是不再为谋生而工作的人。与工匠不同，农民不属于社会的精英。可以肯定的是，少数富裕商人提前退休、乡村置地，投入数百万美元创立乳制品企业。在安然事件、华尔街高管巨额奖金和银行的抵押债券崩溃等一系列牵涉白领的丑闻之后，人们强化了这样一种认识，认为亲手制作有形商品才是“善良，诚实的工作”。因此一位首席执行官改行做工匠的话，往往会被人看作异类。

但今天大多数的工匠乳酪制造商创立的是小微企业。许多来自城市进入这一行的手工艺人都成了地地道道的农民。据说在最繁忙的季节，他们每周工作 66 小时，不但投入情感还投入大量资金到土地和农村社区中。[1] 在前一章中谈到的从哈佛大学本科毕业后去制作佛蒙特牧羊人奶酪的大卫，跟我在新英格兰农贸市场遇到的那个农民的人生经历大相径庭，但大卫也认为自己是“一位制作奶酪的农民”。两个人都追求新兴的后田园主义生活方式。

艰难度日，并从苦斗中汲取价值的小农比退休的首席执行官更符合美国手工奶酪工匠的形象。与此同时，他们必须把手工工艺理念传达给消费者，以便跟那些卖散装鲜奶给乳制品厂加工的奶农划清界限。前一章讨论了生产商从农庄生产生态汲取价值的一种方式是把牲畜和微生物作为劳动好帮手，我在本章中将展示生产者如何投入自己的劳动力，以过上好日子。对于有些生产商来说，美好生
65 活意味着农地生态的可持续性和牲畜的福祉，而有些人则从手工奶酪的制作过程中获得了满足感和自豪感。

我将这些具有多重价值创造的活动称为情感经济。[2] 所有的经济活动都是社会性的。正如斯蒂芬·古德曼所说，手工艺农民和手工食品生产者同时受到多种情感激发，包括“社会成就感、好奇心、掌握精湛工艺的乐趣以及工具性的目的、竞争和累积收益”。[3] 市场理性是经济活动的一个组织原则，但并非唯一。[4] 在市场经济中，我们每个人都通过竞争性的交换以“谋生”，也通过参与合作项目，以建立与他人的情感联系，让生活更有活力。[5] 同样，人类生产商品的能力——知识、技能、性格（马克思称之为“生产力”）也是一种塑造自我认同感的文化力量。[6] 认识到经济关系包含非市场关系时，我们就能更好地理解人们如何能同时拥有维持生计与活得精彩的两种人生态度。[7]

本章的前半部分介绍了人们制作奶酪的动机。通过探索人们创业的故事，我认为我们不能把这些创业人士简单分为谋生与享受生活的两类人。[8] 毕竟，制作奶酪的奶农也追求精神生活：他们愿意获得新技能、承担新责任，以便维持农村的生活方式。然而，尽管这些奶酪制造商们有着共同的道德关怀，他们对何谓价值观、优先选择哪个价值观、怎样调和互相对立的价值观等诸多问题的回答却截然不同。这背后蕴涵着个人经历与政治信念的差异以及不平等的经济机会。奶酪制造商可能会委婉地评价别人制作的奶酪品质的好坏，或者评价他人是不是一位优秀的工匠、农民或者好人。

在本章的后半部分，我阐释了奶酪制造商们如何处理把这个手艺既当一门生意又当个人爱好所造成的矛盾心理。[9] 这种张力在家庭农场型的奶酪制作商中表现得尤其明显，因为他们一方面为了追逐利润而刻意去迎合外部企业关系，另一方面必须时刻关注维系家族亲情的亲密关系。[10] 通过探索奶酪制造商如何识别和应对自己面临的各种挑战，我们更好地理解农庄奶酪制造经济是如何受道德情感与商业直觉、定性与定量的价值所指引。家族企业需要进行有偿与义务劳动的分工，才能维系性别与血缘关系。[11] 农庄奶酪制造商的日常事务可能包括在农贸市场摆摊售卖，直接卖给分销商；让未成年的自家孩子在农贸市场摊位上帮忙，并付现金作为报酬。同时也聘请办公室经理，并支付其工资、社保与各种福利。可能向邻居按市价购买牛奶来制作奶酪，然后用自家的奶酪与另外一个邻居交换鸡蛋。[12] 与其把手工制作企业归类为某种经济形式，我将探讨他 66
们商业决策和经济活动的具体实例，以及他们如何反思，并从中获得什么意义。奶酪制造商每天努力调和道德原则和实用主义，从事一种“价值工作”，通过这种工作，他们持续评估与调整各种事务的优先顺序。[13]

由于消费者希望听故事，并且购买他们在工作中最看重的东西，这些生产者敏锐地意识到，经济关系既是竞争性的，又是情感的。[14] 我将采用民族志方法对奶酪制作进行的探索研究——不仅探索奶酪制造商做出的经济和伦理决定，而且分析他们做这些决定时的看法和感受——揭示文化如何在社会再生产和市场转型等社会结构变迁过程中发挥作用。[15]

通过情感来制作奶酪

情感经济指的是一种文化、情感、政治和道德倾向，它促使人们承担经济风险，采用最少技术、小批量制作奶酪。这些情感是多方面的。一位奶酪制造商在回答我的调查问卷时提到，她最初的创业目标是“赚钱，让我们的山羊奶制品厂活下去；让公众了解山羊奶酪及其对身体健康的重要性；把我们的奶酪卖给餐馆；并有一个安全的养殖环境。”[16] 对她来说，奶酪制作的意义同时受到她承担的牧羊人、教师、营销人员与养母等多种角色的影响。她在做出商业决策时，不仅会以生产适销的高端消费品为目标，还会考虑其他目标和情感。这就是情感经济的形态。

这次调查并没有发现美国手工艺人的典型特征。即便如此，仍浮现出一个有趣的主题。调查问卷里有一个开放式的问题是：“你成为一名商业奶酪制造商的最初目标是什么?”如表1所示，当受访者的目标与他们进入商业市场的年份一致时，就可以看出某种规律。[17] 那些在经济复兴早期（20世纪80年代至90年代初）入行的人说，他们的初心是追求“生活方式”，比如在农村寻求谋生之道，或者通过制作奶酪贴补饲养羊群的开销。

表1 激励人们从事商业手工奶酪制造的目标：来自2009年2月进行的调查

原来的目标	提到该目标的受访者人数（n = 146）	提到该目标的受访者百分比
生产优质手工食品；供应当地市场	37	25
生产增值产品以支持或拯救奶牛场	33	23
消遣；做自己喜欢的工作	22	15
在农村、小农场找到谋生手段（为了“生活方式”）	20	14
支付抵押贷款；为子孙后代创造可持续发展的企业	6	4
花时间照料动物并支付费用（最常提到的是山羊）	12	8
寻求独立、自给自足	7	5
其他：		
退休职业/补充收入	4	3
与家人一起工作、支持家庭，包括照顾孩子	4	3
支持当地农业并参与社区	4	3
满足消费者需求	3	2
保护农业用地	1	0.5
为了钱/利润	5	3

受20世纪70年代环境和政治文化运动的启发，这批农庄奶 67
酪制造浪潮反映了人们对一种积极参与、相对独立的农村生活和工作方式的追求。这些手工艺人是“二战”后美国生育高峰（1946

年至1960年间）出生、俗称“婴儿潮”的一代人。他们在20世纪50年代步入少年时期，当时社会的中产阶级正掀起一股反传统权威、反家长式的父权、反工业资本主义的思潮。在20世纪60年代和70年代，这些人通过反主流文化寻求自我实现的价值；到了80年代，他们转而通过自雇来实现自我价值。[18]

20世纪90年代中期开始到本世纪头十年，美国社会又开启一波转行做新一代农民的浪潮。同时期，发生了几个标志性的历史事件：互联网泡沫破裂、9·11恐怖袭击、华尔街股市崩盘以及货币宽松政策引发的理想幻灭。就像他们的嬉皮士前辈们一样，这些追求美好生活的移民搬迁到农村，购买农田，打算通过耕种土地来谋生。他们创业时往往年龄偏大，但家境殷实。他们通常有多种情
68 结：喜欢自雇、亲力亲为，渴望与牲畜待在户外，渴望融入农村社区，致力于提供健康食品。[19] 2005年以后，那些专门为本地市场提供高质量手工奶酪的人们开始进入市场，奶酪制作企业的数量也随之呈指数级增长。[20] 与父辈们的故事有几分相似，奶农们在供奶之后开始制作奶酪，从而增加产品附加值。

以下我将转而描述人们对工艺和工作的看法，以及参与重新发明美国奶酪的原因。

“回归土地”

玛丽·基恩是柏树格罗夫山羊奶酪的创始人，该公司以洪堡雾奶酪（Humboldt Fog Cheese）而闻名遐迩。为了让她断奶的长女能喝上“优质奶”，玛丽四处寻找奶源。[21] 1970年的某一天，她遇见

一位奶农，于是急切地问道："母山羊可以卖吗?"奶农笑道："亲爱的，你要是抓得到，就卖给你。"结果玛丽抓到两只，就这样她开始养山羊了。

之后玛丽一家搬到洪堡县，和她妹妹还有几个朋友一起买了一块 80 英亩的土地，当时设想建一个公共度假胜地。他们"用马车从林子里运来木头，盖了一座木屋。那是非常原始的。我的意思是，我们从太阳曝晒的黑色管子里汲取热水，或者用柴火烧水。那像极了回归土地的远古时期。"玛丽记得读过反主流文化的主要著作《母亲琼斯》(*Mother Jones*)、罗代尔出版社的有机园艺小册子和《全球目录》(*Whole Earth Catalog*)等。这些出版物所宣扬的主流意识形态是反建制的、具有生态意识和敢作敢为的精神——绝不违背创业资本主义——这是手工奶酪商业发展史的一部分。[22] 玛丽种植蔬菜，养鸡生蛋，做番茄酱，并学做羊奶奶酪。几年后，我们又添了两个女儿，很快就开始找学校，所以搬到镇上去了。我们从"回归土地"的远古时期又返回到"现实世界"。

玛丽养了山羊。她将饲养视为一种审美创造，"深入研究山羊的遗传学、思考山羊的艺术表现形式"。她驾车在全国各地穿梭、观看山羊表演，拖车上还载满山羊，沿路在休息区或空地上停车挤羊奶。她靠卖种畜"谋生"，"但是后来太多羊奶了，于是开始做奶酪。"一位开餐馆的朋友跟她说："你要是办奶酪厂，我就买你的奶酪。"

玛丽的故事乍听起来像是一个抓住创业机会的典型故事，但是 69
故事情节远比这个复杂。那时她离婚了。"我当时单身，有四个孩子，养了群山羊，那还能做什么呢？做奶酪啦!"。她从未参加过企业管理或者奶酪制作方面的正规培训，但她有一个闺蜜圈子、一股赚钱的冲动以及满满的自信。玛丽出身中产家庭，受到良好的教育熏陶（她父亲是一名海军律师，玛丽上了大学，主修生物学），以及女权主义的影响（玛丽自己的观点）。回想起 20 世纪 80 年代初刚出现国产山羊奶酪，当时都是女性——像她这样的婴儿潮一代，包括劳拉·切内尔、艾莉森·胡珀（Allison Hooper）、莱蒂·基尔莫耶（Letty Kilmoyer）、朱迪·沙德（Judy Schad）、詹妮弗·比斯、芭芭拉·巴克斯（Barbara Backus）、安妮·托普汉姆——把它创造出来并推向市场。玛丽说："当时正值 20 世纪 60 年代，我们觉得一切都在日新月异，万物欣欣向荣。我们可以放手做自己想做的事情，比如节育。女人们真觉得可以为所欲为：不必费心结识男人、相夫教子，那是社会教育使然（女人的义务）。当然，比起为人妻的'太太学位'，我们当时选择攻读的'社会大学学位'更难以获得。一路走来，我们中的许多人都不是一帆风顺，都遇到各式各样的问题。"

20 世纪 70 年代的女权运动引发了农场奶酪的复兴，这值得高度赞扬。那个年代，以加州为起点，全国各州都采纳了《无过错离婚法》，这不仅提高了（尤其是）白人中产女性的自信心，也导致自立门户的女性数量激增，并且社会逐渐转变观念，接受女性独自谋生（甚至务农）的现实。[23] 女性的社会网络资本转化为经济机会，比如伯克利的女厨师爱丽丝·沃特斯（Alice Waters）高调宣扬，购买由女性生产的奶酪及其他产品。玛丽和其他人不只吃健康食品，而且独立生活，为她们的反文化同僚生产食品，并在食品合作社与农贸市场上售卖。[24] 正如沃伦·贝拉斯科指出，对这些把家务劳动变成商品的妇女来说，在由男性主导的现代经济中追求烹饪手艺使"女性的能力和控制权得以重新确立"。[25]

球织者农场（Orb Weaver Farm）的玛乔丽·苏斯曼（Marjorie Susman）和玛丽安·波拉克（Marian Pollake）在20世纪70年代相识于马萨诸塞州西部，那时玛丽安担任治疗师，玛乔丽则就读于社区大学。在女权主义运动正风起云涌之时，她们想到一起创业。受到朋友创业点子的启发（玛丽安的主管饲养山羊并在自家厨房里制作奶酪），她们也开始办农场，当时的目标并不高。“我们家里没钱，”玛乔丽说，“我们想，只要多去试，总会做成的。”玛丽安补充说：“我们还停留在‘回归土地’的旧式思想中。不是说非要挣大钱，勉强维持生活就知足了。”

玛乔丽在一所农校报了一个为期两年的动物科学课程，她申请了政府免息贷款，并按贷款合同要求，承诺学成之后从事农业生产。她们最初的计划是饲养山羊并挤奶，“因为这是女人力所能及的”。在佛蒙特州美丽起伏的小山坡上，坐落着一家“破败不堪”的农场，在那里她们找到一份工作，负责挤奶、饲养小母牛。一年后，老板提出把农场卖给她们。“我们就放弃饲养山羊了，因为我们意识到在佛蒙特州这样做太国际化、太超前了”，他们解释道，“我们认为没人会买山羊奶酪。”佛蒙特州是奶牛之乡。

她们买了一小群泽西奶牛（女人竟然有能耐驯服野性十足的牛，恐怕连加州马林县的“女仔女郎”食品也闻之肃然起敬！），并在厨房里用牛奶做试验。“我们只想做普通奶酪，你知道，不要花哨……我们的首要任务是开发本地市场，降低售价、让本地人买得起”。为了种地谋生，而不是生产高端特色食品，她们开发了一种自有配方的农场奶酪，取名“球织者”，意指精心编织圆 71
形网的蜘蛛。“蜘蛛网就是它们的宇宙。它们在四周构筑自己的世界。我们也想让农场——我们编织的网——成为一个自给自足的世界。”玛乔丽说。[26]

以前除了出售牛奶外，她们全年隔三岔五做奶酪，同时还耕种4英亩地。后来她们发现无法坚持下去，就改为一年生产几个月，剩下几个月只卖牛奶，等休息一段时间后再开始做奶酪。结果，顾客在镇上遇到她俩时追着喊：“你们的奶酪去哪儿了呢?”有几年时间她们完全放弃了，“有一天坐下来，心想，哎，路走偏了。我们忘了自己的初心”。那时，她们穷困潦倒，以至于“吃不起金枪鱼”。[27]

在20世纪90年代中期，她们将牛群从30头缩减到7头，并恢复了奶酪生产，但只在冬季。“太棒了!”玛乔丽说，“我们现在的生活质量很高——夏天不用做事!”“夏天不做奶酪”，玛丽安纠正道。但她们精耕细作，为冬天存粮。在食品储藏室里，摆满了烤辣番茄酱、番茄罐头和草莓酱，冰箱里装满玉米和瑞士甜菜。夏天，她们向当地的食品合作社和餐馆出售施堆肥的有机农产品。在她们看来，耕种不“像是一份正式工作”，远远不如制作奶酪那样辛苦。

她们有7头奶牛，每年生产7000磅奶酪，一年到头都忙忙碌碌。一到奶酪季节，清晨6点开始，她们把牛奶倒入奶酪桶。玛丽安去挤奶，而玛乔丽则给奶酪模具消毒，并清洗散装奶罐。当玛乔丽给冰镇牛奶加热，开始制作奶酪时，玛丽安已经挤完奶回到屋里准备早餐。过了不久，玛乔丽赶回来，和玛丽安一起吃早餐之后，回到奶酪屋，在牛奶达到90℉时加入凝乳酶。玛丽安则“看护奶牛”，为外出放牧做好准备。快要切凝乳、排出乳清时，玛丽安回到了奶酪屋。她们一起亲手“加工凝乳”，用手指将其揉碎，然后腌制，并用模具压制成高达形状，最后打扫卫生。近三十年来，她们在日复一日的耕种与养殖中相濡以沫，不仅生产出质量稳定的优质奶酪，而且这经历也成为她俩亲密关系中不可或缺的一部分。

在奶油店获得执照的 27 年后，她们终于还清了抵押贷款，并支付了账单。“我们在这里过得很好，生活滋润。但可支配收入很少，因为只要有点钱，我们就会拿钱修缮、扩建农场。”她们没有个人退休金，也没有任何储蓄。在我们采访的时候，玛丽安快 60
岁了，而玛乔丽五十几岁。她们买了个人健康保险，每月缴 700 72
多美元保费。玛乔丽说，“毫无疑问，我们有资格享受穷人的福利。”政府规定，领取医疗补助金，须满足一定的条件，其中一条是“必须停保一年。但我在 1999 年得了乳腺癌，不能停保”，玛丽安说。对于她们这样花巨资购买商业保险的奶农（和工匠）来说，全民医保体系是救命稻草。“（私人健康险）每个月要交那么多钱，真要命。”她们一直续缴（商业保险）保费，因为万一玛乔丽旧病复发却没有保险，那就太可怕了。

她们坦承，保持小规模的业务是“我们的选择。我们可以做得更大，可以一年四季都做奶酪，还可以雇人”。但她们一直恪守自给自足的目标。贫穷不是她们的主动选择。贫困源于个人失败或意志薄弱，这种说法掩盖了导致经济不平等的政策（如政府医疗补助标准）和经济结构。[28] 尽管规模不大，球织者农场每年都需要投入大笔资金来维护其基础设施。玛乔丽形容她们的谷仓摇摇欲坠，“差不多要坍塌了”。她们问修理工怎么办，他建议：“退休别干了吧！”坦率地说，她们在这个年龄阶段既没有能力、也不愿意贷款修缮谷仓。她们喜欢现在的生活，“我们不想老搬家”。但奶酪制作是苦力活，她们预计有一天将不得不逐步淡出生意。只是不清楚哪个会先垮掉：是谷仓，还是她们的身体。

工作敬业

第二波进入农庄奶酪制作行业的人们大多自视为工匠或企业家，而不是农民。[29] 作为工匠，他们关心高质量的工作，不仅是为了使产品的市场价值最大化，而是因为工作成就跟他们的身份认同和自我价值感息息相关。[30] 格雷格·伯恩哈特（Greg Bernhardt）和汉娜·塞森斯（Hannah Sessions）曾在他们的蓝壁农场（Blue Ledge Farm）网站上销售油画。在 2007 年美国奶酪协会会议上，格雷格告诉参会者，他和汉娜追求的不只是耕种谋生，而是生活方式。“我们入这行是想做一些有创意、有趣的事情。我们不想把牛奶运到（加工厂）……我们觉得制作奶酪会很有趣。”[31] 工匠们确定美学设计方案和流程，自己决定每天要做什么，事事亲力亲为。

73 1986 年，一位前商业诉讼律师约翰·普特南（John Putnam）离开波士顿，与妻子珍妮（Janine）一起买了佛蒙特州的一家破旧农场，并于 2002 年开始生产、销售塔伦泰斯（Tarentaise）奶酪。2007 年我参访时，约翰的日常工作依然是制作奶酪、接订单和经营农场。当我问他喜欢这份工作的什么时，他回答说：“做一些属于我们的东西。这是大写的‘我们’。”“我们”，意指他的妻子和十几岁的孩子们，他们夏天在农场帮忙。“做决定时，由我做主；犯错时，是我的错”。他谈到了律师行业，说自己做得很出色，从未输过一场大官司。律师是为客户工作的，但“客户不清楚我为他们做了什么……现在我觉得在为自己工作。我们拥有一切，拥有成功、承担失败”。做熟练工作而被认可的经历本身就变得有意义了。“我们从不幻想做世界一流的企业、拥有世界一流的农场、做世界一流的奶酪。但我们在努力，这才是最重要的”。这些工匠企业家不仅为他们的手工艺质量感到自豪，也为他们管理情感经济的能力怡然自得。

鲍勃·斯特森（Bob Stetson）放弃了航运业的职业生涯，购买了马萨诸塞州中部的一家生产山羊奶酪的韦斯特菲尔德农场（Westfield Farm），他也分享了相似的经历：

> 从十八九岁开始，我几乎一生都在从事货运代理、报关的工作。真的厌倦了，我好像失去了生活的目标。（当）我在航运业工作时，做过销售，总是羡慕那些卖东西、卖有形商品的人。卖什么都无关紧要，我只希望一手拿样品，进门就问：“你喜欢吗？”好吧，这就是我们会做的。“你不喜欢，那没关系。我要走了”。但出售这种无形的期货产品（在报关代理业），你最终会卖一堆烂货，因为这就是人们在买的。这让人很沮丧……而一直以来我的理想是：销售一种看得见摸得着的、令人引以为豪的产品。

鲍勃在山羊奶酪里找到了他梦想的产品，尽管他不是美食家。在退休返回佛罗里达州之前，他在《波士顿环球报》（*Boston Globe*）上登了一则求购广告，后来就收购了韦斯特菲尔德农场以及山羊、设备、配方、品牌等。韦斯特菲尔德农场和奶酪得以顺利地转手，归根结底还是因为买卖双方都有一种创业精神。

其他奶酪制作商谈到了把牛奶加工成奶酪时的感官体验。在威斯康星州，生产羊奶奶酪的前执行经理布伦达·詹森（Brenda

Jensen）对奶酪制作所需要的专注赞不绝口，“它令人浑然忘我，完全沉浸其中”。莱妮·方迪勒（Laini Fondiller）告诉我，奶酪制作是她生活的全部：“没有它，我的注意力难以集中。我有多动症。它让我平静下来，对我有药用价值。”有人会觉得奇怪，为什么莱妮不会感到无聊。也许是因为在做手工艺时，她总是发现亟须
74 提升新技能。莱妮把奶酪制作比作跑马拉松：“肾上腺素会增加，你必须时刻留意时间。”对于莱妮来说，这种压力可以排解心中的空虚和郁闷。和布伦达一样，她也从奶酪制作所需的全神贯注的“意识流”中获得一种兴奋感。[32]

尽管少数人是在被解雇后才转行做奶酪的，大多数人则是主动选择。2001 年 9 月 11 日，双子塔和五角大楼的恐怖袭击是一个转折点。[33]“我们都有一段 9·11 的历史记忆。”史蒂夫·盖茨在 2007 年的ACS会议上对现场听众说。[34] 他的记忆停留在那个晚上，当时他是一名软件咨询师，因故未出差，当天跟家人一起坐在宾夕法尼亚州的家中后院里。“我仰望天空——我们在宾夕法尼亚州东部，处于从纽瓦克、拉瓜迪亚和肯尼迪机场起降的飞行航线之下。当时蔚蓝的天空里什么都没有。然后，就这么呆坐着……望着天空，我说：‘禁飞了，我们完了，做点别的吧！人生苦短！’我的两个女儿很快就长大了，就在那一刻我们决定搬家。”2003 年，盖茨夫妇买下了佛蒙特州的一个农场，打算生产有机奶酪。[35]

在他们的叙事里，奶酪制作被描绘成一种乡村的“无领”（no collar）工作，既不是乏味的办公室工作，也不是异化的计薪劳动——与传媒技术领域“新经济”下的新兴职业相媲美，后者以自我牺牲的职业精神、自由不羁的波希米亚（bohemian）艺术风格在 20 世纪 90 年代曾风靡一时。[36] 俄勒冈州的图马洛农场（Tumalo

Farm）是互联网企业“网上医生”（Web MD）联合创始人的第二个创业项目。他离职了，因为记不清公司的600名员工是谁，而五年前还叫得出所有员工及其子女的名字。[37] 对于刚刚进入奶酪制造业的前白领人士来说，无领情结表现得特别强烈。

20世纪80年代，人类学家佩吉·巴利特（Peggy Barlett）研究佐治亚州的农村生活时指出，“工业价值观”追求物质利益，而“农业价值观”追求“无监管的自由、灵活的工作节奏和无拘无束的日常生活”——这些观点得到前白领人士的认可，他们试图通过制作奶酪让自己生活得称心如意。[38] “传统的”奶农可能“为了钱”谋生，而不是为了理想（正如本章开头引用的那位农民所说的那样）。但是生活与理想并不相悖。传统的家庭农场主转向奶酪制作的初衷是，为了延续农耕生活。现代主义者认为，比起那些新入行者来说，“传统的”奶农缺乏选择机会；“传统”（在这里，是指 75
传统的奶牛养殖）就是静态的、既定的，而不是现代性的要求，即安东尼·吉登斯（Anthony Giddens）所说的“别无选择的选择”。[39] 然而，正如简·科利尔（Jane Collier）所说，传统农业社会的人们并非责无旁贷、别无选择；现代资本主义社会的人们也并非自由散漫、为所欲为。[40] 与典型的乡村外来移民相比，传统农民的可支配收入可能较少，但与其他任何人一样，他们也追求自己想要的“美好生活”以及从事耕作（如果不是手工艺的话）的劳动。[41]

从田园梦想到乡村经济振兴

如果20世纪80年代，新的农场奶酪制造商将他们的创业动机解释为回归土地，那么在21世纪前10年购买农地进入手工制作行业的人们往往宣称，他们的目的是为了建设整洁、优雅、繁华的农村社区。[42] 他们中有不少人在农村（通常是在一家农场）度过了童年时光。[43] 许多人祖辈务农，受过大学教育，与其说是落叶归根，不如说是带着城市的情感、商业的敏锐力来重新定义美国农业的意义。

我第一次遇见玛西娅·巴里纳加（Marcia Barinaga）时，她在加州马林县（Marin County）刚创办了一家牧羊农场。此前她是《科学》（*Science*）杂志的撰稿人，拥有生物学博士学位。她一边在厨房里试验奶酪配方，一边饲养绵羊。1993年以来，她和丈夫（也是一名科学家）一直在马林海边度周末。有一年他们在那里购买了一家山顶牧场，希望退休后修建一座房子。不久后，他们结识了当地的农场主和农民，遂改变主意。在采访中，她告诉我：

> 我们决意做点什么让牧场可持续——做成一个企业、一家牧场，同时也有助于社区的可持续发展。如果购买农地的业主不关心农业、一心只想盖房子，那会削弱整个社区的活力，造成工作流失、土地产权集中。我们必须竭尽所能，积极参与社区事务，聘用本社区人员，做一切可以巩固社群关系的事情。因此我们在想，怎样提升社区的价值呢？

加州政府合作推广机构建议种植有机草莓，但种植业并没有引
76 起玛西娅的兴趣。之后，她的父亲提议在牧场上饲养绵羊，因为他的巴斯克家族有“养羊的传统”。“在西班牙，每个牧羊人都会挤

奶、做奶酪”。他父亲曾是一名工程师，在爱达荷州的一家绵羊农场长大，那里“有成千上万只羊”，所以对他父亲来说，“每天晚上我把绵羊赶进客厅挤奶的想法简直是无稽之谈”。当玛西娅向县里的合作推广人员说起制作奶酪的想法时，得到的回复是：“这绝对可行，市场空间广阔。”于是为了制作巴斯克风格的羊奶奶酪，玛西娅博士创办了一家绵羊农场。[44] 玛西娅的企业不是回归传统，而是一种完全现代的农业模式，属于21世纪后田园主义的手工业。

从小“逃离”农场社区的二代农庄奶酪制造商们在跟他们的父母交流时，口中常常会冒出一些新名词。他们中的一位告诉我，“我的父母当年历尽千辛万苦离开了农村”。但当她开始饲养山羊时，她的父亲不停打电话，问这问那，“那只母鹿的繁殖周期怎么样？”他还问了许多有关畜牧业的问题，而这些问题是她的闺蜜女友根本想不出来的。她惊叹道：“这是我父亲吗？他不是在杜邦公司工作吗？”对她来说，饲养山羊的一个好处是，她与父亲多了许多共同话题，这让她喜出望外。

做好美食

就像罗代尔出版社和《全球目录》杂志在一个世纪之前为 77
婴儿潮一代所做的那样，加里·纳布罕（Gary Nabhan）、迈克
尔·波伦（Michael Pollan）和芭芭拉·金索沃等人创作了一系列
关于食品政治的畅销书和电影，启发许多美国中产阶级将日常饮
食与农业、工业食品生产的政治经济学建立新的联系。[45] 这些文
本的出现引发了随后的慢食运动、地方主义的兴起和有机农业的

集约化。那些在我调查问卷中回答说，创业目标是“想要做好奶酪”、“面向当地市场”的奶酪制作商们通常是在2005年之后开始创业，这与这些书籍的出版时间相吻合。2005年，丽莎·施瓦茨（Lisa Schwartz）在纽约州韦斯特切斯特县（Westchester County）的郊区开办了一家名叫雷博岭（Rainbeau Ridge）的农场奶酪企业，拥有两个挤奶点和一家持有营业执照的奶油厂。在2009年自费出版的一本名为《飞跃彩虹：可持续农业之梦》（*Over the Rainbeau*：*Living the Dream of Sustainable Farming*）的书中，丽莎说，她和丈夫从1988年购买土地之后开始耕种，目的是“恢复和保护”19世纪绅士农民的遗产。“我想亲近大自然、靠近食物源头，并亲手制作有价值的东西。”她写道。[46] 她已经把翻修的农舍改建成一个教育中心，为儿童和成年人提供园艺和烹饪的工作坊。

丽莎·施瓦茨的叙述不禁让人想起另一本书《驯化山羊奶酪的危害与乐趣》（*The Perils and Pleasures of Domesticating Goat Cheese*），这是关于迈尔斯·卡恩在纽约哈德逊河谷创办蔻驰农场（Coach Farm）的故事。他在书中写道：“当你在（法国）普罗旺斯小村庄里的一家餐馆驻足，店主随即端上一盘本地农民当天早上送来的新鲜山羊奶酪，这场景多么温馨啊！我们也想成为当地的农民，将奶酪从我们的农场直接送到纽约的餐馆。”[47] 卡恩建议在农村生产商与经常旅行的高端城市消费者之间搭建循环物流系统，并且将家庭农场转化为一门可持续的退休生意。除了巨大的经济资本，卡恩家族还为蔻驰农场带来了与中、上阶层生活方式相关的文化资本，包括优雅的消费品味。但并不是所有手工奶酪制造商都吃得起高级餐厅，遑论在普罗旺斯度假了。当然，也并非所有的奶酪手工制造者都努力创造出一流品质的食品。

我所勾勒出的情感——靠土地谋生、小规模牲畜养殖、喜欢亲力亲为、手脑并用的劳动以及珍视美食——绘制出各种经济现实。威斯康星州梦幻农场（Dreamfarm）的戴安娜·墨菲（Diana Murphy）出生在一个传统的（奶牛）乳品农场，排在六个哥哥姐姐之后，四个弟弟妹妹之前。在十一个兄弟姐妹中，有六个接受高中以上的教育，她自己则靠勤工俭学、自筹学费就读于威斯康星州的公立大学。戴安娜学习了平面设计艺术，但在饱受头痛 78
的折磨之后，打算回到农村生活。2002年，戴安娜和她的丈夫买了一家占地25英亩的农场。卖家是一位投资人，他此前从一对年迈的夫妇手中买下，当时他们已经没有耕种能力了。戴安娜的两个大女儿早先听说过矮种山羊，于是就养了两只，还送到4-H青年俱乐部展览。“她们喜欢山羊，喜欢炫耀，而且做得很棒——但我看问题的角度不一样，”戴安娜说，“如果我们要饲养山羊，那就得做点能带来回报的事情。”孩子们觉得跟山羊在一起很开心，但这还不够，因为农场要有收益。于是他们又多买了几只母山羊，加入他们的小羊群。

从一开始，墨菲一家就采用有机耕种。她告诉我：“我想我们不必用那些（化学）物品。很多人——包括农民——死于癌症……如果不改变生活方式，最终会毁了自己。这只是我的信念。我不想往食物或饮料里加任何添加剂，也不往动物饲料里加，因为我自己吃奶酪、喝牛奶。”戴安娜并没有把有机食品视为抽象的伦理要求。她是以农业社区的女儿、一个十几岁孩子的母亲身份说出这番话的。[48]健康、美味、制作精良、有机的美食并非精英美食家们的专利。

靠情怀生存的企业

一旦人们涉足奶酪制造行业，他们就面临着企业如何生存的问题。一位打算提高产能（目标10万磅）的奶酪制造商说："现实情况是，为了让商业模式确实可行，企业必须扩大生产。"他们面临的一个挑战是，如何在适度规模化的同时保持创业的初心：每天亲力亲为，享受将牛奶转化为奶酪的乐趣，以及与家人共度好时光。他们如何才能将美好生活的质量转化为维持企业运转所需要的业务量，同时又不牺牲生活品质？

企业家精神里的理性评价总是与个人情感、欲望和抱负有着千丝万缕的联系。[49] 人们采取什么策略以及他们的情感经济如何发挥作用，严格来说不是一个选择的问题——既不是理性选择理论里那种冷静、客观的效益最大化，也不是追求美好生活的浪漫遐想。所有的计算行为都加入限制条件：有"限定"才能"计数"，而基于
79 情感的定性判断也应该加入计算的理性。[50] 接下来，我将讨论奶酪制造商如何进行定性的估算，即如何确保商业成功的同时，坚持他们秉持的多元价值观。我把定性计算分为三个领域——可持续性、定价和奶业增值——以展示这些计算是如何变化的，以及如何受到道德判断的影响。如何把定性描述转化成数字，或者把数量变成定性描述，对这个问题的回答，奶酪制造商们并没有达成共识。

规模经济：多大规模才合适？

可持续性是一个定性描述的术语，指同步、长期地实现经济、

环境与道德价值，是在20世纪80年代（恰逢农场奶酪制作的复兴）讨论国际发展时被创造出来的一个新词语。可持续性假设市场资本主义是经济行动的必然框架。20世纪80年代末，卡伦·温伯格和丈夫在纽约东部买了一个占地100英亩的农场，并在10年后开始商业化运营。她承认，随着企业和市场的变化，他们采取的可持续发展的财务与经济策略也在改变。她强调，这“是个大问题”，因为无论环境可持续发展的理念多么美妙，“如果企业无法生存，那么一切都是空中楼阁，镜花水月”。[51] 扩大经营规模带来财务或者个人成功的同时，他们的职业身份认同也变得岌岌可危：现在是什么样的（未来又会变成哪种）工匠、父母、邻居和企业主。正如一位奶酪制造商所说，懂得计算企业增长和利润是一回事，但“如果这会使得你跟孩子、夫妻之间产生了距离或隔阂，那还有什么意义呢？”

2007年在佛蒙特州伯灵顿举行的ACS会议上，一个主题为“多大才算够大？为农庄的可持续发展做好准备”的研讨会为人们提供了讨论这些问题的一个平台。该分会的组织者是佛蒙特大学可持续农业中心的反刍动物乳制品专家，他在会议开幕式上说：“可持续增长是个伪命题。在生物学上，这意味着停滞不前。唯一可持续的是改变和适应，这就是农民必须做的”。[52] 该会议的一名小组成员格雷格·伯恩哈特坦承，他们夫妻俩跟其商业合作伙伴汉娜·塞森斯如何艰难地持续调整生活与商业战略。[53] 他的描述揭示了资本主义社会手工艺的内在张力，这让人想起多琳·近藤（Dorinne Kondo）对日本小型家族企业的评价：“工作时间长、工期紧，心里时常感到压抑”，让人怀疑他们到底有多少 80
“独立性”可言。[54]

2000 年，大学刚毕业的格雷格和汉娜以个人名义贷款购买了位于佛蒙特州中部的 130 英亩土地，外加一个废弃的奶牛饲养场、户外围栏和一座农舍。[55] 2003 年，蓝壁农场获得了奶酪制造的商业许可证。到本世纪末，建造和配备一个可认证的商业奶酪厂平均需要投资 8 万到 10 万美元。[56] 为了达到这个平均水平，一些企业从零开始建造、购买二手设备，而另一些企业则对旧建筑进行改造，并购买新的奶酪桶或散装奶罐。2007 年，蓝壁农场开始略微盈利后，又把全部利润投入再生产。

资本投资的要求日趋严格，因为奶制品质检员对农场养殖、奶酪生产一体化的工厂已经熟视无睹，所以要求所有新建工厂也必须达标。过去，像球织者农场可以修建鹅卵石砌成的房子、使用临时设备，但今天各州可能要求铺设水泥地板、使用特殊的墙体材料和包装酸奶用的自动封盖机。[57] 这种一刀切的建厂标准给手工业者设置了准入资金门槛。2005 年，史蒂夫和凯伦夫妇俩花了 7 万美元在他们的佛蒙特州农场建造了一座奶酪屋。据报道，其中的 7000 美元被用来建造一个必备的焚烧厕所，供州检查员使用；史蒂夫曾将其描述为“一个价值 7000 美元的储粪柜子”。[58] 一位纽约生产商向我抱怨说，刚出台的法规要求她购买一款新设计的水槽，而在“市面上根本买不到”。食品生产受到严格监管，但并不总是明智之举。她说：“有太多愚蠢、微不足道、烦琐的法规让人花了不少冤枉钱。”“这让人心烦、抓狂，逼我加入共和党。”一位佛蒙特州的奶酪制造商开玩笑说，他清楚我知道他的（左翼）政治倾向。

由于没有其他非农收入来源，格雷格和汉娜只能靠蓝壁农场的营业收入抚养两个孩子。2007 年公司成立以来，他俩的年薪一直是 18000 美元。格雷格和汉娜每周工作七天，每天 9 小时。格雷格演讲的一个中心主题是，他们正在努力寻找一个最优的产量水平，以使他们能够支付工人工资，从而减少他们自己的工作时间。年产 2.2 万磅奶酪会不会是他们的“神奇数字”？格雷格认为，各家企业都有各自不同的期望产量水平，因为奶酪制造商各有“不同的目标”。他说，诀窍是弄清楚“你想做什么”，是做一名奶酪制造商或企业主，还是为人父母、为人夫（妻）、邻居或者有创造力
的个人。[59] 他和汉娜是艺术家：“这是我们的目标之一——平衡事 81
业与家庭、实现事业之外的另一部分价值。”他们希望聘用全职员工能解决这个问题。

对于其他人来说，聘用全职员工意味着如何在独立自主与雇佣劳动之间取得平衡。马克·费舍尔（Mark Fisher）解释说：“在农场生产中，一个人能完成的工作量是有限的，因为动物饲养与奶酪制作相关的工作总量很大。为了完成超额的工作量，你得招聘员工。不过，一旦开始雇人，你就会脱离实际，变身为管理人员。一般来说，生产农庄奶酪的企业规模不大，人手也足。”[60] 雇佣与否的问题本身就是通过定性计算得出的。一些农庄企业优先考虑向少数核心员工支付足以养家糊口的工资，让他们安心工作，因为他们认为这样做很重要。另外有一些企业除了支付工资之外，还赠送农产品或其他间接福利。乔恩·赖特（Jon Wright）允许员工带孩子和狗上班，这也是为什么人们“想要在这里工作”的原因之一，即便他们打扫度假屋能赚到双倍的钱。蓝壁农场聘请无薪的季节性实习生，每周工作 40 个小时，提供住宿（在谷仓公寓里）和部分餐补（包括进菜园里择菜）。汉娜的父母也常去帮忙包装奶酪，周末则帮照看农贸市场的摊位。无薪实习生，通常是在校大学生或刚毕业的学生，价格低廉，但每个季节都必须腾出时间来培训他们。[61]

家庭农场一般按个人偏好、经历、技能和性格进行分工，而不是按照传统的性别角色分工。[62] 但是这并不妨碍使用性别叙事来解释、合理分配任务，或者按性别来分解任务。[63] 有一个家庭在经营农场两三年之后，妻子返回原来的教师岗位，因为“这样做对双方都更好。”有一对夫妇申请并获得乳制品的有机认证，这竟然解决了他们的家庭纠纷。事情的原委是这样的：负责制作奶酪的妻子嫌弃挤奶的丈夫打理挤奶厅不够整洁，但是有机认证的例行检测结果显示挤奶厅是全州最干净的，她立马认怂，没脾气了。后来，她向朋友们坦承，州检查员充当了一名“婚姻顾问”，验证了他们夫妻协作的有效性。通常情况下，夫妻共同经营一家企业时，一旦离婚，有一方就会失去工作，甚至终身事业。[64] 家庭农场经营不善的原因之一是婚姻失败。

82 格雷格和汉娜的农场开业四年后，一共饲养了 60 头山羊。虽然把羊奶加工成奶酪后卖掉，但农场仍然入不敷出。[65] 由于养殖需要额外的成本，农庄奶酪企业的利润率通常低于非农庄企业。[66] 一家农场主说她饲养的每头牛都亏损，而另一家则说，预计每只山羊每年都盈利（以羊奶产量计算）。[67] 顾问彼得·迪克森认为，初创企业在最初的三到五年内一般不会盈利，因为需要偿还初始资本投资、确保市场销售，并逐步增产。[68] 最近格雷格和汉娜非常焦虑，因为农庄奶酪的产量已经达到极限，并且谷仓和农庄容不下更多的山羊了。[69]

为了在不增加山羊养殖数量的前提下提高奶酪产量，格雷格和汉娜决定从附近的山羊养殖场购买羊奶。从 2005 年到 2006 年，他们的奶酪产量翻了一番。第二年，他们也开始购买牛奶。虽然大约四分之一的农场奶酪制造商购买牛奶来提高产量，但对一些人来说，这种做法有损于农场生产自给自足的价值。[70] 从别家农场购买鲜奶涉及道德考量：如果单靠销售液态奶，小型农场维持生计异常艰难，这是人人皆知的。[71] 2007 年，佛蒙特州北部的莱妮·方迪勒以远高于市场的价格（每百磅 38 美元）向她艰难度日的朋友和邻居购买牛奶。“这种日子我也经历过，所以我知道破产是啥滋味！”她维持奶酪业务的目的就是“让她的朋友得以继续”养牛。

鉴于这方面的考虑，奶酪制造商如何扩大规模以实现可持续经营？许多人并非为一己私利而盲目追求增长和利润，而是追求一种自给自足的状态。谈到他和妻子经营的农庄生意，一位生产商解释说：

> 我认为，现实地说，我们应该有能力支付账单，偶尔出去玩一次……存一点钱。这就是我们的小目标。但我们也常常听人说，“这真的是一块很棒的奶酪；你能否把它变成一桩大买卖呢?”我的回答是：“不可以！”如果我真这么做了，那产量、销售量会随之增加，出差也会更频繁——各种烦心事会接踵而至，让我忘了初心。[72]

自给自足的原则，就像为商业贸易而制作奶酪一样，对家庭农
场来说并不是什么新鲜事。在 18、19 世纪的美国奶农和他们的英
国同行中，流行一个“胜任力”（competency）的概念，意指“一
种令人向往、符合伦理的福祉。”[73] 1852 年版的韦伯斯特《美国词
典》（*American Dictionary*）对“胜任力”一词定义的是：足够的数 83
量；足以提供必需品、生活便利而无冗余的财产或生活资料。[74] 正
如历史学家萨莉·麦克默里（Sally McMurry）指出，“一个家庭的

胜任力的背后往往是另一个家庭的贫穷”。[75] 在加州，一位奶酪制造商告诉我，他了解胜任力的概念，并对此深信不疑。他们夫妇俩继承了祖辈的7英亩土地，并饲养了25只山羊，还制作奶酪。他说：“只要奶酪卖得出去，我们就可以谋生。我们没把它当门生意：创立一个品牌后卖掉。”[76] 他们的目标是维持生计：每年赚3.5万美元。三年过去了，他们依然入不敷出，靠积蓄度日。在我到访的那一天，我们开车去附近的一家酿酒厂吃了一顿野餐：开了一瓶维奥尼亚（Viognier）葡萄酒，享用自制的西红柿沙拉和山羊奶酪凝乳、自制的山羊肉酱、腌制的蘑菇和用奶酪交换回来的无花果蜜饯，买来的面包和橄榄，当然还有他们自己的奶酪。这些工匠们追求的是适量、富足，既不是铺张浪费，也不是节衣缩食。[77]

充足、可持续、生存能力，这些都是相对的、特定的价值取向。如果农场创业者的配偶有一份非农收入贴补家用，那么其维持生存的资金需求可能远低于另外一家指望营业收入养家糊口的农场。大约四分之一生产商的家庭收入全部或大部分来源于奶酪和其他农产品销售。[78] 蓝壁农场的生存能力建立在预期年收入5.4万美元的基础之上（扣除工人工资、租金以及多笔抵押贷款的还款），这足以满足他们四口之家的日常所需。考虑到佛蒙特州的生活成本相对较高，这一收入水平可以支持舒适但并不奢华的生活。正如格雷格所说：“它为我们的生活方式……生活必需品买单。”奶酪制造商并非靠劳动致富；只是勉强度日，或许他们还有其他办法致富。

为了抵制侵蚀他们心理预期的市场力量，像格雷格和汉娜这样的乳酪制造商拥抱自给自足的定性计算，以实现他们的职业价值。他们实用而感性的推理掩盖了区隔化的资本主义价值体系，即我们在“工作场所”中追求个人主义价值观，而在家庭、宗教社区和其他远离市场的场所中追求关系型价值观。[79] 当奶酪制造商阐明原则与实用主义、“梦想”与“现实需要”之间的紧张关系时，这并不意味着价值观的背叛，尽管在捉襟见肘的日子也会让他们暂且放下定性的道德考量。

如何定价

每个奶酪制造商都听过这样的抱怨：“为什么你们的奶酪这么 84
贵?”这个问题通常带有指责意味，暗示“你一定赚了很多钱”或“真的要花这么多钱来制作吗?”甚至有人会质问：“你到底认为‘奶酪’是什么东西?”之前我谈到了，由于政府补贴，造成了手工奶酪和超市奶酪之间（以及国内的和欧洲的奶酪之间）的价格差，以下我将讨论奶酪制造商如何阐释自己的营销与定价行为。给奶酪定价可能令人望而生畏，这对习惯于接受市场定价的奶农来说，尤其如此。[80] 定价的考量，既关乎簿记，也关乎讲故事，是一种定性计算的方式。[81]

奶酪制造商通常不愿意向我透露他们的财务状况，一方面担心泄露商业机密，另一方面他们觉得谈钱伤感情：亏钱的话，可能会被认为很失败；挣钱多的话，会被人说成道德败坏、德不配位。由于手工奶酪的价值待价而沽（属于未完成商品），就连生产商自己也不清楚卖多少钱才合理。每当奶酪制造商跟我谈钱时，他们都谈到了道德和妥协。正如卡伦·温伯格所说：“做你喜欢的奶酪是一回事，做适销对路的奶酪又是另一回事。因此，他们试图同时满足这两种需求。结果凭自己的喜好生产出来的东西，因为卖不出去，只好扔掉。这真是罪过，因为每个产品里凝聚了大量的劳动。”

我第一次见到马克·费舍尔是在佛蒙特州伦敦德里（Londonderry）的农贸市场。当我细细品尝免费的奶酪样品（计入营销费用）时，马克告诉我（“我不想五年之后还这么说!”），他们至今还在摸索，不清楚制作羊奶奶酪是不是一门挣钱的生意。与奶农们的口头禅相呼应，马克夫妇也觉得他们必须“做大规模，否则就退出”。2007年夏天，马克和他的妻子加里扩建他们的奶酪陈化设施，并安装一台价格不菲的巴氏杀菌器。这样，他们就可以销售年轻、轻熟型的奶酪，但他们的想法跟羊奶奶酪的生产生态有关：“这给了我们进入这个市场的机会。”马克指的是出清他大部分库存奶酪的农贸市场。羊奶干酪的产量在秋冬季节达到顶峰，但不巧的是，佛蒙特州农贸市场的销售旺季却在春夏之交。今年 6 月以来，马克的餐桌几乎空空如也。显然他和加里的心里都没底，到底他们能否收回投资。[82]

85 绵羊奶奶酪的生产成本非常高，因为绵羊的平均产奶量低于奶牛或山羊，而且由于绵羊以牧草为食，其产奶期较短。经巴氏消毒的鲜奶被加工成奶酪，真空包装后就可以出售。而天然皮干酪需要投入大量的劳动在陈化室培育。[83] 陈化奶酪不仅占用库存，销售收入延迟也会使生产商无力按时支付各种账单，而且陈化室里的温度、湿度调节器耗电量巨大。奶酪生产的成本有高有低，这对于消费者来说并不总是显而易见的。

手工生产商以一种或多种方式销售奶酪：直接卖给消费者（在农场或农贸市场，通过邮购）；批发给零售商（专卖店、食品合作社、餐馆）；通过分销商间接批发（卖给超市、零售店和餐馆）；以及（最不常见的）贴牌。奶酪“贴牌”生产时，生产商将奶酪全部出售给大型零售商，如贸易商“乔家”（Joe's）或全食超市（Whole Foods），或者卖给邮购公司，如瑞士殖民地（Swiss Colony），后者会在奶酪上贴上贸易商的品牌。许多奶酪制造商试图在零售和批发业务之间找到平衡，因为批发业务所需的劳动力比零售少，但零售的回款快、回报高。然而，运气与个人性格因素也在这样的定性计算中起着重要作用。

直营给生产商带来的回报最高。有些生产商如马克·费舍尔期待每周一次的集市，有机会亲眼见到顾客评鉴他们的劳动果实，但有些人则更愿意出售奶酪给匿名的分销商。如果想在农贸市场摆摊以挣得可观的收入，生产商必须提供各式各样的商品；当顾客可以从多款商品中挑选时，他们就会买得更多。这可能是不同的奶酪组合，一系列调味的新鲜羊奶奶酪，或者来自多元化农场的系列食品。生产单一品类的奶酪制造商不太可能依赖农贸市场的销售。佛蒙特州牧羊人几乎完全靠直接批发和邮购，尽管一个农贸市场里的自动售货摊位（顾客从冰箱里挑选楔形奶酪后把现金放入盒子）每周也能带来几百美元的收入。农场靠近居民区或旅游区的话，直营效果往往最好，但并不是所有的奶酪制造商都喜欢这样的地理位置，因为这种便利可能会变成负担。马克·费舍尔解释说：“靠近富人区的位置优势可以帮助我们推销产品，但房价高企，没有投资价值。”费舍尔夫妇处于一个尴尬的境地：他们无法在做奶酪生意的同时，保住自己的房产、生活多年的家。这平添了持续经营的商业风险。[84]

生产商为零售、直接批发和间接批发这三种销售方式设定不同的价格。我曾经听一位生产商（嫁给了一位银行家）跟她的一位同

86 事（嫁给了一位对冲基金经理）分享了她的定价策略，即批发价不低于零售价的三分之二（许多生产商接受一半）。这听起来直截了当，但与精于世故的零售商谈判时必须充满自信、当机立断。并非每个奶酪制造商都斗胆把零售价定为每磅 24 美元，或者批发价每磅 15 美元（商店零售价是每磅 30 美元），即使他们的生产成本超过 10 美元。如果从社会关系的角度看待生产商的市场决策，他们可能显得利欲熏心或者傲慢不逊。事实上，有些奶酪制造商坚持为那些无力支付每磅二三十美元的消费者提供高品质的奶酪，并且认为这是他们的道德义务。但正如一位零售商所说："如果把超市作为竞争对手，你将永远一贫如洗。"

在加州索诺玛县，有一家占地 7 英亩、名叫"哈巴狗飞跃"（Pugs Leap）的山羊奶制品农场。这家农场经营者帕斯卡尔·迪斯坦托（Pascal Destandau）和埃里克·史密斯（Eric Smith）大胆按成本定价，2007 年的市场价格为每磅 16.50 美元。他们在定价时考虑了生产造成大量浪费的因素（他们仍在学手艺），但因为喜欢吃奶酪才入这一行，他们自然渴望，制作味道最好的奶酪，因而为了省钱在生产奶酪时精打细算显然不在他们的定性计算中。因为他们平常吃有机食品，所以也给山羊购买有机饲料。帕斯卡追求的是他的法国家乡味道，购买昂贵的微生物发酵剂丝毫不手软。按磅计价的话，他们的奶酪可能是目前国内市场上卖得最贵的。2010 年，他们把农场卖给了一对年轻夫妇。[85]

有些有机养殖的生产商在做定性考量时做出让步，因为他们不想漫天要价，以至于产品无人问津——或者进入一个独占鳌头的市场。正如马萨诸塞州的一位生产商所说，"有机谷物的价格过高，不值得买"，因为"消费者对有机谷物的附加值并不买账"；换句话说，购买有机谷物产生的额外费用并必然带来更高的零售价。对于高端零售市场，就像葡萄酒（但不是牛奶）一样，有机标签不会提升手工奶酪的交换价值；味道和风格才是美食市场的王道。明知如此，奶酪制造商依然奉行有机养殖、有机食品，只因为他们深信，这样做有益于这片土地，有利于动物们以及消费者的健康。

阶级倾向影响了奶酪制造商对市场的信心程度，这具体体现在他们所做的一系列决策上。比如，产品设计和广告美学，按成本定价还是按市场的承受能力定价，以及生产商是否给自己开工资。有些人把营业“利润”看成他们的个人收入、奖金的来源；在广种薄收的日子里，他们把结存利润再投资之后就囊空如洗了。有些奶酪 87
制造商不给自己发工资，是因为家境殷实，但是有些人却由于个人情感超越了理性计算。琳达·迪米克（Linda Dimmick）在邻里农场（Neighborly Farm）朝九晚九,一周上班六天，不拿补贴。“我第一年的工资大概是1万美元，第二年可能是5千美元。但在那之后，我就不再给自己付薪水了。”直到2006年，她开始拿全额工资，相当于一年3万美元。[86] 奶酪制造商何时才重视自己的劳动、把投资回报放在首位?

一位精力充沛的年轻奶酪制造商表示，如果哪一位卖散装鲜奶的奶农生活在贫困线之下，那肯定是因为经营决策过于“保守”。学习“企业家精神”会有帮助，他说，这意味着学习在瞬息万变的商业环境中做出决策，坚定信心，投资当下，期待更加美好的明天。他认为问题的根源在于“阶级差异”，这导致有些人形成瞻前顾后、小心翼翼的传统思维。首先，农业本质上是风险最高的行业之一（天气、大宗商品定价、枯萎病）。奶农琳达和罗布（Rob）显然乐意冒险，以新的思维方式看待传统的乳品业，尽管这种做法更像孤注一掷，而不是正常的商业冒险。用琳达的话来说：

> 在 2004 年，我们梭哈了一把，停止运输鲜奶，其实我们并没有卖掉所有的奶酪……我的丈夫，这个冒险家，全力支持……因此，我们的赌博已经赢了几次。在 2005、2006 年，我们卖掉了大量陈年的、生奶制成的切达干酪。一次性出售给一家大公司（贴牌）。真的很棒，因为我们可以用它付账。但再说一次，这是在冒险。[87]

此外，进军手工奶酪行业的成功商人显然不能容忍风险；他们是风险管理者。在卡伦·温伯格从事农业之前，她的丈夫是一名财务顾问，他说："好吧，我们必须还清抵押贷款，这样才不会让我们头疼。"起初，他们小心谨慎地避免赊购，尽管现在他们能够有足够的信心预测收益，办理短期贷款。20 世纪 80 年代的工业化危机中幸存下来的一批美国农民往往表现得谨小慎微，他们抵挡住激进的"企业家精神"的诱惑。同理，成功的企业家不会轻易承担过大的风险。[88] 恰恰相反：他们做足功课，当成功概率很高的时刻,下最大的赌注,其余时间则按兵不动。[89]

反思增值乳品业的价值

迪米克夫妇的故事揭示了，"增值"农业本质上是一种定性计算，其复杂的考量过程并不是一句话"（奶酪加工）劳动创造价值"就可以概括的。然而，劳动力并不能神奇地为利基产品"增值"。

从事“增值”农业生产意味着获得新的奶酪加工技巧以及克里斯蒂娜·格拉斯尼所称的营销“包装技能”。[90] 通过讲述精挑细选的、关于奶酪由来的动人故事，奶酪制造商努力将定性价值转化为消费者可感知的质量，并通过市场交换增加收入。商品价值的形成过程并非直截了当。

2004 年，当我第一次去佛蒙特州伦道夫的邻里农场看望琳达·迪米克时，她告诉我：“我母亲认为我们疯了。”因为在她母亲看来，“正常”人不会把毕生积蓄投入一家濒临倒闭的企业。但这正是琳达和她的丈夫罗布所做的。他们出售了一家盈利的企业（主营业务是工业化粪池系统设计），把出售企业的收益注入一家经营不善的农场。这是一家奶牛场，罗布曾经在那里度过快乐的童年。20 世纪 70 年代牛奶价格一度飙升，罗布的父母遂扩建谷仓，将牛群增加到 180 头，这一规模“拖垮了整个家庭”。随着牛奶价格一路走低，罗布的父亲转行售卖牲畜运输车。1986 年，罗布还在上大学时，家人卖掉所有的牛群。琳达是一名来自密歇根州的牙科保健师，1989 年嫁给了罗布。当她怀上第一个孩子时，罗布决心在农场抚养孩子，这让他年轻的妻子颇为惊讶。

1990 年，在他们的第一个儿子出生前两周，罗布和琳达买了 50 头奶牛。三年后，牛奶价格从每百磅 16 美元降到了 11 美元，他们濒临破产。伤心欲绝的迪米克夫妇卖掉了奶牛，以偿还日益增加的债务。罗布转行做废品回收生意时，琳达又生了两个孩子，但他们从未放弃务农的梦想。1999 年，他们买下了第二批荷斯坦牛（Holsteins），并将农场改名为邻里农场，以感谢街坊邻里的帮助。这一次，他们打算制作奶酪，以提升牛奶的价值。

对奶农来说，通过深加工来提高牛奶“身价”似乎前景广阔。

奶酪将为他们的牛奶增加商业价值。一般来说，生产一磅奶酪需要10 磅牛奶。但按重量计算，奶酪的售价超过牛奶价格十倍以上。过去几年，牛奶价格在每磅 11 美分到 19 美分之间波动。此外，与
89 商品牛奶市场相比，奶酪零售市场更稳定，而且前者的价格受限于联邦法令。联邦政府每个月都会根据脱脂奶粉、用于加工食品（如蛋白棒）的乳清浓缩蛋白和块状商品奶酪等大宗商品市场的供求关系，确定原料奶的最低收购价格。[91] 一名奶农在回应我的调查时表示，增加收入和提高财务稳健性都是进入奶酪行业的动机。[92] 在向我解释错综复杂的商品定价时，位于威斯康星州普莱恩斯（Plains）的雪松树林奶酪工厂的鲍勃·威尔斯（Bob Wills）说道："手工奶酪业务的出现是因为现实需要，而不只是机缘巧合。寻找蓝海市场是因为别无选择。"手工奶酪市场并非由消费者单方面驱动。

21 世纪初，联邦和州立法机构开始大力支持增值农业。[93] 在2006 年出现令人沮丧的最低收购价格（那年 7 月跌至每英担 11.60 美元）之后，2007 年、2008 年原料奶价格大幅攀升，原因是美国对中国和其他新兴市场的出口大幅增加，同时来自澳大利亚（当时正遭受旱灾）和欧洲市场的竞争减弱。[94] 受这波涨价浪潮影响，美国奶农忙不迭地添牛挤奶。2009 年初，饲料价格居高不下，但随
90 后原料奶供给的竞争加剧，全球经济步入衰退和三聚氰胺牛奶污染事件爆发，这一系列事件导致牛奶需求的下降，牛奶价格暴跌。2009 年夏天，牛奶价格跌至不及美国农民生产牛奶的成本的一半。[95] 美国商品信贷公司购买了大量脱脂干奶和块状奶酪，以稳定市场价格，将过剩的食品纳入政府食品援助计划，通过食品储藏室和学校午餐计划在国际和国内发放。[96] 在这样一个不确定的经济环境下，

增值加工似乎是一个不错的选择，特别是在特色、小众食品消费的市场规模在不断扩大之时。[97]

“农业的问题，”有一位奶农解释道，“由于按零售价购买材料，然后以批发价格销售。无须读MBA学位你也能明白，这会让你的生活变得日益艰难。因此，通过进军增值商品——这是几年来的流行语——把你的原材料或以批发价格购买的材料变成你能以零售价卖掉的东西，结果会大不一样。”几年前，这位奶农原来想把生奶卖给另一家奶酪制造商，但收入差距太大了。降低劳动力成本与设备成本并不能弥补收入的减少。“我没把体能消耗计算在内”，说着她把装满新鲜凝乳（含乳清）的袋子举过头去沥干。

2004 年我第一次见到琳达·迪米克时，她和罗布（Rob）已经经营农场 14 年，年年亏损（到 2007 年，他们终于实现盈亏平衡）。但对于琳达的丈夫来说，放弃务农“简直匪夷所思”。在与琳达交谈时，我清楚地意识到，手工奶酪与商品奶酪的市场价值的区别在于，与其说是额外的体力劳动，不如说是为产品增加象征性特征的定性工作，这样消费者就会注意到并喜欢它。这是在兜售故事。当迪米克夫妇重操旧业时，他们不仅制作奶酪，而且还转向有机生产。琳达说这是一个明智的“商业决策”。有机牛奶的价格大约是传统牛奶的两倍，所以如果卖液态奶的话（他们在 2003 年就这么做了），那么鲜奶还未出农场门就更值钱了。每百磅有机牛奶能带来大约 30 美元的收入。2007 年，琳达以每磅 6 美元的价格批发奶酪。因为 10 磅牛奶能产出 1 磅奶酪，那每百磅牛奶能带来 60 美元的收入。“因此，通过生产奶酪，农场的收入翻倍了，但随之而来的问题成比例地增加。”她补充道。

虽然将农庄奶酪视为切实可行的农场新业务，琳达最初并没有

91 把它当回事，觉得跟饲养母牛大同小异。在威斯康星州，一家生产撒克逊奶油（Saxon Creamery）奶酪的制作商杰瑞·海默尔（Jerry Heimerl）也谈到了类似的经历：“我们不知道市场是什么。市场就是有人进门告诉我们牛奶未来的价格，然后在商品交割之后 45 天内，按照他们想要的任何价格给我们付款。”谈到这种市场体验时，琳达说：“我当时只是想，如果我做奶酪，会有人买的。这就像地产开发商说，‘只要把房子盖起来，会有人住的’。这想法太天真了。如果回到从前，我会以年薪 3 至 4 万美元聘请一名全职营销人员。”[98] 做营销时不够大胆、激进，往往是苦苦挣扎的小奶农纵然选择增值商品也于事无补的原因之一。[99]

琳达向我解释她是如何“处理数字”的，这揭示了农业加工经常被描述为仅仅是一种计算，一组亟待处理的数字。最终，琳达学会了“讲述和兜售”她丈夫的家庭农场故事和奶酪生产生态；正如辛迪·梅杰所建议的那样，当琳达向买家介绍自己是“农民，我在做奶酪，而且奶酪来自我们的农场”时，奶酪更容易卖出去。只是简单粗暴地按普通“奶酪”出售并不容易，而以有机牛奶、手工小批量生产作为卖点，才能卖出比商品奶酪更高的价格。

与可持续性一样，增值也是一种复杂的定性计算形式，不仅将质量表示为可量化的，而且数量也包含定性价值。自从把有机生产作为增加牛奶商业价值的措施以来，琳达目睹了巨变——兽医的账单减少——以至于她现在也“脱胎换骨”，开始信奉有机生产、动物福利至上的理念。事实上，有机牛奶在奶酪加工过程中不会产生多少的经济附加值，但有机生产一直“对奶牛和我们都有好处”，琳达解释说，现在她会多想一想自己和家人的饮食健康。

学会自我包装的技巧——一种卖产品、卖故事的能力——需要一定的舒适感，才能使个人形象富有魅力。另一位佛蒙特州的奶酪制造商说，与她共事的家庭农场刚开始“不情愿地”将自己的姓氏和“第三代家庭农场”的标签贴在奶酪上，因为他们难以相信，一张农场拍摄的家庭旧照片对宣传奶酪有何价值。“有些母牛的谱系可以追溯到 50 年前，这需要广而告之”。最终，这家人同意将他们的名字“在那里”挂牌出售。她说，推销自己的姓名和故事不仅增加了产品的象征意义，并转化为生产商的经济价值，而且让家人引以为豪。她描述了孩子们在当地一家餐厅看到“他们的名字 92
印在比萨上”时的激动心情。有时她走在街头巷尾，被粉丝们认出来，听他们赞叹道：“哦，你们做的奶酪真棒！”在那一刻，自豪感油然而生，因为以前出售鲜奶给别家乳制品厂加工时，她从未有过这种感觉。从这位奶酪制造商的自我剖析中可以看出，将牛奶变成奶酪的“附加值”蕴含“文化价值与经济价值”，而且，我认为，它也逐步变成社区的一部分。

日常生活的伦理

我想以格雷格·伯恩哈特提出的建议来结束本章。他说，如果想将奶酪生意做成百年老店，你首先须弄明白“你的愿景是什么”。在奶酪制造商的日常决策中，充足和冗余像一个硬币的两面，数量也可以用质量（价值）来衡量的。生产商勤俭节约的美德（比如购买二手设备、自己修理）可能节省成本，让顾客得到实惠。[100] 但是当莱妮·方迪勒等奶酪制造商以高于市场价向邻居采购鲜奶，或者像帕斯卡尔和埃里克那样用“最好的”饲料喂养反刍动物时，这些增加的成本可能带来更高的零售价和更小的细分市场。商品的标价并不是情感经济唯一可靠的伦理指南。然而，当奶酪制造商谈论其他生产商和产品质量时（就像他们与我私下交谈那样），他们总是会做道德评判，评头论足，就像在谈论自己的商业计划和工作日常时，他们也会说长道短。

为什么手工奶酪可以成为实现多种情感的纽带？我想是手工奶酪未完成的特性赋予它这种功能。事实也是如此，当奶酪制造商开始他们的日常和季节性工作时，他们受到多重目标和情感的推动。即便如此，他们不会觉得自己思想负担过重。

虽然受到各种限制，手工奶酪制作商依然每天都努力做到最好，直面当今美国食品政治中司空见惯的道德批评。对异己者的批驳往往演变为汹涌如潮的道德谩骂，甚至人身攻击。一个素食者胆敢吃一口腌肉，就会受到肉食主义者的鄙视。素食者的行为是否与她的道德原则一致，取决于那些原则是什么；摒弃肉食的动机可能是一系列关于动物福利、健康、珍惜资源、躬行节俭的信念——
93 以及味觉偏好。[101] 在农业政治生态中常常听到武断的道德批评。在佛蒙特州农场开放日上，一位名叫丽莎·凯曼（Lisa Keiman）的奶农（肯希德·巴德韦尔农场的牛奶供应商）苦口婆心地向听众辩解她的饲养方法，尽管在场的听众欣赏她的劳动成果，但不时有人提出异常尖锐的问题“你的干草是从哪里来的？是当地的吗？”[102] 听众的评判标准是农场的“最佳”实践，而这位女士则因地制宜，选择适宜特定农场生产生态的干草。她从各州购买干草，是因为该品种的干草质量好，而且适合她农场的泽西奶牛。她喷洒杀虫剂，因为她不忍心看到蚊虫叮咬给牛造成的影响（这是她拒绝完全有机的原因之一）。同样在她看来，青贮（发酵玉米）饲料改变了奶牛消化系统的瘤胃，这不符合自然；此外，她讨厌青贮牛奶的味道，“我也不喜欢粪便的味道”。从理想主义者的角度来看，有机生产须杜绝一切杀虫剂和青贮饲料（一位与会者坚称，奶农大量喷洒杀虫剂导致蜜蜂的灭绝）。然而在奶农看来，道德考量要复杂得多。

如果一个生产商站在道德高地标榜自己，消费者期望他表现出某种道德的纯洁性，这并不令人惊讶。毕竟，奶酪和其他增值农产品畅销的部分原因是它们讲述了一个道德约束与规范的故事：据说健康食品产生于环保的加工方法，美食则来源于非异化的劳动。人们期待富有职业操守的工匠们发挥道德模范作用，将他们置于道德绑架的境地。这让我想起马克·费舍尔所说，购买巴氏消毒器、完全放弃生奶奶酪的生产，对有些人来说是“禁忌”。有一个家庭农场的生奶销售做得风生水起，但他们被迫放弃了用巴氏杀菌奶制作奶酪的计划，因为担心这会破坏健康、快乐奶牛的品牌形象。对工业化有机农业的批评往往陷入类似的全有或全无的极端思维，仿佛只要不使用致癌杀虫剂和除草剂（即便这有益于现场工人与消费者的健康和环境），工业化规模农场的负面影响就自动抵消了。[103] 因此，丽莎·凯曼不能轻描淡写地说，她的农场不是有机的，而必须讲事实、摆道理，说清楚她的农场为什么符合消费者心目中理想农场的形象，即草饲喂养、奶源纯净。

行动的纯洁性绝非道德的要求——实际上，在情感经济中，道
德往往变得模棱两可。购买“本地”干草似乎会给附近的社区带来 94
经济上的好处，但丽莎觉得自己对奶牛负有直接的责任；对她来说，从外地买干草比从当地买更好——此外，从全州各地购买干草对周边地方的农民来说，也是一样受益的。相比之下，凯勒兄弟首先考虑“把钱留在当地”，因此他们向邻居购买干草、从当地木匠

那里买木质包装盒，而不是“上网”搜索全网最低价的有机干草卖家。生产廉价奶酪不是他们的初衷。在第七章我们将看到，他们的经济账与其说是为了扩大城市富人之外的消费群体，毋宁说是为了重振佛蒙特州北部的工业经济。有人批评他们的高零售价具有排他性，尽管言之有理，但却曲解了他们这样做的真实意图。

道德规范不应被视为一成不变、预先确定的；事实上，这样会把人的行为想得过于理性化，全然忘记，人们遇到例外情况时是如何采取行动的。[104] 当工匠企业家解释他们面临可持续性或自给自足的业务决策时，当他们思考如何通过加工和包装为商品增值时，他们是在特定的经济和农业系统内思考这些问题的。情感经济可被视为生产商的个人承诺，但仍然反映了其形成的特定历史时期，因而他们必须持续地适应那个时代。

TRADITIONS OF INVENTION

第四章

发明的传统

很明显，奶酪是威斯康星州美食的灵魂。

詹姆斯·诺顿和贝卡·迪利，《威斯康星州的奶酪大师》

威斯康星州门罗市（Monroe）的格林县有一个历史悠久的奶酪制作中心，原址是一个老火车站，里面陈列了许多早期工业奶酪制作的工艺品，其中有老式奶罐、芝士木耙和用于生产瑞士（多孔）干酪（Emmenthaler Swiss）的巨大铜壶。[1] 在20世纪上半叶，伊利诺伊州边界以北的格林县被誉为美国的瑞士奶酪之都。[2] 最早的一家奶酪工厂于1868年开业，到1910年，200多家生产瑞士和林堡（Limburger）奶酪的工厂为该县的经济繁荣做出了突出贡献。[3] 直到20世纪50年代，铜水壶被矩形不锈钢大桶所取代，而笨重的瑞士多孔干酪也被更适宜切片销售的、重达40磅的块状奶酪所取代。今天，格林县有11家奶酪厂仍在运营，其中包括国内唯一的林堡奶酪生产商。尽管如此，门罗的高中橄榄球队仍然由本地奶酪制造商冠名、赞助。

2008年7月，我参观了这家历史悠久的奶酪制作中心。讲解员是珍妮特（Janet），一位满头银发的妇女，向我描述了50年前，她的丈夫是如何制作奶酪的：他把手伸进一个铜壶里，抓起一把凝乳粒，用力挤出水分后松开，再用拇指搓；根据凝乳粒的“抓力”、是否富有弹性，他可以判断何时扯掉奶酪布，排出全部乳清。[4] 在一家工厂里，她的丈夫同时看管6个铜壶，每个铜壶生产一个

180 磅重的大轮瑞士多孔干酪。珍妮特解释说，有时，他拿起的第
一个铜壶可能在 15 分钟后还没有准备好“浸泡”——也就是说，
排出乳清的时机还未到——但第二个水壶可能准备好了，他凭手捏
奶酪粒就能判断。“这是一种艺术”，她边指着一张照片，边自豪
地说道。照片上她的丈夫正在做一种费力的手工活儿，将一块粗棉
布“蘸”在一团热气腾腾的凝乳下面（120°F），他用牙齿咬住棉布 96
的两个角，以防滑落，并用脚钩住一个金属T形杆，这有点像埋入
一块混凝土中的补胎撬棍。这张照片让我着迷，部分原因是它跟我
去年夏天在佛蒙特州见过的手艺几乎一模一样。

2002 年，约翰·普特南从一位法国顾问那里学会了怎样“蘸”
凝乳之后，他和妻子兼合伙人珍妮（Janine）把这个技艺应用到
他们刚刚获得营业许可的奶油厂上。这家工厂是他们于 1986 年购
买的，距离约翰的家乡约 15 英里。在与法国顾问一起工作了几周
后，普特南夫妇推出了一款阿尔卑斯山风格的塔伦泰斯奶酪，为此
他们特意在瑞士订制了一个 800 升的铜缸。而现在我在威斯康星
州，正听一位女士说，她几十年前就把芝士粗棉布缝上了褶边，这
跟普特南现在使用的相差无几。在佛蒙特州，旧瓶正装入新酒，历
史似乎在重演。

奶酪制作的历史提醒我们，手工制作的奶酪并不是在 20 世纪
80 年代突然出现在美国的。几十年来，许多像珍妮特丈夫那样的
芝士师傅在敞开的铜壶上、发霉的陈化室里，使用手工技术和情
感，灵巧而缓慢地发酵牛奶。在美国，手工奶酪制作一度被誉为
“文艺复兴”，一次凤凰涅槃，这意味着由工业化机器引发的、早 98
期手工奶酪制作时代的终结。[5] 事实上，在美国工业化的历史长河
之中，还蕴含着小批量生产欧式手工奶酪的一股暗流，生产的奶酪

包括切达、瑞士（多孔）干酪、林堡，甚至包括布里和卡门伯特。手工奶酪制作在美国从未中断过。威斯康星州的第二、第三代奶酪制造商仍然经营着家族奶油厂，至今像他们祖辈们一样制作奶酪。

我把19世纪工厂的合并和生产规模的扩大视为工匠职业化的第一波浪潮，而把过去30年的“文艺复兴”视为美国工匠创新的第二波浪潮。我认为，一个多世纪以来，工匠们手工技艺的历史延续远远超过它的变迁。在美国早期，手工制作奶酪是一份农活，主要由女性殖民者和拓荒者承担，之后变成了蓝领工作，成为农村男性耕种之余的另一种选择。在20世纪，它再次转变为一种生活追求，受到逃离令人厌倦的办公室工作和逼仄城市环境的专业人士所青睐。手工制作奶酪已经从原来的家务活转变为一门技艺，甚至发展成为一个富有表现力的事业。

手工制作方法的延续以及创新和发明的文化传统将美国奶酪制作的古往今昔联结在一起。上一章中描述的农场奶酪制造商常常被誉为行业“先驱”，和19世纪奶酪工厂的创始人一样致力于创新活动。在这两个时期，美国奶酪制造商都延续了在奶酪配方和营销策略上的发明传统（tradition of invention）。他们推崇的创新传统在内容上迥异于欧洲的“被发明的传统”（invented tradition），尽管形式上相似。后者是通过声称历史的传承来使当前的做法合法化。[6]马林·弗伦奇奶酪公司（Marin French Cheese Company）首席执行官吉姆·博伊斯（Jim Boyce）说，19世纪90年代初，美国中西部以北地区以及太平洋沿岸的港口城市一度出现奶酪制造活动的繁荣；其中最成功的当属俄勒冈州的提拉穆克（Tillamook），其历史可以追溯到1894年。2010年，成立于2006年的俄勒冈州奶酪协会（Oregon Cheese Guild）号称拥有14名会员，其中包括家喻户晓的提拉穆克奶酪。[7] 博伊斯告诉我，历史上有两个时期——19 世纪末工匠工厂的兴起和千禧年农家奶油厂的激增——是“本地奶酪创新的黄金时期”。

具有讽刺意味的是，美国奶酪创新的传统本身在持续地变化，
与时俱进，这掩盖了它的历史连贯性。本来这种连续性有助于我们 99
认清，抵制工业自动化的、传统工厂里工作的第二、三代奶酪师傅们与后院里制作奶酪的新入行生产商之间存在着千丝万缕的联系。但手工制作的这种连续性一旦被掩盖，工厂生产商与农庄生产者之间的阶层差异就得以固化：进入商业市场的部分奶酪被赋予“精品”特征，而另一部分则被视为寻常百姓食品，并分别定价。如果认识到砖形（Brick）奶酪和林堡奶酪不逊于佛蒙特州牧羊人或永乐奶酪，它们都是由手工制作而成，那手工食品及其制造商的精英地位就岌岌可危了。

接下来，我将考察美国手工奶酪的历史，并将其作为民族志研究的对象——这是受意识形态支配的人们“理解过去，预测未来”的方式。[8] 首先介绍的是美国商业奶酪制造的历史概况，抚昔追今，从 17 世纪奶酪的起源至今仍然在运营的手工工厂，从过去的手工制作的传统到当今的农场经营，奶酪制作商价值观的变化（例如，过去把牛养殖和奶酪加工看作家务活或买卖，现在则是有意义的职业）与职业变迁（例如，在过去，芝士师傅受雇于奶农，如今成为企业主和经营者），时移世易，历史再现了农场主与其雇员之间存在的阶层差异，尽管这也反映了就业机会的性别不平等。在分析连绵不断的工艺传统与推陈出新的文化批判之间的张力之后，我探索了威斯康星州的两位见多识广的芝士师傅是如何抵制、适应奶酪制作的新趋势：行业新手从欧洲而不是美国传统的手工工厂中获

得灵感，以创造新的奶酪制作传统。一位师傅批评说，美国倾向于将欧洲的生产浪漫化为传统的奇风异俗，而现实情况是，许多欧洲奶酪制造早已工业化；另一位师傅则积极拥抱并利用国内新兴的手工市场。我将区域性的奶酪工厂纳入全国当代手工奶酪业版图，以凸显阶级差异（包括性格和口味偏好）如何塑造美国手工食品生产的局面。

“机遇之乡”的奶酪制作史

四百多年前，东安格利亚的清教徒将奶牛、手工制作硬壳奶酪的方法连同农场劳动的性别分工形式一起带到新英格兰殖民地。在殖民农场，男性从事畜牧业，女性负责挤奶，并将牛奶加工成黄油
100 和奶酪。奶酪是一种保存牛奶的手段，扩大了其市场范围，同时其运输重量减少了 10 倍。几代人以来，新英格兰的农家主妇们一直在践行一种复合农业模式：制作奶酪既为了家庭生计，也为了商业贸易。[9] 整个 17 世纪和 18 世纪，新英格兰向西印度群岛和南美殖民地出口“农场乳干酪”，这是由农场女工在奶牛农场制作的，类似于今天的农庄奶酪。[10] 这也是一种硬壳的英式奶酪，通常根据产地命名，如利奇菲尔德（Litchfield）奶酪和柴郡（Cheshire）奶酪。[11] 19 世纪初，马萨诸塞州的布伦特里（Braintree）奶酪有相当多的追随者（布伦特里更为人熟知的是波士顿地铁的终点站）。[12] 每当新英格兰人迁徙时，除了带上奶酪，还带走奶牛和奶酪制作技术。17 世纪中叶，北方的奶农开始在纽约定居；在革命战争之后，许多新英格兰人向西迁徙，进入纽约，再到俄亥俄州，也向北进入佛蒙特

州。到了 19 世纪初，纽约州的农庄奶酪制造在全国遥遥领先。[13]

家庭的奶牛数量决定其产量水平。几代以来，平均规模是 5 到 6 头奶牛，但到了 19 世纪 30 年代，纽约的奶牛数量已经增长到惊人的 40 头。[14] 一个农场家庭在整个乳制品生产季节里制作和储存奶酪，并在秋季将超出家庭食用量的奶酪出售。起初，奶农们自己销售奶酪，但到了 1830 年，农场的奶酪产量快速增长，交由专业经纪人（或代理商）来处理。他们这些中间商往往在秋季巡视奶酪产区，对奶酪进行抽样，并包销农场下一年的全部产品。他们将农家奶酪转卖给城市零售商或者出口商。[15] 19 世纪的奶酪代理商与今天的分销商相差无几，当年和现在一样，生产商对这些中间商心存疑虑，觉得自己辛苦劳作，只够养家糊口，而中间商只凭耍耍嘴皮子，却能挥金如土、地位显赫！

1851 年，杰西·威廉姆斯（Jesse Williams）在纽约州罗马市成立了第一家专业奶酪制造厂，加工从多家奶场购买的牛奶。关于这家奶酪厂的故事是口口相传的。尽管说法各一，历史学家萨莉·麦克默里指出，各种版本的故事都是围绕着威廉姆斯家族内部的代际矛盾展开的。杰西出生于罗马市的一个康涅狄格州扬基（Yankee，南北战争时期的北方“扬基人”通常支持废除奴隶制，信奉民主与资本主义）家庭，长大后成为一名敬业的农民。到 1850 年，他饲养了超过 65 头奶牛。在他的妻子阿曼达·威尔斯·威廉姆斯（Amanda Wells Williams）的帮助下，农场每年生产 25000 磅奶酪（请注意，在 2008 年，每家农场的年平均产量为 8000 至 14000 磅）。[16] 那一年，杰西的长子娶了媳妇。根据麦克默里的说法，当时有人指责新娘很固执，而另一些人说大儿子的能力不行，但无论出于何种原因，杰西·威廉姆斯并没有安排这对年

101 轻夫妇接管他的农场业务。相反，为了让他儿子生产的奶酪能卖上价，杰西兼并了他儿子经营的农场。[17] 杰西建造了一个中央奶酪制造设施，加工两家农场的牛奶，并说服代理商签订合并后的农场生产的奶酪销售合同。[18] 几年之后，他也开始加工其他地区奶农供应的牛奶。

在纽约州的乳品生产地区，奶酪厂通常建在乡村十字路口，方便农民运送牛奶，开始用马车或雪橇，后来用皮卡车。工厂建筑一般比较低矮，理想的情况是建在山坡上，这样地窖就能为奶酪熟成提供一个凉爽、潮湿的环境。奶酪制造商和他的家眷通常就住在工厂顶楼。[19] 到 19 世纪 70 年代中期，纽约州的奶酪工厂实际上已经取代了家庭作坊，纽约移民开始在威斯康星州（1864 年第一家）和加拿大安大略省开设工厂。[20] 代理商更喜欢销售工厂制造的奶酪，而不是农场的，因为标准化生产的产品质量更稳定。[21]

麦克默里对奶酪工厂体系迅速崛起的原因分析印证了我所说的情绪经济。农民量力而行，并没有为了挣更多的钱而将牛奶卖给专业的奶酪制造商。[22] 相反，为了减少日趋紧张的家庭内部与家庭之间的矛盾，“成千上万的家庭纷纷将他们的奶酪压榨机束之高阁，并用马车把鲜奶运到临近的奶酪厂加工。”[23] 简而言之，南北战争后，成年的女性开始把她们祖辈制作奶酪的繁重劳动视为一项宁缺毋滥、单调乏味的苦差事。1875 年，E.P.阿勒顿（Allerton）夫人在第三届威斯康星州奶农协会上发表演讲，主题是“乳品工厂系统——奶农妻子的福音”：“在许多农庄，每年都有大量的农活，这是一座得花整个夏天才能攀登的高峰。但是这座大山被挪走，移交给了奶酪工厂，让我们庆幸的是，时光一去不复返，农妇再也没有什么沉重的负担了。女人不需要靠做奶制品来娱乐。”[24] 为家庭，同时也为市场生产的组合农业战略正逐渐淡出人们的视野，理查德·布什曼（Richard Bushman）认为，“取而代之的是消费文化的需求——随着粗布麻衫让位于西尔斯百货连锁店（Sears Roebuck）精美画册上宣传的绫罗绸缎——为了购买那些令人垂涎欲滴的商品，奶农必须尽可能地提高投资回报率。”[25]

奶酪工厂不是凭空发明的；相反，邻近的几个奶农把牛奶汇集在一起，指定深孚众望的手艺人代表大家制作奶酪。因此早期工厂的建立是为了拓展优秀芝士师傅的技能，而不是取代他们的技能（就像后来的自动化生产那样）。正如劳伦·布里格斯·阿诺德（Lauren Briggs Arnold）在1876年为农家芝士工匠编写的手册中写道，“家庭乳制品行业可能偶尔会冒出一个行家，但不可能每个家庭都有。”这一创新模式无疑给更多人带来了享用优质奶酪的 102
机会。[26] 专业的芝士工匠最终将受雇于农村合作社（在威斯康星州通常是熟练的瑞士或德国移民）。但最初几家指定的奶酪制造商只是扩大了他们的农场乳制品配方和技术的使用范围，提高了产量。位于佛蒙特州绿山山脉（Green Mountains of Vermont）的克劳利（Crowley）家族农场，自1824年创立以来，一直秉承这种传统的合作模式。1882年，温菲尔德·克劳利（Winfield Crowley）建造了一家奶酪厂，用于加工邻居的牛奶。[27] 这种质朴的手工上蜡的奶酪至今仍在使用未经巴氏杀菌的牛奶和（据称）克劳利代代相传的手工工艺。[28]

然而，从家庭作坊到工厂生产的转变带来了奶酪制作和销售方式的变化，尤其是劳动的男性化，因为女性训练男性加入或者接管她们的手艺。麦克默里引用一位记者在1863年采访纽约州一家奶酪厂后所写的一则新闻报道：

亲眼看见这个模范工厂的秩序和清洁，跟有些家庭农场脏乱差的环境比起来，简直是天壤之别。

麦克默里提醒我们，“蓬头垢面”（“由于肮脏的生活习惯”）这个绰号，明显带有性别歧视。[29] 职业化的性别转变有助于奶酪制作的形象改造，从农场的手工艺摇身一变成为一门现代科学，而不是一种艺术。毕竟，工厂是19世纪科学理性化和现代效率的典范，将工业原理引入农村地区，对20世纪的农业产生翻天覆地的变化。[30] 奶酪制作的实证方法——跟踪温度、精确测量、严格的卫生检查制度——将产生一种标准化的、适销对路的商品。人们认为这种方法与女性主观、直觉的认知方式相悖。同样在英格兰，“妇女作为（农家奶酪）生产者的角色也受到了抨击，因为媒体称她们的角色与系统的、以利润为导向的科学方法水火不相容。”历史学家黛博拉·瓦伦泽（Deborah Valenze）指出：“有利可图的行业，一旦贴上组织与生产效率的标签，就成了男性的特权。”她继续说，妇女主导的乳品业“被视为一门艺术，而不是一门科学；由于它依赖于难以估计的生产流程，以及不规则的结果，奶业变成了畜牧业中秘而不宣的行当”。[31]

随着生产规模的扩大，待处理的牛奶越来越多，新的设备也因而被发明出来：带蒸汽管道保温套的奶酪缸（恒温）、便于排水的凝乳洗涤斜槽、凝乳不锈钢刀和各种奶酪压榨机。[32] 此外，奶酪轮生产出来后不再长期储藏，而是过“20到40天”直接上市销售。[33] 虽然这一创新被认为是与时俱进，但请注意，按以往存储奶酪到季末的惯例，这些奶酪并非简单地存放在地下室里，而是在那里熟成、发酵，这样它们的风味很可能（尽管不一定）得以改善。

1885 年，威斯康星州的一位奶酪制造商向纽约州的乳制品顾问柯蒂斯（T.H.Curtis）先生发表了这样的评论："冬天我把四五十盒奶酪存放在地窖里，到了春天，我惊奇地发现这些是我卖过的最好的奶酪。"[34] 当时，即便路易斯·巴斯德（Louis Pasteur）不能完全理解细菌和真菌怎样影响奶酪熟成。柯蒂斯没有回答这位威斯康星州人的问题，而是岔开话题，讨论怎样"给奶酪上色"。他建议区域生产商最好统一产品的颜色，"选择消费者喜欢的、中度的麦草色泽，而不是灰白色或深色"。[35] 最初是用红木种子给奶酪着色，结果人们无法分清人工着色与季节性影响造成的色泽变化。[36] 对奶酪着色的感知需求表明，工厂使用的未经高温消毒的牛奶确实会随季节而变化，工人采用的技术与前几代农场妇女的如出一辙，都是采用原料奶制作奶酪（未使用实验室研制的发酵剂），这是真正的手工制作。

早些年，纽约州在工厂奶酪生产中占据主导地位，但到了1890 年，该州的市场优势地位被削弱。首先，对英国市场的出口额大幅回落。从 1860 年开始，随着美国工厂大规模生产的出现与英国进口关税的取消，出口额迅速增长，但在此后的几十年间，加拿大奶酪在英国市场的竞争力就超过了纽约，主要原因是美国奶酪落得了一个质量低劣的坏名声。[37] 原来，纽约的一些奶酪制造商一直使用脱脂牛奶加工奶酪（这样可以同时制作黄油），并在奶酪中掺入猪油。虽然这种奶酪最初看起来没问题，但时间一长，就会腐烂。当时的法律并没有禁止这种做法；在伊利诺伊州和威斯康星州，这种"填充奶酪"工艺还获得了专利。[38] 1884 年，纽约立法机构出手严厉打击，1889 年威斯康星州新成立的乳制品和食品委员会（Dairy and Food Commission）也效仿。[39] 但到那时，掺猪油事件业已重创美国奶酪工业。当年一位评论家指出，“加拿大奶酪货真价实，而美国货则鱼目混珠，这在英国早已家喻户晓了。”[40]

如果说腐坏的英式硬壳奶酪让美国奶酪在欧洲声名狼藉的话，那么本土奶酪则从中西部以及后来的加州的大熔炉文化中脱颖而出。几个世纪以来，新英格兰清教徒和北方杨基人的后裔向西迁徙，随后来自荷兰、瑞士和德国的移民跟进，最后西班牙和墨西哥移民带着各自独特的奶酪文化也纷纷加入了西迁运动。早在1800年，德国移民就在宾夕法尼亚州开始制造奶酪。[41]

在中西部偏北地区小麦歉收后，威斯康星州取代纽约州成为主要的奶酪产地。[42] 威斯康星州乡村十字路口奶酪厂的数量在1922年高达2807家。[43] 这些工厂生产的大部分奶酪都贴上了“美国切达干酪”的标签，而约四分之一的威斯康星州奶酪被归类为“外国奶酪”，包括林堡奶酪、德式奶酪（German Brick）和瑞士多孔干酪。[44]

砖形奶酪与科尔比（Colby）、蒙特利·杰克（Monterey Jack）和泰拉米乳酪（Teleme）一起被看作是北美的原产奶酪，最初是因为新世界地区接受欧洲标准。科尔比以1874年威斯康星州一个小镇的名字命名，与切达相似，但省去了劳动密集型的堆酿法过程，即把凝乳切成条状，不断反复堆叠，以逐步析出乳清。同样起源于威斯康星州的砖形奶酪是一种温和、干燥的林堡，1877年由一位瑞士移民开发，以迎合那些在德国出生的邻居们的口味。

加州干杰克的故事——美国手工奶酪发明传统的一个重要篇章——也发生在20世纪初多样化的欧洲移民中。虽然旧金山湾附近的工厂，如马林·弗伦奇和索诺玛·杰克（Sonoma Jack），向国内市场供应新鲜奶酪（包括半软的蒙特利杰克奶酪，这可追溯到18世纪在当时的新西班牙定居的西班牙方济会修道士），但陈年硬壳奶酪则大多从意大利进口。正如已故的伊格·维拉（Ig Vella）在索诺玛的小作坊接受我的采访时所解释的那样，“他们想要的是来自欧洲国家的硬质奶酪。”意大利批发商进口帕玛森（Parmigiano）、阿西哥（Asiago）、雷吉亚诺（Reggiano）奶酪。但后来，需求成了发明之母——至少在干杰克的起源是这样的。1914年，奶酪代理商D.F.德伯纳迪（DeBernardi）一掷千金，签约买下了索诺玛地区所有新鲜奶酪，但就像他儿时伙伴伊格·维拉所说：

> 突然之间，它没有市场了。见鬼，发生了什么事？乔叔叔告诉我，他去见了德伯纳迪…恳求道…“我可以卖给你一些奶酪吗?”德伯纳迪说：“朱塞佩，如果你爬到（他仓库里）货架上，看到还有空位，我就从你那里买奶酪。”然后我叔叔从地下室爬上三楼，却找不到一个闲置的货架。这就是当时的情况。不久之后，那是1914—1915年第一次世界大战爆发——意大利加入同盟国参战。不再[进口奶酪]了！因此，在此期间，德伯纳迪把那块杰克奶酪（他卖不出去）放入地下室，每周他都会派员工去那里，把奶酪翻过来，抹把盐……很快，不再进口干式奶酪，太棒了！所以他一直在观察（市场，还有地下室里的奶酪），参加销售会议，他说，“把这个拿出来试试味道，因为我觉得有进展了”。于是他们真的取得了重大成果，很自然地——然后其他人也开始从事干杰克奶酪的生意了……事实上，我们把硬壳奶酪卖到（美国）东海岸。我们的生意搞得风生水起！

干杰克奶酪轮子是用可可粉磨过的，顶部有皱褶，这是由一块紧紧绑在一起的粗棉布形成的，它体现了美国创新的发明传统。

维拉说，在加州北部海岸，一度有多达60家工厂采用敞口大桶制作杰克奶酪，至今依然有两家。像在威斯康星州一样，这里的工匠工厂发生了什么？一些公司未能挺过大萧条；另一些公司在20世纪30年代幸存下来。但到了20世纪80年代，由于十年的农场危机导致牛奶供应枯竭，它们倒闭了。几家工厂被夷为平地。最重要的是，由于道路的改善和冷藏车的引入，远距离运输牛奶的问题迎刃而解，因此小厂并入大厂。20世纪的研究人员发明了奶油脂肪测试和标准化的新科技方法，新的自动化技术省去了切割奶酪的繁重劳动，并发明了真空包装奶酪的新材料，减少以往培育奶酪外皮所需的人工翻转和清洗轮子的工艺。卡夫（Kraft）、博登（Borden）和其他食品巨头买断、重组小型手工工厂，并引入工业化生产流程。

1903年，詹姆斯·L.卡夫（James L.Kraft）开始了他的职业生涯，成为一名批发商，向芝加哥市场供应威斯康星州奶酪。1914年，他创办自己的第一家奶酪工厂，并开始试验巴氏杀菌和乳化技术，以生产出质量更稳定的产品。卡夫公司在1916年获得了工艺奶酪的第一项专利；该工艺需要将切达干酪的混合物研磨在一起，对浆液进行巴氏消毒，加入乳化盐，然后重新加热。1917年，卡夫向美国军方供应罐装奶酪。[45] 1945年，当卡夫公司推出磨碎的帕尔玛干酪时，伊格·维拉告诉我："干杰克的生意每况愈下，那时很多工厂都倒闭了。"

从20世纪中叶开始，奶酪生产规模扩大，自动化程度进一步提高，工人被降级为机器操作员，上班只需“按下按钮”。[46] 1964年出版的《奶酪志》（*The Cheese Book*）哀叹威斯康星州格林县工厂林立，“在这些工厂里，无外壳的块状瑞士干酪就像无穷无尽的黄色多米诺骨牌一样，从流水线上一块接一块地滚落下来”。[47] 2000年，兰迪·克莱恩布尔（Randy Krahenbuhl）从铜壶捞出凝乳，制作出最后一个180磅重的瑞士干酪。作为威斯康星州的第二代奶酪制造商，克莱恩布尔曾经拥有、经营并关闭了最后一家老式瑞士奶酪工厂，最后落得出售铜壶以偿还债务。

然而，分散在全国各地的第二、第三代奶酪制造商在百年历史的工厂里仍然使用敞口大桶、手切凝乳和包装奶酪，生产一批批砖形和林堡奶酪，以及克劳利和干杰克轮子。虽然对于那些认为“工匠工厂”是矛盾修饰语的人来说，今天可能很难想象这些奶酪工厂的员工都是熟练的工匠，用的是当学徒时学到的手工技术和情感。1981年子承父业的伊格·维拉在他的办公室介绍我认识了两位芝士师傅：查理·马尔卡希安（Charlie Malkassian）和杰弗里·卡塔姆伯恩（Jeffrey Catrambone），他们告诉我，怎样凭手感以及牛奶的季节变化随时调整工艺。在早期和后工业时代——无论是在工厂还是在农场——手工实践（详见下一章）从奶酪制造者对牛奶和凝乳的直觉和感官评价中可以辨认出来，比如用来测试凝乳切割时机的“抓力”。这在南北战争前，农场妇女是通过“牙缝里的吱吱声”来判断的，而珍妮特的丈夫则把手伸进铜壶里，凭拇指划动进行评估。[48] 三十年前，维拉的首席乳酪师查理·马尔卡希安开始当学徒，根据凝乳的表面他就可以判断出切割奶酪的时机，不过他用手做“干净利落的开裂”测试，以确定这种凝乳是否如1876年的一本奶酪制作手册所描述的那样，会“手指穿过之处，凝乳自然分开”。[49] 我采访的新农场奶酪制造商表示，有许多19世纪工厂使用的手工艺和技术能够保证其产品质量将优于商品奶酪，比如重力奶酪缸，省去了采用泵压输送牛奶的工业方法，据说这样可以避免非均质牛奶中微妙的化学反应。[50]

2005年，布鲁斯·沃克曼（Bruce Workman）将“大轮子”瑞士奶酪重新引入威斯康星州格林县，他3岁起就跟当传教士的父亲学做饭。他并购了兰迪·克莱恩布尔的一家刚关闭的工厂（建于19世纪90年代，当时是一个合作社），并重新装修，还安装了一个10500磅重的铜衬大桶，这是从一所濒临倒闭的瑞士奶酪制造学校买来的。布鲁斯的12名全职员工并没有采用从水壶里手工蘸凝乳的工艺，但他们确实举起、转动和摩挲重达180磅的大轮子瑞士多孔干酪的天然外壳。布鲁斯告诉我，他“想做的是正宗的埃曼塔瑞士多孔奶酪，因为我不是那种人，‘成天说我要做明斯特奶酪（Muenster）’，但是只在梦中做”。上高中时，布鲁斯在当地的一家奶酪厂轮班，每天凌晨4点半开始上班，一直到上课之前。下午返回工厂清洗奶酪模具，之后又赶回学校参加体育锻炼。布鲁斯告诉我，他想做大轮子的瑞士奶酪，因为“这就是格林县的意义所在。”

手工生产的延续、变革与阶级

既然美国具有悠久的发明历史，为什么还常常听到奶酪制造商们——特别是威斯康星州以外的——抱怨说美国缺乏手工奶酪制作的传统（一个类似的问题是，当被人问道，美国工匠有什么创新活动时，为什么连格林县历史奶酪制作中心的解说员珍妮特竟然说不上来一二)。首先，美国的奶酪制造历史经常被描述为工业化淘汰手工艺。一个多世纪以来，工业化一直是美国奶酪制造的主要创新形式，以至于人们理所当然地把采用巴氏杀菌工艺、以塑料包装的块状或单独包装的切片奶酪(由卡夫公司于 1950 年推出)作为“美国奶酪”的合法代名词。[51] 在这个市场里，少数负隅顽抗的旧式手工工厂很可能隐藏“奶酪比萨”的雪崩之下，这是风靡 20 世纪 50 年代的工业发明：在每个比萨饼上浇层芝士，至今仍然占据美国奶酪生产的大部分。[52]

手工生产社会组织的变化，以及其文化变迁，进一步模糊了手工实践的历史渊源。虽然 19 世纪的奶酪工厂既不是机械化的，也不是自动化的，但早期工厂的工人“拥有与家庭作坊同行一样的技能”，而且“工作没有被分解成更小、技能更低的任务”；正如麦克默里所写的那样，工厂显然是通过资本主义的生产方式组织起来的。[53] 人们按小时工资计薪，将他们的劳动力卖给工厂老板(通常参与管理)。他们通过学徒制学习技能，遵循管理层制订的工艺规程(越来越多地受到科研人员的指导)，与非农业领域的商人往往大同小异。相比之下，正如上一章所述，今天美国的手工奶酪制造商一般是指自营的小型家族企业。今天以家庭为单位的农庄运营方式似乎类似于南北战争前的奶场：“农场家庭拥有土地和工具，掌握专业技能，自始至终控制着工作过程”。[54] 比较而言，现在的男性比过去更喜欢在农场乳品厂里做事。

在 19 世纪和 20 世纪初的工厂里，那些徒手加工原奶、制作奶酪的人们都被认为是劳工、商人——工匠，但不是艺术家——是体力而非脑力劳动者。与一个世纪前的奶酪制造商相比，今天获得工匠技能和掌握奶酪制作实用知识的人来自不同的社会经济背景，可能拥有大学学位和稳定职业收入（转行前），因此对他们来说，奶酪制作不再是一份领薪水的工作，也不是在自己的家族企业工作，而是主动选择的生活方式。对他们来说，在工厂工作与在农庄工作体验的差异似乎掩盖了奶酪制作工艺的相似之处，比如评估凝乳的“抓力”或完善手工奶酪上蜡的技术。

工厂奶酪制造的男性化——在男性接管了一个本来由女性主导的企业时加强了他们的男子气概——延续到现在，将厂商与农场主分开。[55] 在 20 世纪 90 年代初，威斯康星州乳制品研究中心和州牛奶营销委员会共同设立了一个芝士大师奖项，以表彰资深生产商。到 2009 年，共有 49 位芝士师傅获得殊荣，其中只有一位女性：
109 凯莉·韦格纳（Carie Wagner）。[56] 尽管妇女引领了国内手工艺生产的复兴，但手工工厂却成了男人的领地。

因此，当玛乔丽·苏斯曼和玛丽安·波拉克在 1982 年创办球织者农场时，她们自学了奶酪的制作方法。她们告诉我：“我们刚开始在厨房里犯各种低级错误，把试验品喂狗。”“我们没去过欧洲，你知道，从没去过。我们没有求助其他芝士师傅，因为也找不到。”事实上，在不到两个小时的车程内，克劳利奶酪厂自 1824 年以来就一直在以“同样的方式、厨房里开发的同一个配方”制作克劳利奶酪。[57] 这家工厂采用原料奶和小牛皱胃酶来制作奶酪，在生产时几乎悄无声息，因为没有机器轰鸣声。美国原产的克劳利奶酪被FDA归类为科尔比，尽管后者在被发明出来之前，克劳利家族已经在威斯康星州做了 60 年的奶酪。当被要求描述球织者奶酪的产品谱系时，玛乔丽对我说：“嗯，这是我们自己的配方，介于哈瓦蒂（Havarti）奶酪和科尔比奶酪之间。其实我也不知道真假，但既然有人这么说，我当时想，那好吧，这还真管用！”球织者和克劳利两种奶酪很相似——呈乳白色，口味温和，都用手工上蜡——但它们出现的时代、历史背景却不一样。在我长达三个小时的访谈过程中，玛乔丽和玛丽安对克劳利奶酪只字未提。

在随后的一封电子邮件中，我问玛乔丽，她和玛丽安创业时是否参观过克劳利工厂。原来她们确实去过，就在她们推出球织者奶酪产品的前几年。在我的提醒下，玛乔丽想起克劳利工厂的奶酪室里有一排排木架，她写道，尽管“花了点时间才记起来，我想我们从他们那里学了很多。”玛乔丽和玛丽安认识许多本州的芝士师傅，但保持联系的往往都是像她们那样的小型农场生产商。克劳利扩大了工厂运营规模，聘请员工，从多家奶场购买牛奶制作知名的奶酪，这与小型生产商截然不同，后者在早餐前给六七头奶牛挤奶，然后使用自创的方法制作奶酪。

这本书的一个中心主题是，工匠们在敞口大桶里制作、腌制天然外壳奶酪时，他们不仅生产手工奶酪，而且产生了身份认同感。比起奶酪的质量特征，更重要的是球织者和克劳利的制造商身份，因为前者是一家由妇女创办和经营的农场，后者是一家可以追溯到19世纪的工厂。人类学家罗伯特·尤林（Robert Ulin）提醒我们，不应将劳动视为对原材料的工具性（和可剥削）占有并转化为商品，而应将其看作是一种影响深远的文化生产方式。[58] 尤林在对法
国西南部葡萄种植者的民族志调查研究中指出，葡萄酒以其不同的 110
文化地位影响了葡萄种植者的自我身份认同感。不管在哪里，种植葡萄的工作基本上都是一样的，但梅多克（Medoc）葡萄产的是著名的波尔多葡萄酒，而来自多尔多涅（Dordogne）的葡萄却被加工成日常的餐酒。尤林解释说，不是因为梅多克葡萄天生高贵，而是因为波尔多葡萄酒厂成功地利用了有利的历史机遇，根据生产时间

为葡萄酒贴上了不同的年份标签，并采用了更复杂的营销方式。为了让波尔多葡萄酒获得烹饪声誉或“文化资本”，梅多克葡萄种植者在谈到他们的劳动时说，“我们的劳动最终将融入成品之中，而其独特的口味和质量说明本产区确实不同凡响，因而成为其身份的来源。”[59] 因此，尤林认为，工作的意义完全体现在它的文化和象征价值中。[60]

手工奶酪也是如此。后田园工匠们不齿于向工厂生产商寻求建议或不与之为伍的另外一个原因可能是，他们深信不疑，或者打心底里渴望他们的奶酪——在美食店和餐馆出售的——跟超市里卖的食品之间存在一种明显的差异。[61] 新一代奶酪制造商中的许多人本身是具有洞察力的奶酪消费者。他们的品味和其他人一样，受到他们成长的社会环境以及他们生活和工作的社交圈子的影响。这就是布尔迪厄所说的“文化资本”。就像尤林所说的法国葡萄种植者充分利用了优质葡萄产区的文化声望（与默默无名的地区相比）那样，那种高雅文化资本：以欧式饮食习惯享用稀奇古怪的奶酪，单独吃或者搭配果脯或者烤坚果——而不是作为三明治或砂锅菜的配料——区分出消费者和生产商的贵贱尊卑。[62] 最近，大量面向消费者的美国手工奶酪书籍为这种烹饪经济做出了巨大贡献，这些书籍里有专业的美食照片、芝士师傅简介、食谱以及葡萄酒配食建议［更不用说在玛莎·斯图尔特（Martha Stewart）主持的电视节目上亮相了］。[63]

在她2009年出版的《奶酪年鉴》（*Cheese Chronicles*）一书中，曼哈顿的默里（Murray）奶酪的副总裁利兹·索普（Liz Thorpe）写道，她曾经是个“精于世故的人”，“喜欢嘲弄”国内小型工厂生产的打蜡高达和胡椒杰克（Pepper Jack）。经历了多年工业化的彻底洗礼之后，砖形与科尔比奶酪的品牌地位逐渐丧失，不论奶酪产自何方或者如何生产。[64] 书中题为“工厂何时变成了一个肮脏的代名词?”的一章里，索普说，在她参观威斯康星州奶酪工厂时，突然灵机一动，想到田园农场的芝士师傅与中西部百年工厂里的一样：他们拥有相同的技能、技艺和直觉。但她忽视了——不只她一个人——胡椒杰克和佩科里诺在烹饪和文化上的差别，以及浪漫田园主义者所声称的工厂和农场之间的本质区别。在与老前辈（包括不屈不挠的伊格·维拉）待上一段时间，并且目睹了其中一些工厂的低端技术之后，索普终于领悟了，看见了以前她看不见的东西。

重塑美国发明的传统

欧洲在烹饪品味和传统的奶酪制作技术方面均领先于世界，这是老调重弹了。在写这本书的过程中，有人反复向我提起戴高乐（De Gaulle）将军的抱怨：“你如何治理一个拥有 246 种奶酪的国家?”[65]（每说一遍，奶酪的数量都在变化）戴高乐的俏皮话可以帮助我们重新思考，奶酪制造的传统意味着什么。[66] 只有当我们想象 246 种奶酪中的每一种分别代表着一个具有根深蒂固的政治偏见的地区时，这些奶酪才象征着法兰西民族的豪放不羁。戴高乐视民族统一为己任，然而这个民族忠于 246 种地区奶酪和他们所代表的发明传统，而不是大一统的“法式”奶酪。

卡门伯特奶酪是法国最精致和最成功的奶酪发明传统之一，据说出自一位名叫玛丽·哈雷尔（Marie Harel）的诺尔曼农妇之手，她按照布里干酪的“秘方”采用利瓦罗（Livarot）奶酪的小型模具（以训练即兴动手能力），并培养她的子孙后代制作奶酪，以作为家族遗产。正如皮埃尔·博伊萨德（Pierre Boisard）在《卡门伯特：一个国家的神话》（*Camembert: A National Math*）一书中所述，这个奶酪的故事开始超越诺尔曼地区主义，并获得民族神话的意义。故事发生在法国大革命（1791 年）的早期，这个布里芝士的秘方据说是由一位牧师提供给哈雷尔夫人的，他为了躲避革命者的迫害而向哈雷尔家族寻求庇护（因此代表了旧制度）。博伊萨德写道，多亏了哈雷尔夫人的创业精神，"一个旧法国，革命前的法国传统，将以一种崭新的形式存续到未来"。[67]

卡门伯特的神话恰好符合埃里克·霍布斯鲍姆（Eric Hobsbawm）的"虚构传统"公式，即"参照旧形式来回应新形势，或通过近乎强制性的重复来建立自己的过去。"[68] 因此，据博伊萨德所说，玛丽·哈雷尔神话般的名声并不能追溯到革命时期，也就不足为奇了。然而，130 年后，约瑟夫·克尼林（Joseph Knirim），一位美国医生，
112 在卡门伯特镇（人口 300 人）捐建了一座哈雷尔夫人的雕像，以纪念她的"名副其实的诺曼·卡门伯特"。克尼林医生盛赞玛丽·哈雷尔的奶酪不是因为它的味道和丰富，而是因为它"好消化"。[69] 直到一位到访的美国人竖立了玛丽·哈雷尔的雕像，她的名字才象征着农民对法国民族做出的杰出贡献。卡门伯特是法国工业化程度最高的奶酪之一，但其标志性的法式风味并未受影响。长期以来，卡门伯特一直采用实验室分离的青霉（Penicillium candidum）菌株接种来制造纯白色的霉菌外壳，现在通常改用巴氏灭菌奶来制作。这些当代使用的材料意味着奶酪中可能含有治愈克尼林医生消化不良的某种成分。为了恢复一点历史的印记，诺尔曼奶农和奶酪制造商申请并荣获"法定产区"（AOC）资格：不是卡门伯特奶酪，

而是诺曼底地区。一种奶酪要获得原产地命名的保护，其生产必须在规定的地理区域内进行，并遵循一套繁杂的监管标准。[70] 目前，诺尔曼·卡门伯特（Norman Camembert）和法式卡门伯特（French Camembert）在抢占消费者心智和市场地位。在诺曼底，就像整个欧洲一样，“传统”食物的未来会是什么样子，这是一个颇具争议的政治和政策问题，需要通过地理标识的立法来解决。[71]

欧洲富有文化内涵的奶酪，像卡门伯特、康泰（Comté）和塔雷吉奥，都被认为体现和继承了远古时期农民乡村田园牧歌式的“发明传统”。[72] 当新一波美国奶酪制造商们前赴后继地到法国学习如何制作“真正的”奶酪时，他们强化了欧洲发明的烹饪传统，认为它们实至名归，别有风味。毫无疑问，许多乳酪中的精品都产自法国和整个欧洲——但乏善可陈的超市奶酪也是如此。它见证了法国的奶酪发明传统的成功，也证明了法国奶酪品牌本质上是正宗和传统的，即便今天大多数的卡门伯特奶酪实际上是用巴氏杀菌牛奶生产，并由机器人操作——那种用锡箔纸包装的笑牛（法语是La vache Qui rit）楔形奶酪就从未被看作“法式奶酪”。[73] 在欧洲，传统的发明是一个特别有用的概念。在那里，“传统”和“现代”仍然是有力的、互相建构的比喻，人们借助它们来提出归属感、真实 113
性和进步的道德主张。[74] 但是在美国，进步比遗产更重要。今天，原生态、自然的田园理想已经让位于后田园主义思想，后者认为大自然与人类的文化活动密不可分，而发明的传统——被奉为文化遗产的瑰宝——是不断变化的，而非亘古不变。在北美，一味地延续过去的实践、技术专长和形式往往被人贴上老套过时的标签，或者更糟，单调乏味；因此，传统的连续性往往被创新的叙述所掩盖。

美国人向来对光明的未来急不可耐，他们不断地以崭新、亮丽与令人兴奋的面貌重塑和推广他们的传统。此外，奶酪制作的“传统”似乎还需要不断地更迭创新。正如伊格·维拉的“干杰克”故事所描述的那样，在美国，奶酪制作起源的故事颂扬的是创业创新。与前述的法国卡门伯特奶酪相媲美的是马林法式奶酪公司，这是美国最古老的一家奶酪工厂，在加州的佩塔卢马（Petaluma）持续运营至今。1865 年，随着林肯入主白宫，内战即将结束，奶农杰斐逊·汤普森（Jefferson Thompson）在港口城市旧金山发现了一个新兴的利基市场，于是创办马林法式奶酪公司（原名汤普森兄弟奶酪公司），并开始生产奶酪。已故的吉姆·博伊斯于 1998 年从汤普森的后代手中收购了这家公司，他向我转述了一位在公司工作 60 年后退休的老员工讲的一个故事。[75]

故事是这样的，在加州淘金热（1849—1855）期间，给采矿工人送货的欧洲码头工人（水手）到达耶尔巴布埃纳港（后来的旧金山湾）后，“染上了淘金热”，弃船奔向矿场，祈福日进斗金。不久淘金梦破灭，工人们纷纷返回海湾，在造船厂里谋生。博伊斯接着说：

> 现在，在任何工人的酒吧或客栈，你努力工作，你虚脱了，于是去酒吧补充水分和能量—先喝上杯啤酒，快速平复一下心情……啤酒里含有水分和碳水化合物，但不含蛋白质。通常在工人的酒吧里有一罐腌蛋或类似的东西，猪肘子或香肠。[但这里]没有鸡蛋，也没有鸡肉—还没有这道菜……嗯，这个农场[现在的工厂所在地]的老板杰斐逊·汤普森突然灵光一闪，自言自语道：“他们会不会改吃奶酪?”所以他开始做这些小块奶酪，三盎司左右，然后

送到码头，盛一碗放在餐桌上，孰料大受欢迎！为什么？因为这些是欧洲的装卸工：奶酪对他们来说太熟悉了，以前他们早、中、晚餐都在吃。这就是这家公司的起源。

欧洲食品的发明传统是建立与过去的联系来证明现在做法的合法性，而美国的发明传统却与过去决裂：马林·弗伦奇（Marin French）的早餐奶酪开发了新市场；干杰克的故事体现了创业的机会主义。劳拉·切内尔的山羊奶酪故事把近来手工奶酪的消费热潮叙述为一种“复兴”。根据大卫·坎普（David Kamp）在《芝麻菜合众国》（*The United States of Arugula*）书中的描述，切内尔凭借一己之力将山羊奶酪引入美国，成为国内第一家商业生产商。[76] 切内尔的故事包含两个具有神话般的特征：她前往法国学习手艺；1980年，她从索诺玛县的山羊农场驱车前往加州伯克利，走进闻名遐迩的潘尼斯之家餐厅，获得了为后人称道的商机。厨师兼创办人爱丽丝·沃特斯把山羊奶酪加入沙拉中，取菜名为切内尔，余下的就是创新的发明传统。后来，切内尔的几个养殖山羊和制作奶酪的朋友给我讲述了一个集体合作制作加州山羊奶酪的故事。

发明的传统被载入美国奶酪协会（ACS）的“美国原创奶酪”分类类别里，这是精选的美国本土发明的奶酪（科尔比，砖形，泰拉米，杰克等），以作为年度评比和参赛的品种。近年来，ACS新增美国“原创配方”分类；2011年的获奖名单里有塔姆山（Mt. Tam），可可卡多纳（Cocoa Cardona），弗拉格绵羊（Flagsheep）。2005年在肯塔基州路易斯维尔举行的第22届ACS年会的主题是“创造传统”，与其说是以内省的视角思考美国传统是如何被创造出来的，不如说放眼未来，从当下这一刻开始创造传统。创造美国奶酪制作传统的呼声大多来自那些从零开始起步的农庄奶酪制作商，比如球织者。

在杰弗里·罗伯茨编著的《美国手工奶酪指南》的序言中，具有25年历史的佛蒙特州黄油和奶酪公司的联合创始人艾莉森·胡珀写道："没有传统的包袱，我们可以自由地创新和冒险。"她提出，在区域奶酪类型和制造方法上缺乏传统是一种优点，而不是缺点，因为它为试验打开多种可能性。[77] 舞牛的萨拉班德（Sarabande）是一种洗浸的原奶奶酪，模制出一个去掉塔尖的浓缩版金字塔，其形状就像法国的瓦伦赛（Valencay）奶酪，这是源自法国贝里（Berry）省的木炭粉山羊奶奶酪（传说这种奶酪原本是一个完美的金字塔形状，直到有一天，拿破仑在埃及战败后带兵穿过瓦伦赛，猛然瞥见奶酪的形状后倍感羞辱，暴跳如雷，挥剑砍掉了奶酪的顶部，留下了今天这个断头的模样）。在2007年ACS会议上的一次演讲中，当时的舞牛（Dancing Cow）奶酪的联合创始人兼CEO史蒂夫·盖茨高调宣布，法国近日明令禁止仿制去掉塔尖的金字塔形状的奶酪（该形状专属山羊奶酪）。[78] 弗拉维奥·德卡
115 斯蒂霍斯（Flavio De Castilhos）离开一家成功的互联网初创公司之后，在俄勒冈州创办图马洛农场，着手经营奶酪业务。一天，他向一位荷兰顾问咨询，如何开发豪达奶酪：

> 我有一个非常有趣的想法，想做一种奶酪，带点啤酒花的味道，想在里面加点啤酒。于是凯斯转身对我说："我帮不了你。"
>
> 我说："有何不可？"
>
> "嗯，在荷兰，那该死的啤酒是用来喝的。要做的

话，你得靠自己了。”

所以我不得不自己去想办法。不过庞德霍普奶酪从此诞生了。[79]

奶酪制造商通过鼓捣原有配方，并给奶酪起新名字来开发原创产品线。比如，把豪达奶酪配方中的羊奶替换成牛奶，用当地的微酿啤酒清洗，取名为庞德霍普（Pondhopper）奶酪；或者将哈瓦蒂配方中的羊奶跟牛奶混合在一起，制造出林鹬（Timberdoodle）奶酪。[80] 这些新品体现了美国工匠不拘泥于传统，不故步自封，通过创造发明的传统重新定义“美国奶酪”。

不过，需要重申的是，这种情结是有历史渊源的。吉姆·博伊斯说，马林·弗伦奇公司“躲过了战争、大萧条、互联网泡沫破裂，以及80年代初的奶酪大萧条——当时人们发现奶酪富含脂肪——食物里含有脂肪的话，那就不妙了”。虽然旧金山强劲的市场需求造就了马林·弗伦奇的成功，但这远远不够，酒香也怕巷子深，不对产品进行宣传，也难有好口碑。创新不能被想象成工匠的独门绝技与非凡的艺术创造力。成功的创新往往迎合了顾客的口味，而这往往需要跟踪人口结构的变化（移民、城市化、阶层流动）和更广泛的烹饪潮流。正如社会学家霍华德·贝克尔（Howard Becker）指出，工艺品的效用意味着它必须对他人有用：“如果有人把他的工作定义为满足他人的实际需要，那么产品功能（从外部视角定义的工作内在特征）就必须兼顾产品的思想与美学价值。”[81] 正如下一章将进一步讨论的那样，消费者的需求不仅提供必要的市场，而且影响工艺品的审美标准。

马林·弗伦奇最初卖啤酒给欧洲的水手们，并搭售奶酪作为早餐点心。19 世纪末，该公司推出了一款名为Schlos（德语为“城堡”的意思）的奥地利风格、涂抹成熟（或洗浸式）的奶酪。20 世纪初，它推出了汤普森兄弟卡门伯特：在旧金山大地震之前，马林县生产了手工模制的卡门伯特。1907 年，也就在大地震后的次
116 年，更名为卡门伯特黄鹿（Camembert Yellow Buck）。这名字的起源，吉姆推测说，是当地盛产的麋鹿，后来被引入雷耶斯角（Point Reyes）半岛的一个保护区。与此同时，黄鹿是“力量的象征”，他解释说，表达了对马林地区巍峨壮丽景色的赞美之情，带有“某种阳刚之气”。一家靠酒吧里卖奶酪起家的公司在向男性和女性消费者营销时，似乎刻意保持男子汉形象。男性的魅力，就像任何其他文化标志一样，并非一成不变。黄鹿品牌在创立二十年之后就退出了市场，取而代之的是冠冕堂皇的、十足法国味的品牌名——“红与黑”（Rouge et Noir）。

吉姆向我描述了汤普森兄弟曾经如何将新鲜奶酪用马车运到佩塔卢马河，然后用轮船转运横越海湾，他进而分析道：“一群乐于接受新思想的人齐心协力制作奶酪，他们理解并享受这种产品。这是不折不扣的市场营销——这是最好的营销！这是总在不停拷问‘万一……怎么办？’的一群人。我认为，这也是今天旧金山成为全国最强劲的奶酪市场的部分原因。它的历史根源可以追溯到奶酪被送往旧金山码头、送到工人手中的那一天。”

在食品营销历史中探明其真伪时，吉姆提供了一种有见地的文化分析。以合适价格将产品投放市场对任何商业企业来说都是必不可少的。18 世纪的奶酪师傅们随行就市，“依据季节波动和市场行情做了相应的调整”。[82] 马萨诸塞州的一位农妇伊丽莎白·波特·菲尔普斯（Elizabeth Porter Phelps）发明了一种全脂奶酪的配

方，因为她丈夫在波士顿推销奶酪时发现，全脂奶酪的价格会高于一般的脱脂奶酪。[83] 19世纪初的伊丽莎白·波特·菲尔普斯，像100年后的汤普森，也像在威斯康星州为德国移民开发了砖形奶酪的瑞士移民约翰·乔西（John Jossi）一样，是把握了商机的奶酪创新者。

由于威斯康星州素有深厚的发明传统，该州的芝士师傅（而非初出茅庐的佛蒙特人）几乎包揽了ACS比赛美国原创奶酪“开放”类别中的所有奖项。[84] 从2004年到2009年，美国原创产品开放类别的21条丝带均授予了希德·库克（Sid Cook），他是威斯康星州的第三代芝士师傅和卡尔谷（Carr Valley）奶酪的掌门人。库克继承了伴随他成长的奶酪工厂，后来他通过收购威斯康星州南部的几家小厂扩大经营规模，生产出各类富有创意的手工乳酪品种——可可卡多纳、莫贝（Mobay）、加那利（Canaria）、门纳吉（Menage）——以及他的前辈们生产的40磅重的大宗商品切达干酪和科尔比奶酪。

尽管美国奶酪制造商不囿于欧洲政府保护的“传统”配方，117
但他们也不是白手起家，往往是推陈出新。一位威斯康星州奶酪制造商专门生产意大利风格的奶酪，因为他的德裔妻子家族拥有160年历史的奶牛场。他承认“制作奶酪的技术部分……我们从欧洲模范那里抢夺、偷窃、借用”。从这点上来说，庞德霍普与其说是美国原创，不如说是一种舶来的高达。虽然欧洲的传统可能没有想象的那么古老，但美国的发明也可能没那么富有革新精神。[85]

因此，通过将美国手工奶酪描述为一种发明的传统（尽管传统是这样被发明出来的），而不是传统的发明，我想说明美国意识形态对创新的影响。作为工业理想与当今工匠复兴的标志，开拓进取精神和创新追求导致人们一直忽视国内手工奶酪制造因袭过去的传统。将手工工场视为前工业时代的遗迹——一方面落后于现代工业，另一方面与后工业时代的新来者相比属于一个不同的、更古老的时代——有助于解释农场主与企业主之间缺乏交流的原因。[86]

美国手工奶酪新在哪里?

当青年才俊们掌握了新工艺而受媒体瞩目时，威斯康星州的资深工匠们会如何看待手工奶酪的“凤凰涅槃”？有一位芝士师傅指出，欧洲奶酪制造已经变得多么工业化，含沙射影地批评了蕴含在美国奶酪制造“复兴”主流叙事中的欧洲中心主义，而另一位则致力于提升美国传统手工奶酪的地位，而它们正是几代欧洲移民发明的。这两种回答都指向了我在其他地方观察到的一些情况：虽然本土可能喜欢吃欧洲奶酪，但国内的生产商一心只想生产美国本土奶酪。

林堡与美国现代性传统

迈伦·奥尔森（Myron Olson）是一位蓄着大胡子、性格随和的商人，经营着一家位于格林县N和C十字路口的小屋奶酪合作社（Chalet Cheese Co-op）。它成立于1885年，最初由格林县的五名奶农所有；至今仍是一个合作社，由24个农场家庭所拥有。与一家兄弟工厂一起，它每天将10万磅的牛奶加工成涂抹催熟的砖形、瑞士宝贝（Baby Swiss）、狄妮诗（Deli Swiss）、切达干酪，还有它的招牌产品“林堡”奶酪。全美仅此一家生产该款奶酪，为卡夫公司连续供货达七十余年。 118

几年前，奥尔森前往瑞士担任奶酪比赛的评委。比赛期间，他参观了一家现代化的工厂，很快打消了欧洲工厂小而精的浪漫想法：

> 所有这些奶酪都是这样做出来的，有点像《绿野仙踪》——“不要看窗帘后面！别往幕后看！”他们在做布里干酪和卡门伯特，全是机器做的——相比之下，我们参观了一间新近落成、耗资数百万美元的博物馆。我们仔细看了一遍，耳边响起一位讲解员铿锵有力的声音：“以前他们有金属架子和木板，从模具里取出奶酪，放在一包盐里，卷起来，然后放到板子上。”我站在那儿心想，你知道，今天已经星期五，我星期二就做过了！那些旧时的盐箱、木板、木架都还在，不过都搁置在博物馆里，在“我们的历史尘埃里”。

这让奥尔森感到默然无语。[86] 但考虑到今天近90%的卡门伯特奶酪都是工业化机器生产的，林堡在欧洲的命运就不那么令人惊讶了。[87] 由于欧盟的监管要求，越来越多的欧洲奶酪采用巴氏杀菌牛奶制成，甚至生奶奶酪也悄然在改变，因为更严格的乳制品卫生标准意味着，欧洲奶酪制造商正在使用与过去截然不同的牛奶——“更清洁的”、更少微生物多样性和活性。[88] 正如格拉斯尼所写的那样：“我们在自然环境中庆祝传统的时候，手工技能悄然被机械化和标准化所改变。”[89] 通过这次访问（以及在欧洲各地参观了多家工厂后），奥尔森逐渐醒悟，重新审视他的导师阿尔伯特·德佩勒（Albert Deppeler）传授的奶酪制作艺术传统。德佩勒是第二代瑞士林堡制造商，从 1939 年开始管理小木屋，直到 20 世纪 90 年代初让奥尔森接任。

一百年来，工匠们采用同一种短杆菌种涂抹林堡奶酪，就好像一直用相同的发酵剂制作面包酵母一样。作为一种文化形式，奥尔森从他的前任那里继承了菌种培育，这喻示了构成工匠传统的恒常和变化之间的动态张力。20 世纪 20 年代伊始，卡夫兄弟一直经销小屋的林堡奶酪，到 30 年代中期研制出巴氏杀菌奶生产奶酪之后，于 1947 年投资建厂。[90] 诺曼·卡夫（Norman Kraft）的目标是
119 建成世界上最现代化的林堡奶酪工厂，在原工厂的基础上，依山而建，修建一个奶酪窖藏山洞。奥尔森说，卡夫：

> 带来了新的涂抹木板和新的培养基。他们制作奶酪，送进地窖，然后把微生物培养基放在上面。第一个月，他们做出来的是发霉的绿色林堡。德佩勒想到老工厂的做法，把已经长满细菌的涂抹板拿出来。把它们养大，然后就这样开始了，因为它们被接种了多菌种。所以当你把奶酪放在上面的时候，就会沾上细菌，然后你的涂片就开始生长了。而且…… 然后他们就能做林堡了。

具有讽刺意味的是，60 年后，诺曼·卡夫在世界上“最现代化”的林堡工厂变得像欧洲的博物馆一样。博伊萨德对卡门伯特的描述在这里同样适用：“今天的现代性会成为明天的传统，就像悠

久的传统会产生不期然的现代性一样。”[91] 这个故事还表明，即使对工业发明来说，工匠专业知识的延续性也是必不可少的。

迈伦·奥尔森后天习得的奶酪文化也体现在口味和消费上。[92] 他从小在附近的一个农场长大。小时候，他讨厌奶酪，因为他的家人“把奶酪厂的乳清当泔水喂猪”。他对奶酪最初的印象是跟养殖有关，而不是烹饪。“有一天，我听人说，用小牛的胃可以做凝乳酶，我的回答是：‘不可能！’我的意思是，我天生是个吃货，但绝对不会去尝奶酪。”上高中后，他到一家奶酪厂兼职，总看到他的同事们一边用刀切、包装奶酪，嘴里一边啃着下脚料，或者把温热的凝乳“像糖果”一样塞进嘴。终于有一天，迈伦鼓起勇气试了一回，先吃味道清淡的，后来过渡到口味重的林堡乳酪，不知不觉就喜欢上了。

有一种老套的说法是，人们对林堡奶酪很反感是因为它的味道出了名的辛辣。在参观小屋工厂之前，我从未见过、闻过或尝过林堡。没错，味道很浓，但它并不比涂抹成熟的埃波瓦斯（Epoisses）奶酪或真正上好的塔雷吉奥奶酪更浓烈。有一股挥之不去的苦涩，但肯定没有臭脚丫的味道。不知道最近对纯手工的迷恋是否会改变人们对林堡奶酪的看法。迈伦指出，由于美国消费者对口感的求异心理，他们也许乐于把一块新品奶酪放到嘴里（工厂提供免费样品）品尝。

> 每个人心里都有一个林堡乳酪，都认为自己绝不会去尝试。但如果你给这种风格的奶酪起个别致的法国名字，兴许人们就会尝一尝，然后说：“咦，那还不错！挺不错的。很难闻，很臭，但是，对，还不错。再来一

120 块!”但如果你告诉他们“这是林堡”，那就完了。两年前，有人问：“你们会做塔雷吉奥吗？你会做这个，会做那个吗？”我们做了试验，结论是，还是做回我的林堡吧，因为都是臭脚丫味的奶酪，半斤八两。我的销售额也不会因此增加（通过增加塔雷吉奥）。我要尽力做好林堡，做最好的林堡，然后返璞归真，把林堡当林堡卖。这样一来，手工奶酪师傅就有更多腾挪的空间制作其他品类的奶酪，从而带来更多购买林堡的顾客。因此，光并购几个品牌没什么用，营销也没用。做好自己，总有一天大家会注意到林堡，一个祖辈们曾经制作的古董级备胎，依然买得到。

在2008年出版的《美国奶酪》（*American Cheeses*）一书中，食品顾问、旧金山奥克维尔杂货店（Oakville Grocery）的早期经理克拉克·沃尔夫（Clark Wolf）讲述了他拜访小屋乳酪的经历，并建议迈伦·奥尔森：“应该小批量生产，用精美的纸包起来，美其名曰‘精品’，然后以三倍的价格出售。他面有愁色。”[93] 但这位林堡的最后一位美国生产商觉得没必要像沃尔夫建议的那样，把他的奶酪说得天花乱坠。这种奶酪在工厂商店的零售价（截至2010年夏天）为每磅4.77美元（低于2008年的4.82美元），并不是什么高档奶酪，跟盛木瓜酱的饭后托盘摆在一起显得格格不入，倒是更适宜夹在两片厚厚的黑麦面包中间，再配点洋葱和芥末。“这个地区的传统做法，”迈伦告诉我，“也是把林堡盖在煮熟土豆的上面。”这是农民的奶酪、工人的奶酪。在门罗市的鲍姆加特纳酒馆（建于1931年）里，顾客们边喝着当地酿造的啤酒，边吃2.95美元的三明治，里面的配料正是迈伦·奥尔森的林堡和洋葱。

利用文化资本

2007年，我参加了在佛蒙特州伯灵顿举行的ACS年会。在一个名为“奶酪制造商见面会”的活动上，我第一次遇见威斯康星州的奶酪制造商乔·威德默（Joe Widmer）。在品尝了一块辛辣的陈年切达干酪后，我请威德默介绍他的奶酪。他说，1905年他的祖父从瑞士移民到美国；作为移民的条件，他在威斯康星州的一家瑞士奶酪厂当学徒。1922年他买下自己的工厂时，发现四周都是“德裔美国人”，所以他制作了涂抹成熟的奶酪——也被称为德国砖形奶酪。这款奶酪最早是由另一位瑞士出生的威斯康星州奶酪师傅约翰·乔西在1875年前后开发出来的，专门卖给德裔美国人。[94] 正如佛蒙特州的约翰·普特南和迈克·金里奇（Mike Gingrich）在上世纪90年代对博福特·阿尔帕奇（Beaufort d'Alpage）的配方进行优化并开发出塔伦泰斯和宜人岭保护区乳酪，乔西的砖形奶酪来自对林堡奶酪配方的调整（它本身的历史早于德意志民族国家，在列日开发，在林堡市销售；林堡是当时林堡公爵领地的一部分，现位于比利时）。然而，在许多人看来，美国创业者奔赴欧洲取回的是真 121
经，而海外移民入境带来的却是某个手工艺人的技能，或者像约翰·威德默（John Widmer）的手艺人族群关系网。

第三代瑞士裔奶酪师傅乔·威德默在工厂楼上的一套公寓里长大，至今仍然采用他祖父传承的技术制作砖形奶酪：一桶桶地盛凝乳，直到填满奶酪模具。第一天将每一块奶酪用手翻三次，甚至用他祖父用过的同一块砖压制奶酪。乔对美国乳酪制作的工匠传统具有非常强的意识和自豪感，并将其视为家族遗产。在向参观工厂的游客展示的宣传视频中，他说："我们所有的产品都是正宗的、传统的，之所以用传统的方法制作，因为我们相信这样做的奶酪质量更好。"这并不是说，乔自上世纪 90 年代初接手家族企业以来，就一直没有引入变革。他修建了老化室和包装间，并拓展邮购业务。他向游客开放了工厂，推广奶酪制作，宣传他的奶酪是威斯康星州的传统食品。他请人建了一个网站，通过网页的老照片讲述家族企业和砖形奶酪的历史。他推出了新的企业标志，因为此前一直未把母品牌与旗下的几个子品牌（切达、科尔比、布里克）联系起来。乔已经成功地将威德默奶酪窖的名字和标志打上了"一个家族的优秀传统，自 1922 年开始生产高品质的手工奶酪"的印记，饰有瑞士十字架和乔的个人签名。手工艺制作的成功部分源于情感营销。正如家庭农场的田园风光有助于销售手工奶酪一样，一个用旧照片记录的几代家族传统故事也有助于传达奶酪是手工制作的信息。

缘于创新，乔得以将奶酪投放到"更高端的市场、更高档的连锁商店（如全食食品超市），甚至精品店"。他说，对这种规模的企业来说，重要的不是产量，而是单品利润。它让你清楚是否能持续经营下去。乔在执掌公司之后参加了ACS的年会，这有助于建立与高端经销商及零售商的合作关系。

乔·威德默欣然接受新工匠运动，认为这是一个提升奶酪价值的机会——既有象征意义，也有经济意义——他和他的祖辈们已经生产了 80 年的奶酪。和迈伦·奥尔森一样，乔也制作各种实惠的家常奶酪（就像威斯康星州的传统做法一样，威德默的切达奶酪大多是亮橙色的，不过他也会为精选市场制作少量的白色切达奶酪）。而与迈伦（他直到最近还为卡夫公司贴牌生产）不同的是，他采取多项措施确保他的产品差异化，绝不与工业食品为伍。正如乔所说：“像我这样的人之所以成为一名工匠，不是因为发明了什 123
么奶酪，而是锲而不舍。后来很多人，他们的公司做大了，用机器生产出一堆大路货。而我们坚持传统，最后就成了赢家。”

克里斯蒂娜·格拉斯尼在谈到意大利生产商时解释说，“作为一种传统产品，奶酪的商业化不仅需要改变传统技术，还需要获得管理品牌形象的新技能。”[95] 尽管乔坚称奶酪本身没有改变——他遵循同样的配方，从相同的农民那里购买牛奶，对牛奶进行巴氏杀菌，因为这就是他的前辈们所做的，甚至用同样的砖块压制奶酪——奶酪的品质，从象征意义和经济角度来看，都发生了变化。它赢得了奖项，卖了更高的价格。他的奶酪就像玛丽莲·斯特拉森所说的“品质提升”——“品质并不是等着被发现的：那些定义事物的属性是在营销过程中逐渐明晰的，甚至后来才添枝加叶。”[96]

在意大利，格拉斯尼所谓的“包装技巧”隐藏在文化遗产的魅力之中；但在美国，它们很可能会被看成真正的企业家头脑。吉姆·博伊斯在 2000 年重新引入了黄鹿标志，以纪念卡门伯特奶酪的百年诞辰。在业绩不景气的情况下，他接管了马林·弗伦奇奶酪公司。为了扭转局面，他不仅引入蓝脉、风味和山羊奶品种使产品线多样化，像乔·威德默一样，他还调整公司的营销战略。他的布里和卡门伯特干酪都是纯手工、小批量制作的，徒手切，用手一桶桶地盛凝乳，然后用手包好每个轮子——都在熟食乳制品专区出售。正如吉姆所说，超市里的商业乳制品一般在乳制品区或在熟食服务专区出售。乳制品区指的是超市后墙上的大型冷藏柜，里面除了奶酪外，还有黄油、牛奶和酸奶。如今，虽然弗伦奇仍在当地商店拥有乳制品货架空间（SKU），但它的大部分产品都被直接送往熟食专人服务区，并作为土特产进行展示——比如在农产品附近的一个中心岛——而不是当“外卖”主食跟牛奶和黄油一起摆放。和乔一样，吉姆营销奶酪的方式也是让人们注意到它的生产方法，把“工匠制作”的文化象征意义赋予一个已经存在了一个多世纪的产品，亟待独具慧眼的新兴消费者群体去“发现”。吉姆·博伊斯兴致勃勃地参加了马林·弗伦奇奶酪大赛，荣获ACS大赛的新鲜和软熟奶酪组的多个奖项。2005年，马林·弗伦奇在伦敦举行的世界
124 奶酪奖（World Cheese Awards）上赢得了一枚软熟化类的金牌——在布里组的盲评中击败法国人，这一壮举让人想起1976年加州葡萄酒意外摘得葡萄酒品牌盲品赛中的桂冠，从而载入《巴黎审判》（*The Judgment of Paris*）一书中。[97]

正如斯特拉森所写的那样，对于消费者来说，一种大众所熟知的产品，其制造过程、原料的来源或选料往往不为人知，他们只看到一个品牌或产品名称的延续。[98] 乔·威德默和吉姆·博伊斯在利用手工奶酪的商机推销他们老牌的奶酪时，他们一方面心无旁骛地“坚持”自己正在做的事情，同时鼓励消费者重新审视与评估传统奶酪的内在品质与价值，激发他们展开对传统奶酪的文化联想：瑞士德国人、移民、工人阶级和当地酒馆。

舒缓的奶酪

正如本章所展示的，今天的工匠工厂和农场似乎沿着平行的历史轨迹运行，老式工厂被划分为早期工业，而新的农庄不仅是后工

业的，更确切地说是反工业的。每种类型的企业似乎属于不同的时代，这就抑制了它们之间的交流。[99] 消费模式却大同小异，因为即使一个家庭购买了工厂奶酪和农场奶酪，也不太可能在同一餐中同时食用。品味的文化资本有助于理解奶酪的历史，并区分两类生产商：一类迎合“老式”（工人阶级，小城镇）口味，另一类则努力取悦那些一直在寻找新奇、出人意料、新潮的奶酪口味的美食达人。当美国的乳酪商人被问到“有什么新品”（而不是问，“今天有什么特别好吃的”），答案可能是一家刚刚获得许可的家庭奶油厂生产的一款新品。就这样，美国的发明传统不断地被重塑。

手工奶酪的时代不仅是历史的时代，也是节奏的时代。在美国，具有讽刺意味的是，慢食运动推崇的奶酪是最近才出现的。该运动主张，亲欧洲食品制作传统体现了耐心稳重与闲情逸致的美德。慢食意味着扭转效率至上的泰勒主义与快节奏的快餐消费文化。[100] 但是，虽然慢食的时间性特征是为了重现代际传承的舒缓时光，但它的步调往往惊人地快，尤其是在美国。

起源于意大利的一场创新传统的慢食运动，在美国已经被重新 125
定位为一台营销机器，以加速工匠发明的再创造传统的到来。美国生乳酪慢食组织（The Slow Food USA Presidium of American Raw Milk Cheeses）“保护”低至两年的奶酪，这些奶酪是由仍在学艺的工匠们制作的。[101] 与慢食运动保护的欧洲食谱和食品相关习俗的悠久历史(部分通过将它们描述为传统)相比，慢食美国似乎将一个民族的集体历史浓缩为个人的人生经历。慢食推广的许多奶酪不失时机地出现在互联网上，它们的生产商忙于建立关系网，频繁出入ACS会议和慢食运动举办的赛事，这常常让长年累月埋头制作奶酪的工匠们感到困惑：“他去年开始做奶酪，现在就成了研讨会的专家了？这家伙是谁？”不管做一批奶酪要花多长时间，但毋庸置疑的是，这些新兴的工匠们也是当今超高速生产体系的一员。

这是怎么回事？慢食怎么能这么快?这也跟品味的文化资本有关。慢食奶酪并不完全是由生产方法和模式来定义的——小批量、机械化程度低——它们也代表了奶酪的风格，可以与硬面包和一杯葡萄酒一起品尝。正如艾莉森·莱奇（Alison Leitch）在描述卡洛·彼得里尼的愿景时所写的那样，慢食不仅仅是反对快餐文化，慢与“快乐、愉悦和身体记忆有关。”[102] 因此，“慢”奶酪不太可能被装在孩子的午餐盒里送到学校，也不太可能被拌入通心粉和炖锅菜里。但有何不可呢？为什么要优先考虑特殊配方而不是优质主食？谁的“身体记忆”应该得到尊重？西德尼·明茨（Sidney Mintz）建议：“我们的目标为什么不是为每个人提供本地产的、健康的食物呢?”也许那就是以适中的速度享用的食物。[103] 中速的奶酪有乔·威德默的砖形奶酪、迈伦·奥尔森的林堡、玛乔丽·苏斯曼和玛丽安·波拉克的打蜡球织者奶酪，以及伊格·维拉水分含量较高的杰克。

“一般谈论手工奶酪时，”伊格·维拉对我说，“大家关注的是质量、稳定性以及（不论你喜欢与否）填补市场空白”。在奶酪世界中最难找到的是速度适中的利基市场，既不享受商品规模经济，也不享受零售的特殊定价。布鲁斯·沃克曼重新推出了天然外壳、大轮瑞士奶酪，因为“这就是格林县的全部意义所在”。他有一个仓库，里面装满了180磅重的待售奶酪轮子，这一库存需要持续的管理（比如劳动力成本）。[104] 他正在努力开拓一个利基市场：“我正在生产一直没人做过的奶酪。我不会走进熟食店说，‘哎呀，我有180磅的瑞士货，要吗？’他们会问，‘我该怎么切开呢？怎样才搬得动？’所以，我们正在努力培训店面人员，教他们如何处理这

类问题。”[105] 手工艺品制作的成功包括教育有鉴赏力的消费者了解 126
手工食品，这一点我将在下一章中讨论。

拜访布鲁斯让我想起了佛蒙特州的农民琳达和罗布·迪米克，他们也生产速度适中的奶酪，但一直卖得不好。就像很少“夫妻档”熟食店乐意帮布鲁斯处理180磅重的轮式奶酪，邻里农场的生产规模也不足以让他们的奶酪进入地区连锁超市的熟食服务区。[106]他们确实开放了农场，吸引客人们体验农场生活，但这并没有（不足以）让他们进入利基市场。为什么？因为罗伯只用自己奶牛产的有机牛奶制作成调味的切达干酪、蒙特利杰克干酪和科尔比干酪。“这些是家常奶酪。”琳达对我说。尽管她的丈夫告诉她，这是在“贬低自己”，但琳达欣然接受了“日常奶酪”的说法。她不希望人们非得等到节假日才能买她的奶酪。在消费者看来——尽管迪米克夫妇并不同意这种看法——他们的奶酪品相一般，只是因为是手工食品，所以在市场里定位高端，结果其市场推广遇到了极大的挑战。这是商品价值表现尚未完成的一个弊端，它更多地与食品、道德和阶级的文化政治有关，而与企业家的洞察力无关。

自19世纪以来，美国原创奶酪都是混合型的：一种低水分的砖形奶酪；一种瓦伦赛模具的牛奶奶酪。展望21世纪，混合型的奶酪制造企业不温不火，不疾不徐，生产节奏把握得恰到好处。理查德·威尔克（Richard Wilk）提醒我们：“慢与快、本地与全球、手工艺与工业的两个极端都是理想的类型，实际上企业的战略选择都介于两者之间。”[107] 我想这也是大多数美国手工奶酪制作企业的定位。

格林县以西、威斯康星州拉斐特的G县和F县的十字路口，费耶特（Fayette）奶油厂正是这样一家稳扎稳打、步步为营的企业。

费耶特是老牌企业布伦科奶酪（Brunkow Cheat）的一个新品牌。布伦科成立于1899年，原是一家农民所有的合作社。就像上个世纪的大多数工厂一样，它从手工制作瑞士的大轮子过渡到乳酪生产工业化，其产品包括商品切达奶酪、杰克奶酪和科尔比奶酪。在20世纪80年代和90年代，加州的大型奶牛场进入商品奶酪行业后，布伦科提高产量，上午、下午各生产两大桶奶酪。2005年，该公司转向手工生产，这让人想起中型奶牛场转型生产高附加值农产品的策略。这家工厂的第三代传人盖斯巴勒（Geissbuhler）（合作社的控制人）聘请了一位新的芝士师傅乔·伯恩斯（Joe
127 Burns）。在加盟公司之前，乔一直在芝加哥卖酒。尽管初出茅庐，但他还是带来了老板想要开发的英式手工奶酪产品系列。

在费耶特厂，在同一个空间里，手工奶酪制作既面向未来，又沿袭着工业的传统。奶酪间拥挤的角落里放着重达2400磅的大桶，乔在里面为小宝贝（Little Darling）和埃文代尔小车（Avondale Truckle）做凝乳。当我到达面谈地点时，乔正在用冰锥一个接一个地刺穿一批试验用的蓝色奶酪柱，钻出一个又一个孔；工厂的工匠劳动显然是低技术含量的。与此同时，卡尔·盖斯巴勒（Karl Geissbuhler）在摆满敞口大缸的房间里工作，一周三天只能做两大桶商品奶酪。盖斯巴勒的祖辈们曾经用自动化技术取代了手工技艺和经验。今天这种工匠技艺的回归，会不会让第四代盖斯巴勒家族工厂延续到未来？人们的回答显然是肯定的，这种美好的愿望代表了人们所说的“回到未来”的工业化版本的农场故事。无论过时的东西如何以全新的面貌重现，手工奶酪制作的实践和意义都在不断变化；政府监管、细菌培养、口味和情感都在变化。下一章将探讨手工技艺和情感的实践如何发生变化和延续。

THE ART AND SCIENCE OF CRAFT

第五章

手工的技艺

奶酪制作不是一件自然而然的事情，必须付出代价才能参透个中奥秘；它是一种基于科学的艺术，就像生活中其他艺术一样，人们必须付费学习。

——哈丽特·马蒂诺，1863年，

选摘自维多利亚时代著名的插图杂志《每周一刊》

手工奶酪的“匠心”到底从何而来？在ACS成立十多年后，该组织给出了这样的定义：“‘手工奶酪’意指，奶酪主要是手工、小批量生产的，特别注重奶酪制作技艺的传统，因此在奶酪生产过程中尽可能减少使用机械。”[1]

手工奶酪不可避免地与工业奶酪相抵触：与工业生产规模相比，它大多靠手工制作，而不是靠机器；它是小批量生产，使用工匠们传统的实践知识，而不是乳业科学家和工业工程师的技术知识。事实上，只有在工业生产时代，什么才算手工奶酪的问题才变得重要起来，因为工匠们常常被迫向公众解释他们的产品与作为配料的纳贝斯科（Nabisco）芝士饼干有什么不同，这款产品是威斯康星州科尔比和佛蒙特州白切达的小麦薄饼系列，由卡夫食品（Kraft Foods）旗下最大的品牌之一于2009年推出。今天，“工业奶酪制造”指的是大规模的、完全自动化的计算机辅助制造过程；采用软件来计算原料在配方中的添加比例，只要输入具体的奶酪品质参数，即可在封闭的大桶里进行生产，这样就没人能看见里面的牛奶和凝乳了（更遑论闻、摸、尝了）。工人在洁净的地方参与牛奶转化为奶酪的过程，而奶酪制作知识和技能在工厂车间之外进行的研发以及质量控制中得到应用。美国奶酪协会的手工奶酪的定义说明，对奶酪制作工艺传统的关注有望减少对机械化的依赖。然
而，这个定义里使用的无限定修饰词——“主要是”（不完全是）手 129
工的、“小”（有多小？）批次——表明手工奶酪制作严格地说并非一门艺术。

就像今天的其他手工食品一样，奶酪依赖于“技术科学”的元素，这是一个现代实践领域，“超越了科学与知识、技术与手工生产之间的传统联系”，希斯和梅内利说道。[2] 为了提高乳汁的可预测性，大多数奶酪制造商采用冻干的、实验室分离的、业界熟知的细菌培养菌株，或者使用标准化的商业凝乳酶。经验观察、科学试验和一丝不苟的记录都有助于奶酪制造商掌控产品与生产过程的一致性，这是评价工匠技能的一个重要标准。对致病风险的微生物评估结果还为挤奶厅和奶酪室里的卫生操作提供操作指南。

工匠与手工技艺是以俗语的形式出现的，并非客观属性。昨天的特色奶酪可能是今天的手工奶酪，或者是今天工业奶酪的前身。手工制作奶酪是一种工艺实践，因为它是由一种特定的材料（牛奶）和发明的方法来定义的；它本质上是手工制作的；生产具有实用价值的物品（供食用）；而且借鉴了以往的实践传统（新款的奶酪从来不是自成一格的）。[3]

尽管如此，奶酪制作者很少向他人提及他们从事的是一门手艺。这一章将讨论，奶酪工匠们是如何以及为什么始终如一地把他们的工作描述为艺术和科学的平衡。在这一表述中，艺术代表一种创造性的表达以及对材料的直观把握，而科学则指经验观察和测

量，坚持严格记录以及采取措施确保食品安全。

在当代美国人的思想里，艺术既意味着创造性的表达，也意味着手工制作。在艺术、手工艺与工业生产的连续体中，艺术因为其远离工业生产，从而获得比手工艺更强大的吸引力。[4] 从历史的角度来看更容易理解这一点。在整个欧洲中世纪，画家和陶工都是类似的行当，以师徒传承为基础，形成相对固定的行会组织。但是，根据18世纪关于美学的哲学讨论和19世纪工业主义的定义，在装饰画布前创作的画家与制作日常器皿的陶工分属两个截然不同的职业。在现代时期，艺术一方面被抬高到一个自我表现的高度，另一方面受工业制造淘汰的手工艺则被降级为个人癖好，或者被嘲讽为反现代潮流。[5] 今天，“芝士师傅们的艺术”可能同时指创造性的、个性化的表达，以及手工制作有价值之物所需的实用知识：与艺术背道而驰的是工业化带来的理性效率、机械标准化和卫生规范，而正是后者给我们带来了大规模生产的、预制三明治以及预先包装好的奶酪片。

130 与此同时，后田园主义者将科学知识——牛奶化学、酸化、外壳生长中的微生物演变——视为理解“自然”活动模式的重要手段，弥补了传统的“干酪制作技艺”。正如我下面所展示的，一些工匠借助于科学词汇和技术原理，掌握了牛奶转化为奶酪的实用知识——以及深入了解农场或奶油厂的具体情况——这使他们能够调整配方，处理牛奶的发酵、凝固和成熟过程，一遍又一遍地反复尝试，成功制作奶酪精品。汤姆·吉尔伯特（Tom Gilbert）是佛蒙特州的一位有着十几年经验的芝士师傅，他以这样的方式向我阐述了奶酪制作工艺的艺术和科学：

我喜欢解决问题，以及采取补救措施。芝士师傅的主要工作是追求完美，想象你心中理想的奶酪的样子——这种奶酪该如何生产出来。这样才能胸有成竹，日复一日地努力实现这一目标。任何一位奶酪制造者都会告诉你，天上不会掉馅饼，所有最细微的变化——从牛奶到天气——都会让你的奶酪与众不同。所以，奶酪在成熟过程中总在变化，当偏离他心中完美的形态时，他就会适时介入，心里嘀咕："我今天要做点不一样的。我要补救一下。"你试图做出调整，试图把离你渐渐远去的奶酪带回来，跳出你的边界——我喜欢这样做。你可以记录下所做的一切，记录每天的生产，记录所做的调整，然后安静地等待开花结果——但我总是迫不及待。

汤姆从"解决问题"和"挽救奶酪"中获得快乐，他"急于看到"每次尝试会带来什么结果，这不仅是因为他不想浪费奶酪，而且他真的很好奇：为了完善自己的手工技艺，他需要培养出什么样的直觉与手感才能掌控发酵和成熟的有机过程。当代奶酪制造商将他们的工艺描述为艺术和科学之间的平衡时，这既非偶然，也非故作姿态；这表明了，在一个工业的后田园时代，工艺（或手工艺）的复杂、矛盾的尴尬地位。

为了更好地了解今天的手工奶酪是如何制作的，我报名参加了由佛蒙特州奶酪制造商兼顾问彼得·迪克森为初学者举办的、为期两天的研习班。[6] 在学习奶酪制作的技术与奶酪中所含的化学成分（牛奶、菌种、促进凝固的酶）之后，我进一步了解了工匠使用手工机械的过程。对于像彼得·迪克森这样的人来说，科学知识是为手工技艺服务的。

与此同时，奶酪制造商收集一系列观察数据，比如，何时用何种牛奶、微生物和奶酪会产生什么结果，只有对这些试验过程进行解释与总结，才能提高食品质量，这一思考过程被屡次称为“技艺”。正如我所理解的那样，细致地观察和记录牛奶和凝乳在特定情况下的变化，这是理性的客观主义。将这种客观方法融入主观的感官领悟力、触觉知识和身体知识就是现代奶酪制作技艺。

当讨论从业者所说的奶酪制作技艺和科学的含义时，我用人类学理论去勾勒出工艺实践的轮廓。[7] 我认为，介于艺术和科学之间，技艺是通过联觉（类比）推理来实现的。联觉指的是感觉的相互转化，包括把每一个数字或字母看成一个固定的颜色，或者听到一个声音就联想到某种颜色。广义上说，联觉是指通感，是各种感觉的相互交融与渗透，比如一种味道唤起某地的一段回忆，或者听到一首熟悉的歌让人泪流满面。[8] 我将这一概念扩展到工匠如何通过视觉、触觉、嗅觉和味觉全方位的感知方式来“理解”牛奶和凝乳。在工艺实践中，联觉推理既需要客观的交叉感官分析，又注重个人的表现力和形式的一致性。

本章分析了手工制作奶酪的几个关键要素——评估牛奶、获得凝乳的感觉以及手工操作——说明手感与科学知识如何相结合，以培养出能工巧匠们的技艺。然后，通过对彼得·迪克森工作坊的民族志描写，我探索了初学者如何通过学习科学词汇和技术来获得“奶酪制作技艺”。尽管奶酪制造商都把他们对艺术或科学的兴趣说成是个人爱好，但该主题不可避免地涉及政府监管和市场环境。最后，从生产组织和审美的角度，我分析了逆工业化的市场环境如何有助于塑造当代的工艺实践。[9] 对于商业奶酪制造商来说，完善的手工操作与评估标准是满足消费者需求的关键所在。因此，品味教育——无论对生产者还是消费者而言——都是手工奶酪制作的一个重要方面。

鲜奶

手工奶酪始于牛奶形态的改变。正如木匠制作碗或餐桌从甄选优质材料开始一样，手工奶酪的制作始于挑选干净而独特的牛奶。[10] 牛 132
奶是出了名的变化多端，其成分（蛋白质、脂肪、矿物质、微生物群落）受动物物种、品种、饲料和健康以及气候和天气状况的影响。手工奶酪制作者不仅接受牛奶的可变性，还通过熟练的手工操作，将其变成具有独特味道和感觉的奶酪，从而在这种多样性中找到手工奶酪的价值。

家具设计师大卫·派伊（David Pye）认为手工技艺和普通（工业）制造的区别在于，工业制造通过遵循“确定性的工艺”来确保标准化的结果，而手工技艺结果的质量则“取决于制作者的判断力、灵巧和细心，而非事先确定。”[11] 工艺势必带来一种“手工风险”，在整个制作过程中，产品质量仍然“持续处于风险之中”。用迈伦·奥尔森的话说，“有更多的出错空间，因为是你自己做的，而不是机械化生产的。对我来说，那是手工技艺的主要部分，风险可能来自人为错误或原材料的缺陷。”

工业生产试图通过降低生产的技能要求和确保原奶标准化来避免这两类错误。基于一种“确定工艺”以确保已知的标准化结果，工业加工通过改变牛奶的形态来筛选出多个有机变量：采用巴氏消毒法来杀灭致病菌，含脂率的标准化，脂肪球颗粒的均匀处理——在此之前，将奶牛泌乳期早、中与后期三个阶段的奶掺杂混合在一起。[12] 工业奶酪的外观、感觉和味道每个批次都是一样的，因为使用科技手段使每批牛奶标准化，并且采取质量控制措施使成品的质量稳定。质量不达标的批次将返工，以符合预定的质量标准。

手工奶酪使用的牛奶可能会经过巴氏杀菌（加热灭菌），但一般情况下，牛奶不做均质化、标准化处理，而且通常使用季节性放牧的奶牛产的奶。吉尔·贾科米尼·巴什（Jill Giacomini Basch）有一次带我徒步参观她家族经营的雷耶斯角农庄奶酪公司（Point Reyes Farmstead Cheese Company）时说，农场经营的主要好处之一是，“我们不必像城里奶酪制造商那样操纵或搅动原料奶，因为他们需要将原奶加热、冷却和运输……我们在这个过程中所做的一切都是为了减轻对原料奶的压力。归根结底，这使我
133 们能够生产出一种更具有原产地风味（自家农场特色）的食品。”在他的农场作业中，我曾看到工人挤下的牛奶通过输送管道进入隔壁牛奶间的奶酪桶里。

由于牛奶的成分随着四季更替而变化，芝士师傅也调整他们的制作方法。他们会充分利用影响牛奶发酵和凝固以及奶酪最终味道和纹理的各种变化因素，而不是首先将原料奶标准化。[13] 为此，一个出色的芝士师傅须对牛奶了如指掌——与其说理解抽象的牛奶化学成分，不如说——正如梦幻农场的戴安娜·墨菲所言——“清楚用哪一种细菌菌群、凝乳酶更合适，以及懂得如何操作。”[14] 它类似于陶工对黏土的认识，即使是最精心挑选的材料，也可以通过添加熟料或水分，以及通过揉捏来去除黏土中的气泡，从而改变材料的性状。霍华德·里萨蒂（Howard Risatti）写道：“当材料中出现不

规则性时，比如木片变色或纤维打结，凭借双手要么绕过这种自然现象，要么与它们协作，并将它们融入成品之中。通过这种方式，以患为利，把不规则的材料变为创造过程的积极因素。”[15] 坦然面对不规则与不确定性，甚至将其转化为设计的优点，会产生形态的多样性，这是派伊认为的工业时代手工艺的重要价值。[16] 通过这种方式，手工艺抵御了标准化对人类社会实践活动的缓慢渗透。

然而，正如我将在本章末尾讨论的那样，回到商品价值体现未完成的概念上来，只有当产品在特定的社会背景下被认可时——比如，填补了市场空白或产生一种新的奶酪竞品——这些材料的瑕疵才会转变为优点。与黏土、木头或纤维不同，奶酪是供人类食用的；有些瑕疵不只是难看或不方便，而是可能对人类的健康有害。正如我们将在下一章中看到的那样，当我们从公共卫生的角度看待牛奶的多变性时，手工技艺的风险被赋予了全新的含义。

乳酪

134

“手工”奶酪制作是一件棘手、不确定的事情。其本质是一种张力，一方面任其自然发展，另一方面保持对发酵和成熟的充分控制，使其成为安全、美味的食品。乳制品科学家保罗·金斯德特帮助组建了佛蒙特州手工奶酪研究所。他认为：“如何平衡艺术与科学是每位农场奶酪制造商必须面对的挑战。他们的目标应该是达到适当的控制水平，以确保食品安全和始终如一的高质量，同时给予自然足够的自由，以产生手工奶酪风格的多样性与产品的独特性。”[17] 按照这种观点，制作奶酪需要在两个极端状态之间找到微妙的中间点，一端是完全控制和支配，即派伊所说的“确定性工艺”；另一端则是任由细菌肆意滋生，冒着可能的生物危害或难以下咽、产品滞销的风险。

为了达到这一平衡，工匠们学习如何适应而不是抗拒各种变化，包括季节变化、环境温度和湿度变化、牲畜健康和手工做法的变化。在一次采访中，金斯德特说道：“传统的奶酪制作商一直在是学习如何与自然共处——他们亟须从过去的经验和过去的几代人那里，学习成功的经验与失败的教训。”就像其他传统食品一样，当代手工艺把昨天的必需品变成了今天的美德。[18] 他接着说道，“我认为真正信奉手工奶酪与传统工艺——不仅是奶酪，还有酿酒和葡萄酒等——的人把自然视为帮手，不是滥用或支配的对象，而是合作伙伴。”按照后田园主义对自然在人类的生产活动中担任协作角色（或者，换个角度看，人类在自然界中担任配角）的观点，手工技艺把牛奶变成奶酪的“自然”和“文化”视为相互构成的方面；而自然界并非被动地为人类创造文化提供原材料。

为了积极应对自然的有机变化，工匠们首先对牛奶、凝乳、环境条件以及特定批次的生产过程进行实证观察，并记录下来。用威斯康星州一位奶酪制造商的话来说：“基于今天的观察，预测明天将会发生什么，并据此做出调整。”其次，解释、评估或判断观察结果。最后，评估结果，调整发酵和凝固的有机过程，以便在材料和外部条件不断变化的情况下始终如一地做出优质奶酪。客观评估环境和物质条件（温度、湿度、牛奶酸度、凝乳pH值等），并详细记录（例如，凝乳需要静置沉淀多长时间才可以排出乳清）。这很重要，因为我们可以随时翻看过往的笔记，比较日间、季节变化的现象，以便对不合格批次的产品进行返工，或者对成功批次的流程进行复原。玛丽亚·特鲁普勒，一位科学史学者，曾在克劳福德（Crawford）农庄制作佛蒙特州艾尔（Vermont Ayr）奶酪。她说："我喜欢奶酪制作是因为它很有 18 世纪的味道，完全是经验式的，每个批次的产品各不相同，（但）我们做好记录，然后就开始琢磨：这一批很棒，我们做对了什么。那一批不太妙，我们当时做错了什么，到底咋回事?" 奶酪制作的工艺意味着，退后一步去想，每个季节、年复一年（而不只是做一个批次的奶酪）奶酪制作者要做什么。时间的历练很重要。

用奶酪制作者们自己的话来说，这得培养一种对牛奶和凝乳的"感觉"，而不是遵循固定的配方。帕蒂·卡琳（Patty Karlin）在一次采访中说：

> 奶酪制作很好玩，因为任何一个自视厨艺不错的人一辈子至少会做一次奶酪。给牛奶加热、巴氏杀菌、冷却，加入菌种和凝乳酶——对有经验的厨师来说，这个配方并不难。但这样会有问题吗?天气会变，湿度也会变。你得有很好的嗅觉、味觉和手感。从每个批次的奶酪中，我只要抓一把，用力挤压，就可以判断出这是陈年的、新鲜的还是软奶酪，不同类别的奶酪凝乳也不一样。这种感觉只可意会不可言传。

这种感觉是转喻的，是通过几乎所有感官——视觉、嗅觉、触觉、味觉——产生的知识。熟练的工匠善于运用他们的感官来解释和评估经验数据，以成功地制作一批奶酪：这就是联觉推理。人们需要主观的、感官的知识，以使客观知识在实践中发挥作用，这也解释了为什么在描述卓越的工艺技能时，人们用的是精湛的技艺而不是专业知识。[19]

用今天从业者的术语来说，收集和解释感官数据并付诸实践的能力就是制作奶酪的艺术。这种技艺采用一种看似主观的，甚至是直觉的（而不是逻辑推理的）方法阐释经验条件。工艺实践介于感知（通过感官的信息输入和主观评价来理解）和被感知（通过“调整”配方和事先协调牛奶生产生态来操控经验条件和材料）之间。奶酪制作者某一天的工作就是从主观和客观的角度对特定批次的奶酪生产流程这一动态目标进行精确测量，这既是一门艺术，也是科学。杰瑞·海默尔在谈到学习如何读取他收集的客观数据（温度、pH值、凝乳凝固的时间等）时说：“当你用五官去感知，并试图根据历史预测奶酪的变化时，这就成了一门艺术。”你已经把它从
136 原始数据迁移到感官上：眼睛、鼻子、味道、手指。你所有的感官，然后可能还有第六感——直觉。乔·威德默不仅跟家人学手艺，还在威斯康星大学读过奶酪大师证书的课程。他解释了自己如何把握切割凝乳块的时机。

> 大多数人都用酸碱度计，学校老师是这样教我的：当测定的等电点在4.5—5.2的范围内，生化酸碱度恰好，该切割（凝乳）了。但自幼在家人的耳濡目染下，我才明白，只要双手消毒后，用手插入凝结的牛奶块中，缓缓向上捞起，拇指在这个位置，看起来刚好，那你就知道可以切开了。这就是我们所做的（也就是牛奶块破裂测试）。乳酪存放的时间可长、可短，你都能感

觉到。如果我路过一堆干酪凝乳型的奶酪，我抓一把，如果有什么不对的地方，我马上就能感觉到，抑或尝一口，看看有什么不对劲。

乔说采用通感隐喻描述了经验观察的变量，包括相关、因果、条件、干预和结果，这一切表明工匠们是从多个感官维度来理解和解释现象。[20] 乔可以“品尝和观察”。

手工奶酪制作之所以成为一门技艺，在于它是一种反身性的、预见性的实践活动，需要工匠根据过去的经验，对材料（牛奶、凝乳、奶酪）在特定情况下的属性和各生产阶段进行联觉评估。[21] 身体知识来源于对感官（视觉、听觉、嗅觉、味觉、触觉、时间感）的训练，经过不断锤炼来学习并采取行动。这是一个感官层面的推理。随着熟练程度的提高，观察变成一种自然而然的习惯——不是因为重复，而是因为训练在突发情况下采取应急行动的条件反射。当一个人学会了如何观察时，他看待和感受事物的方式随之改变。经过若干年的实践，凭直觉行事的芝士师傅可能对自己如何把握切割凝乳或排干乳清的火候已经说不清，道不明了，因为他们获取了一种隐性知识。[22] 在格拉斯尼关于牛饲养技术和标准化的著作中，她描述了意大利饲养者是如何通过所谓的“熟练的眼光”辨别出哪些才是优质牛的。[23] 她写道，这种洞察力构成了一种“格式塔转变（gestalt shift）”：一旦一个人学会了如何看待质量（以一致和清晰的方式快速评估客观条件），从那一刻起，他的眼里看到的都是质量了。这类似于一种后天培养的品味：曾经沧海难为水，人一旦学会了品尝高端美酒的味道，就很难再回到以前，喝一瓶三美元的劣质酒了。

从历史上来看，“手工技艺的传统”可以追溯到前工业化时期农家妇女的做法，她们把易变质的牛奶变成奶酪，尽管她们未必喜欢这一行当。[24] 她们的技艺别具一格，甚至有点怪异，因此被认为是不科学的。[25] 它显而易见的任性、随意的特点正是19世纪的奶
137 酪工厂想克服的，但那些顶级芝士工匠的神奇技艺却是19世纪的改革家们力图通过科学手段去捕捉的。

在1865年罗德岛奶牛展览会开幕式上的致辞中，时任新英格兰农业协会主席洛林（Geo.B.Loring）承认：“顶尖农学院培养了一批聪明、成功的农场耕种者。”他惊叹不已，“那些精明、善于观察的年轻人从未读过一篇关于牲畜的文章，却神奇获得了读懂牲畜的能力和品质。父亲的耕种，母亲的家务管理——我们仍然可以从中研究什么对我们有用。”

为了说明，他接着说：

> 在马萨诸塞州东部，有一位富有的资本家——设计并经营了该地区最广阔、最壮观的农场之一——他的血统可以追溯到英国上等贵族。他的乳品室的设计是最受欢迎的，但他在一个重要的项目上失败了。他的邻居是一位整洁勤劳的老农妇，不像他那样自命不凡，技艺却更娴熟，她生产的乳制品始终比他的强，而且在县里的集市上卖得总是很抢手。有一天，他终于忍受不了了，屈尊求教。她倾囊相授，但他的奶酪还是不行。最后，他想起自己没用过温度计，于是去买了一个。我们的这位资本家带着胜利姿态去拜会他的师傅，洋洋得意地说他终于弄到了一个精确测量牛奶温度的仪表——温度计。

"计量器，"好心的农妇问道，"计量器是什么?"

"你这都不知道?"他鄙夷地说，"温度计是一种仪器，通过它我们可以测出空气、水等的温度。要不然，你怎么确定牛奶的温度?"

停了半晌，这位农场大妈瞪着眼睛,满脸狐疑地说："我用手指啊!"

这位资本家的玻璃心瞬间碎了一地。实用的农业科学陡然变得清晰起来，他终于老来长智慧了。我衷心希望他能成为一名优秀的农民。至少他明白了科学和实践的区别。[26]

人们仍然可以找到更多关于牛奶和凝乳的神乎其神的故事。威斯康星州一位农庄的芝士师傅给我讲了其中一个：

一位年迈的德国芝士师 …… 走进来，他端详着牛奶说："啊，这牛奶真美!"他闻了闻说："你的农场后面有一个泵，它会破坏脂肪。"

我问："怎么可能?"

他说："我闻到这里有乳脂氧化的味道。"

我笑了："哦，天哪，你在耍我吗！?"

他说："不，能闻到。"我们在农场里有一个乳脂搅拌泵，安装它是因为便宜。但我们当时不知道它对乳脂会有什么影响。他说："总有一天你会发现把它换掉是值得的。"

138 只需评估牛奶和凝乳，熟练的芝士师傅就可知晓，别人在做什么或没有做什么。大卫·梅杰告诉我，当年他们把佛蒙特州牧羊人奶酪带到比利牛斯山时，一位巴斯克芝士师傅仅凭感觉和味道就知道，他们掺和了几种不同温度的牛奶，并在牛奶温度尚未均匀之前就加入凝乳酶。

对刚入行的创业者来说，基于观察的经验科学可以帮助他们领会这些能工巧匠的实践智慧，尽管科学永远无法替代技艺。

奶酪制作工具

美国奶酪协会认为，手工制作者是“动手、亲力亲为”的，但并不意味着完全徒手，还需要各种工具，包括：用来加热牛奶和煮凝乳的大桶或壶；搅拌桨或勺子；凝乳刀或其他切割工具；从凝乳中排出乳清的工具；用于塑形的模板或模具；用来排出更多乳清的配重或压力机；用来调节熟化环境的风扇和冷藏库。在这些工具中，可以发现工匠奶油厂的一系列先进技术。理解通感在手工制奶酪过程中的核心作用，有助于解决一个有争议的问题：奶酪制造商可以采用多少技术，仍然可以称为“手工”？[27] 从凝乳中提取乳清，是用气动压力机，还是在庭院拍卖中捡来的举重器械，或者用几根填满食用盐的PVC管，这有什么关系吗？对什么有影响——对奶酪的口感和纹理有影响吗？（可能不会。）对创业资金有影响吗？（当然。）影响奶酪制造者作为工匠身份的自我认同吗？（有可能。）

考虑一下机械搅拌装置。对于那些采用这种省力工具的人们来说，已经没有回头路了。佛蒙特州的一位奶酪制造商在评论奶酪桶上的动力搅拌臂时说：“我不会待在这里搅拌 45 分钟的凝乳，这么长时间够我去查邮件了。一边留意温度计，一边还可以处理订单、账单和付款。”对于那些常年从事体力劳动的人来说，任何缓解身体压力的技术可能变得越来越有吸引力。柏树格罗夫山羊奶酪的创始人玛丽·基恩出于对员工身体健康的担忧，以及削减成本（包括工人薪酬）的迫切要求，引入了多项自动化技术。将手工艺视为一种生产方式——一家承担除了奶酪制作之外的多项任务的商业企业——将工艺实践置于更广阔的视角之中。

一些手工搅拌的人认识到自动化的魅力。在佛蒙特州泰勒农场 139
制造豪达奶酪的乔恩·赖特，正打算升级改造，购买一台机械搅拌
器。他解释说，在 4000 磅容量（相当于 465 加仑牛奶）的大桶里，
手工搅拌凝乳的话，每天需要花一个半小时：“搅拌时会心不在
焉，老觉得有很多事要做。”如果待在大桶边，什么事也办不了。
然而“我喜欢[手动搅拌]的一点是，我可以仔细观察凝乳，可以调 140
节搅拌的快慢。虽然内心喜欢，但是哪一天不用搅拌了，我也耐得
住，不会怅然若失”。威斯康星州梦幻农场的戴安娜·墨菲说：

> “在做菲达奶酪或陈年奶酪时，我必须在大桶旁——我必须站在凳子上才能够得着，而且我必须不停地搅拌（用手持式桨），有时长达几个钟。我放下搅拌器，有时去喝杯咖啡。等我回来一看，凝乳已经粘在一起了。所以我也想要一个（机械的）搅拌器。但另一方面，我所做的事情自有一种妙不可言之处——一切都是手工完成的。我不需要什么特殊设备，照样做出上好的奶酪——你知道，如果要加工更多牛奶的话，我就忙不过来了，

那我也会考虑使用这样的设备。”

乔恩和戴安娜喜欢用手桨搅拌，因为这样可以直接、持续地接触牛奶，并灵活地调整力度与深度。对于戴安娜来说，不用花哨的设备就能制造出“美味的奶酪”，这本身就极具美感。“手工”活连接了身心；手代表着工匠的技能和实践知识。但戴安娜并没有过于理想化。有几天，她会忙里偷闲，去喝杯咖啡，但凝乳的变化不会随即停下来。一旦有任何闪失，整个批次的产品会被彻底毁掉，送到粪堆倒掉，造成资金的重大损失。她意识到，因为是小本经营，所以她能享受宁静、有节奏的工作。她并不想加工更多的牛奶，因为更多的牛奶将意味着更多的奶牛需要饲养，制作奶酪的时间也会相应减少——因而需要设备升级。这会损害她工作的美感吗？也许吧。不过，如果产品批次增加或经营规模扩大了，那时她的注意力可能会转向生意的其他方面。

对卡伦·温伯格来说，搅拌凝乳是她做奶酪时最快乐的时光：

我喜欢这样做。穿上背心，这样我就可以上到这里（轻拍她的上臂）。我真是爱死它了。羊奶可以做出非常稠密的肥皂泡状凝乳，就像拌蛋清一样：开始时你必须非常温柔，随着温度的升高和乳清的排出，慢慢地你能感觉到凝乳的变化过程。真的是一次很棒的学习经历。但在 20 或 40 分钟内你必须全神贯注，不能一心两用。我觉得这有点心理治疗作用。你知道，我不能接听电话。

卡伦喜欢手臂触碰到温暖的凝乳泡沫的感觉，羊奶膻味让这种感觉更强烈。有节奏的运动和专注可以产生治疗性的专注或“流动”感觉。但卡伦也认为搅拌是一种学习经历。当工匠的手触摸和感觉到凝乳时，它既是经验性的，也是操作性的。

在确定工艺时，芝士师傅用什么来搅拌凝乳——裸露的手臂、 141
塑料桨还是机械装置——这些并不重要，重要的是干酪制造者如何决定何时停止搅拌、何时开始切割凝乳。在决定的时候，是严格按照配方来计时吗？还是把手伸进大桶里去感受凝乳的“抓力”？当“手伸进大桶里，摸着凝乳”时——一位芝士师傅对工匠的简单定义——他们完成的操作不只是在工业生产中用机器人完成的那种。通过用手触摸来感知凝乳的状态，这是一种隐喻意义的理解，也是物理意义上的抓握（译者注：grasp 具有“抓取”与“理解”的双重含义）。

工匠们使用手工工具来综合评估材料、应对突发状况——因此承担了工艺的风险。[28] 当工匠对物质条件进行评估时，使用机械设备也可以看作一种手工实践。艺术评论家彼得·多默（Peter Dormer）写道：“工匠通常可以被定义为从事实际活动的人，在这种活动中，他们对自己的工作有控制权，因为他们拥有专业知识、掌握现有的技术。定义当代手工技艺的不是作为‘手工艺品’的工艺，而是作为知识的工艺，因为后者赋予制作者掌控技术的能力。”[29] 手工艺人的技能包括学会将工具作为身体机能的延伸。[30] 这样的工具不仅包括切干酪的U型刀或竖琴形状的切割工具，以及搅拌用的各种工具，而且还包括那些增进人们了解牛奶、凝乳和奶酪的变化属性的工具：温度计、酸度滴定仪和酸度计，以及用于数据收集的电子表格。胳膊、手和鼻也是必须训练的工具。哈里·韦斯特和努诺·多明戈斯将上一代葡萄牙芝士师傅描述为“民间气象学家”，为了使奶酪熟化，他们必须识别季风的方向和湿度的变化。[31] 这让我想起一位意大利芝士师傅的故事，据说他凭感觉就知道何时该往牛奶里加发酵剂，他的“手精确得像温度计”。

布鲁斯·沃克曼带我参观了威斯康星州的一家工厂，他最近为生产埃曼塔摩天轮奶酪而进行设备的升级改造。他向我介绍了一个计算机控制系统，用于控制牛奶流量、添加菌种。他编写了一套程序，让计算机在牛奶充分凝固或凝乳“煮熟”时自动暂停，并发出警报提醒他。这时布鲁斯就把手伸进桶里摸一摸、闻一闻，然后评估凝乳的状态。一旦确定可以进入下个阶段时，他就按下启动按钮，恢复生产运行。[32]

他特别强调说，这是向瑞士的一所学校购买的二手设备，也许
142 是怕人说闲话，嘲笑他用的计算机系统逾越了手工制作的界限，蜕变成工业生产。事实上，我走访的几家使用电脑编程的奶酪制造商通常解释说，“在欧洲，人人都在用”。这句话的潜台词是，欧洲本身代表的是一种正宗手工制作方法。[33] 有几家国内知名的奶酪生产商（比如柏树格罗夫）进口了高科技设备，确保奶酪的高产量，使奶酪得以进入全国餐馆和特色超市。

美国奶酪制造商是修补匠，拼搭使用新、旧两种设备，用令人惊讶的方式拼接出前工业化的尖端技术。约翰·普特南使用机械搅拌器和强大的气压机，坚持使用“繁殖”的菌种（类似于酸面团发酵剂），而不是购买商业菌种和预先准备好的凝乳酶。彼得·迪克森使用的是机械化搅拌器，但同时也使用一个由装满水的塑料瓶做成的、简易的加重杠杆臂压酪机。当代工匠的精神气质不是对过去的复古，而是一种现代的涂鸦。[34] 奶酪制造商的动手操作被洛兰·达斯顿（Loraine Daston）和彼得·加里森（Peter Galison）视为一种“认知美德”，这是受行业认可的实践标准，因为它作为一种有效获取知识的手段是不言而喻的，并且与共同的伦理价值

观相符。[35] 手工制作确立了奶酪制造商的身份认同，带来了最终产品。如果一家企业规模足够小，把鲜用技术作为一种必要的手段，而不是营销噱头，那么动手制作的认知美德就有可能产生美轮美奂的食品。

学习隐性知识

一旦有了经验，从观察到评估，再到偶然的、反身性实践的能力——手工制作奶酪的能力——就变成了一种不可言喻的隐性知识。帕蒂·卡琳告诉我：

> 我带过不少学员。三年前有一个可爱的女孩，才 19 岁。不知道什么原因，那个女孩对奶酪有一种特殊的感觉，她一整年都做得很棒，这给我一种错觉，以为教人做奶酪真是小菜一碟。此后我又带了五个人，水平实在不行，奶酪做得一塌糊涂。现在又来了一位乖巧可人的年轻女士，她是一名面包师。你猜怎么着？她对奶酪有种不可言喻的感觉，那到底是什么呢？那是手感，是直觉。这没法教，哪怕你一刻不停地盯着他们，仍然教不会。唯一你能教会的是食谱、程序、模具、培养基等等。

然而，我调查的手工奶酪制作商中，有三分之二的人说他们曾 143
参加过正式的奶酪制作培训班。[36] 众所周知，有些微妙的东西是不可言传的，那这些胸怀壮志的奶酪制作商还指望从课堂教学里学到些什么呢？培训师又能教他们什么呢？

“在我们国家，”彼得·迪克森在2007年的一期研讨班上授课时哀叹道，“我们失去了农庄奶酪制作的传统，失去了欧洲人拥有的技术。”它们完全被工业化侵蚀了。然而，迪克森话锋一转，热情洋溢地说，通过建立新的实践社区和发明新的传统，“这些技术失而复得”。“对于缺乏经验的奶酪制造者来说，”在一本名为《奶酪制作的艺术》（*Art of Making Cheese*）的书中，迪克森写道，“传统方法应该得到科学理论的加持，才能生产出始终如一、高质量的奶酪。”[37] 这就是迪克森在培训班上讲授的内容：不仅有技艺——比如在牛奶中加入多少菌种来制作某种奶酪——还有技艺背后的科学原理（酸化等）。他认为，通过了解这些原理，奶酪制造者可以更好地把握，大桶和奶酪中发生了什么，以及为什么发生。这些知识为学习新的实践传统提供坚实的理论基础，从而提高工匠的技艺。对于迪克森来说，生化反应的科学知识，除了技术科学（例如，业界熟知的菌种发酵剂培养基、酸度测试、卫生实践）之外，还可以提高工艺实践，而不是像在工业生产中那样取代它。

2007年的那场研讨会在伍德科克农场（Woodcock Farm）举办，农场主人是马克和加里夫妇，他们在佛蒙特州制作农庄奶酪已有十年之久。大多数学员都有一些在家制作奶酪的经验。他们中有打算掌管奶酪生产线的中年农场工人，有对生奶芝士着迷的田纳西州农场合作社社员，有追求“另类的生活方式”、刚刚从城市搬到农场的家庭妇女，有筹划着一起去科德角做奶酪生意的两位年轻人，还有养山羊的小说家。研讨会的安排是，上午在费舍尔家餐桌旁听讲座，下午在芝士屋里动手实践。迪克森给每人发了一本手工奶酪“秘籍”，花两天时间教了一些基本原理，帮助我们分析现状，并根据突发情况做出相应调整。

迪克森并没有教大家具体的情境知识，比如在哪家牧场上饲养的、哪类牲畜产的鲜奶可以用来制作哪种奶酪，因为他的目的是运用基于技术知识的推理，培养对制作奶酪过程的领悟力。毕竟，手工奶酪制作完全植根于整个生产生态之中（尽管这个生态本身是需要评估和调整的），而且迪克森心里很清楚，他所教的学员很快就 144
会返回各自的工作岗位中去。[38] 与19世纪农场妇女的专门知识不同，今天的奶酪制造者为现代工艺提供了一种解释，即保罗·金德斯泰特倡导的“艺术与科学之间的平衡”。[39] 因此，迪克森培训的任务是，把科学仪表和尺度当作类似于奶酪竖琴，甚至牛奶和凝乳的工具来展示。要在多变的条件下恰当地使用每一种工具，首先得培养一种感觉。前提是，通过研究牛奶与凝乳的分子结构变化，人们可以更快地学会如何理解客观数据（温度、酸度、时间），并思考下一步采取什么措施。研讨会上，他给我们的第一个工具是一张空白的生产记录表，用来记录日常观察（并帮助我们记住要观察什么）。

在整个研讨会中，迪克森向我们传授了两类知识：理论或抽象的科学知识，即知道为什么；以及实际的工艺知识，即知道如何做。[40] 我的听课笔记总结了其中的原因：“奶酪制作需要培养酸度和脱水牛奶。”但除了记住这些简单的原则之外，我和学员们仍然一头雾水，不清楚这是一条关于牛奶变化规律的金科玉律，还是处理某一天某一批次牛奶的一条锦囊妙计。为了弄清楚这一点，我们花了很长时间讨论，并整理了一份关于如何区分不同类型凝乳的图表（参看表2）。

凝乳酶（我们了解到）使牛奶在高pH值（低酸度）下凝固。[41] 如果不添加凝乳酶，一旦牛奶变酸（低pH值等于高酸度；酸度等同于酸味），软干酪就会在低pH值下凝结。这就是为什么白干酪和切夫山羊干酪被称为酸凝乳奶酪；当细菌培养基产生足够的乳酸，使乳液的pH值降至4.6（等电点），此时由于酪蛋白（乳蛋白）分子的净电荷为零，分子间的斥力消失，分子与钙离子发生聚集而沉淀，产生一种可分离出凝乳与乳清的凝胶状物质。

迪克森的图表还传达了这样的信息：硬壳的奶酪比软奶酪需要更多的凝乳酶（为此，凝乳要在较低的温度下“煮熟”，以保持更多的水分）。他解释说，凝乳酶含有一种蛋白水解酶，可以“消化”蛋白质，使蛋白质收缩。当它收缩时，乳清被排出（这就是脱水）。尽管我的高中化学成绩不尽如人意，但我还是能明白：添加的凝乳酶越多，凝结越容易发生，排出的水分就越多；凝乳中含的水分越少，凝结的速度就越快，奶酪就越硬。不过，软熟奶酪（如布里干酪和卡门伯特奶酪）每盎司的脂肪含量比切达那样的硬奶酪更低，因为软奶酪比固体脂肪含有更多的水分。[42] 在制作较硬的陈年奶酪时需要使用凝乳酶。

145 **表2 区分凝乳的品类**

86°F—90°F		68°F—72°F
酶凝凝乳	乳酸凝乳	酸凝乳（不含或极少凝乳酶）
	使用二分之一量凝乳酶的“混合型”	
切达阿尔卑斯型	查尔斯，埃波斯，成熟山羊奶酪	农家奶酪，山羊奶酪，白奶酪 + 酸奶 与酸奶油
富有弹性，可以拉伸		没有弹性，易碎

但随后迪克森引入了另一个变量：反刍动物物种。他说，一般

情况下，羊奶和牛乳需添加的凝乳酶量相当，但绵羊奶所需的凝乳酶较少，因为绵羊奶比牛奶或羊奶含有更多的酪蛋白（乳蛋白）和钙（酶在其中起作用）。因此，饲养绵羊的话，使用的凝乳酶量要比配方（按牛奶要求的标准剂量）上写的要少。这对美国奶酪制造商来说是一个重要的提示，他们不必受工匠习俗的束缚，更不用说各地配方的繁文缛节了。他们可能会像一位奶酪制造商所说的那样，“在传统方法中挑挑拣拣”，试验混搭多种奶源，比如不用牛奶，而改用羊奶制作卡门伯特奶酪，或者法国山羊奶酪风味的金字塔形奶酪。迪克森说：“你可能需要调整配方！”听到这话，一位学员倒吸了一口冷气。他说，自己长时间以来知其然，不知其所以然。今天终于明白，为什么以前总是避坑落井了。

另一个关键变量是切割凝乳的时机：过早，凝乳太软；太晚，凝乳太硬。许多北美人倾向于把时间当作客观的衡量标准。烘焙35分钟，布朗尼食谱上这样写道。我们按图索骥，时间一到，就打开烤箱，35分钟是一个客观的指引；烤箱出炉的食品总会有差异，这种差异可以理解为烤箱恒温器校准好坏造成的，或者口味的问题（比如本来就想做松软的或蛋糕口感的布朗尼）。奶酪似乎也是如此。让菌种溶解20分钟（食谱可能这么说）后，加入凝乳酶；50分钟后，切割凝乳，以排出乳清。但迪克森说，好好利用时间这个变量——奶酪制作过程中各个步骤的时间安排——就好像时间是主观而不是客观的。他建议我们为每个批次的奶酪建一个模型，根据牛奶的初始pH值进行调整。他说，在每批奶酪开始生产时， 146
应始终如一地使用酸度计（“从科学仪器公司很容易买到”）进行检测。受牧场条件或牛群健康的影响，同一批牛群产的奶酸碱值可能每日、每周变动。他建议，如果牛奶酸度比平时低（高pH值），为了平衡，你可以加入比平时更多的菌种，或者等待更长的时间才加入凝乳酶，或者双管齐下。因此，他认为奶酪制作技艺不仅要知道如何干预（但不矫枉过正）有机过程，而且要判断何时从一个干预阶段进入下一个阶段。对凝乳的感觉意味着具有敏锐的触觉，以及灵敏的时间感。

这让学员们变得忧心忡忡。到底还要加多少菌种？还要等多久？这似乎是如何培养感觉的问题，这是另一种定性计算。科学语言和技术是为工艺服务的：这是一种理性的、熟练的能力，能够在多变的条件下应对自然变化，达到预定的目标。4 月室外温度为 40℉时制作奶酪是一种状况，7 月气温为 90℉且潮湿时制作奶酪是另一种状况，每种状况下牛奶对菌种、凝乳酶和触觉的反应千差万别。正如迪克森所说，酸碱值的客观测量让人知道如何处理各种变量——时间、温度、凝乳块的大小，以防止意外发生。他将这项技术描述为科学的因果关系知识成功取代了落后的传统方法。

这一点到了下午变得更加清晰了，因为学员们搬到了芝士屋，动手制作四轮阿彭策勒（Appenzeller）奶酪，这是一款硬质的凝乳乳酪。按照指示，我们留意加入凝乳酶的时间，把搅拌器放一边，静静等待絮凝发生，等待牛奶突然凝固成凝乳的那一刻。迪克森轻轻地把一个塑料勺放到热奶上。每隔一段时间，就会有人用勺子搅拌奶。迪克森说，过一会儿，勺子就搅不动了——这是牛奶已经达到絮凝点的征兆。想到牛奶的形状会神奇地从液体变为固体，真的很美妙，并且我们还能准确预估变化的那一刻。一旦我们都感到快搅不动了，就争先恐后地把手插入凝乳中，急于去亲身体验那种手到之处凝乳破裂的快意。

我们记录下时间。结果发现，我们刚刚测量的絮凝时间竟然可
以作为后来测量这批乳酪在切割之前所需静置时间的基准。我们没
有遵循标准配方（例如，加入凝乳酶，等待30分钟后再切割），
而是应用了奶酪制作中的因地制宜原则。这种干酪（和其他高山风
格的硬奶酪）的凝固时间是絮凝时间的三倍，而像卡门贝尔这样的 147
软熟奶酪，根本用不着切割凝乳，只需用勺子轻轻地舀入模具，然
后等待六倍于絮凝时间就可以了。[43]

然而，在研讨会的第二天，当我们重新聚在一起制作圣保罗奶
酪（Saint-Paulin，一种半软奶酪）时，迪克森再次调整了配方。
虽然这个配方上写着，干酪静置的固定时间为絮凝之后35分钟，
但今天所用的凝乳酶与牛奶量的比例比昨天更高了，他解释说，因
为达到絮凝状态的时间比预期更长。他苦笑着说（这让一些学生茫
然不知所措）："这事本来就非常主观，不过一个配方而已，我可
以随心所欲！"主观与客观本来只是一个参照物而已，只对主体有
意义。[44] 诀窍（学员们越来越意识到）是知道自己想要做什么。奶
酪制造商如何决定等待时间、凝乳酶用量或凝乳块的大小，这不
仅是重复练习的结果，而且是基于对生产生态中的牛奶了如指掌
与体悟。

对制作奶酪的新手来说，聆听老师如此明确地表达那些难以言
传的默会知识——或者，换个角度说，让看似客观的原则显露出如 148
此的主观性——可能会令人望而生畏。那些原本想来取真经的学员
似乎对老师看似漫不经心的做法感到惴惴不安。在某种程度上，迪
克森表现出一种手艺人的轻松姿态，迈克尔·赫茨菲尔德（Michael
Herzfeld）称它为"一种不假思索、一挥而就并且漫不经心的技能"。[45]
但是，个别学员希望学会几招秘诀、几条小窍门就足以让他们从厨

房里的吃货华丽转身，变为专业的商业奶酪制造者。在芝士屋里，我偶然听到两位学员的闲聊：

丹妮尔（Danielle）问内森（Nathan）说："这么说他是按配方做的喽？"

内森（扬起眉毛，手颤颤巍巍地比画着）对丹妮尔说："有点，是有那么一丁点。"

如果按照丹妮尔和内森的想法，配方是一种实践的指引，那么在手工艺中，最好把这样的指南理解成迈克尔·波兰尼（Michael Polanyi）所说的"艺术的规则"或格言："对那些还没有掌握艺术实践知识的人来说，这些准则理解起来都困难，更谈不上应用了。"[46] 对迪克森来说，关于酸碱度的科学认识与其说是经过验证的事实，不如说是经验法则。这并不是说熟练的工匠已经掌握了实践规则（配方）；相反，他已经习惯了艺术规则。正如帕蒂·卡琳所说，"我对工匠的定义是无微不至地关爱。我想，你要是亲自监督制作每一个步骤的话，你自然会热爱。"[47] 从这个角度来看，手工制作奶酪需要像工匠一样思考和感觉，富有奉献精神和历练，热情满满、全情投入。

这种历练可能是有意为之，也可能偶然天成。每天下午在奶酪房，迪克森都会测试酸碱度四次，从倒入大桶的牛奶开始，最后是给压制好的奶酪轮削边，记录制作单。他用数字酸碱度探针检测从丽莎·凯曼农场买来的鲜奶，读数是6.83。那天早上，他跟我们说，如果一桶牛奶的初始pH值为6.8或更高，这表明奶牛群中的某头奶牛出了问题，或者——他在下午修正了一下——仪表出了问题。他重新校准了那个不靠谱的探针后，读数变为6.73。

“这是我喜欢的！”迪克森喊道，语气有点夸张，“我大约一天六次重新校准我的酸碱计。”

这些看似客观的数字居然被我们当作制作手工奶酪的科学依据，让人贻笑大方。学员们都面面相觑，不知道下一步怎么办。迪克森最后建议用蒸馏水清洗探针。

最后，我在研讨会上察觉出对科学仪表、原理的一种技术亲密 149
感。赫茨菲尔德曾提出“文化亲密感”的概念，用来描述一个民族有时会对自己的文化情感特质感到难为情的自我意识。[48] 在迪克森的课堂和培训手册中所传达的权威知识背后，是行业人士共同的默契（可能会被质检员、许可监管机构或其他局外人所排斥），认为手工奶酪制作中的科学测试结果（pH值或温度）可能只具有启发意义，而不是铁板钉钉的事实。玛西娅·巴里纳加是一名初出茅庐的奶酪制造商，有着理工科专业背景。她解释说，“有时查看酸碱度读数时，你会说，‘我觉得酸碱度计出了问题。直觉告诉我，这个奶酪很好，我不信仪表。’你要有心理准备，不能全信酸碱值测定仪”。测量pH值就像凝乳的手感一样是不言而喻的。因此，科学和艺术融合于工艺之中。

事实证明，手工制作奶酪与科学实验之间具有许多异曲同工之
处。毕竟，科学实验的机械性工作不仅依赖于科学方法原理，而且 150
依赖于工艺相关的实践知识（例如，如何测量液体、使用移液管、观察培养皿或显微镜载玻片上的物体）。[49] 因此，一位科学家如果想让人复制实验以验证他的实验结果，光写下实验步骤是远远不够的。[50] 任何难以通过一套公式化的指令来传达的工作都需要隐性知识，但这吓坏了一些奶酪制作者。

玛西娅提到了她的一位朋友芭芭拉，刚读完一本法语译本的指南，就开始自学制作奶酪。她不相信酸碱度读数——不只是仪表——认为自己所做的是一门艺术，而不是一门科学。没有受过科学训练的人，被排除在科学家的技术亲密关系之外，往往天真地认为科学是完全理性的、客观的——不受科学家主观倾向的影响。一旦得知科学工作并非与主观体验和解释对立、隔绝（或在其他情况下，受政治影响）时，这些门外汉就会认为科学专业知识无用或无关紧要。在这里，艺术被视为技术科学的替代品，其认知价值在于承认我们的认识本质上是主观的。

事实上，理解牛奶中的化学成分并非制作奶酪精品的必要条件。学习更多的科学知识也未必带来奶酪制作方法的改良。大部分学员不理解彼得·迪克森在培训班讲解的科学知识。2007 年，一位自称芝士师傅的朋友莱妮·方迪勒对我说，“我是个外行”。当我问为什么，她回答说：“其实我不用酸碱度测定仪。我总在瞎糊弄。”她告诉我，她正在努力使奶酪的质量更加稳定，但即使不做酸度测试，她也照样能成功，因为“我对凝乳了解得一清二楚”。不久前，她买过一个酸碱度计。“我查了读数，”她说，“这对我来说没有任何意义。”一位年轻的芝士师傅解释说，使用酸碱度计需要训练，多用几次的话，她会慢慢明白酸碱值的含义。后来的情况确实也像她所说的那样。2012 年，莱妮已经购买了一个新的酸碱仪，并参加了学习如何解读酸碱值的课程。“我还在观察凝乳，”她在给我的一封电子邮件中写道，“但现在酸碱仪让我变得更有信心了，我喜欢现在这个样子：每批次产品质量稳定了，有更多时间思考、记笔记。”在从事这行 20 多年之后，莱妮正在获得一种新的默会知识。[51] 那么，有抱负的工匠们可以从正规培训课程里得到什么呢？跟踪pH值，运用牛奶中的化学知识短则几个月，长则数年。但这里也有一些更难以言喻的东西需要学习。

学习制作奶酪的科学可以满足奶酪制作者的好奇心。魔术是我经常听到的一个词，用来形容牛奶变成奶酪的过程。给牛奶加热， 151
添点这个，抓点那个，搅拌一下——“然后奇迹就发生了”。一位学员说。帕蒂告诉我：“在熟化过程中，我发现的令人兴奋的事情——哦，数不胜数！对我来说，这纯粹是巫术，法力无边。”由于今天的科学提供了关于自然如何运行的权威知识，科学工具也给工匠们打开了窥视这个魔术的窗口，而不是掌控它的技术，他们因而能够从更高层面去理解生产生态，以及作为生态系统一分子的自我。对于一些美国奶酪制造商来说，科学不是恣意利用的工具，而是体验大自然奇观的媒介。

当工匠们认真对待与自然力量的合作（而非征服）时，对科学知识的认知与理解有助于造就一个动手能力强、学识渊博的工匠。对于后田园时代的工匠来说，科学似乎是在探究民间的魔术理论；在这个时代，科学进一步激发了人们对自然世界的好奇心，把人们从回归土地的反主流文化带到回归自然的网络文化。

工艺品味：未完成品的挑战

到目前为止，我介绍了如何“在大桶里制作奶酪”，这是彼得·迪克森用来提醒人们注意因地制宜、调整配方的一句格言，但远不止此。从奶牛场开始，奶酪制作已经超越了制作室和熟化设施，进入消费市场。对一般的工艺理论来说，考虑市场因素是不可或缺的。对奶酪制作经验进行归纳和外推，我总结了关于工艺的特征是：

- 始于原材料的技术知识和直接接触；
- 亲力亲为，获得经验和操作手感；
- 运用通感推理；
- 对工艺流程表示赞赏；
- 利用根植于实践传统的社会知识与实践知识（工匠不是独一无二的创意天才）；
- 生产的物品功能良好、具有实用价值；
- 生产非标品，利用自然的差异提升商品的美学和商业价值，但又明显符合预想的形态。

如果想了解一个手工艺人的经营方式对奶酪的制作有何影响，可以考虑一下，手工艺实践并非完全理性，工匠按部就班地实施预
152 定的计划，而其情感计算也绝非出于本能。相反，手工艺受行动者的社会环境所影响：惯习。[52] 工匠做奶酪时采用通感、综合知与行的方法类似于法国理论家所说的“惯习”（habitus）：即在特定的文化（或专业）场域的关系中，社会熟练水平所要求的一套具体的行为倾向。工匠的惯习与其说是一种个人能力，不如说是一种感悟力。它强调运用通感把握各种材料，以及本真的职业伦理——为工作而工作。[53]

在将马塞尔·莫斯（Marcel Mauss）的惯习概念发展为文化习得能力的过程中，皮埃尔·布尔迪厄借用了与工艺相关的术语——机智、灵巧、老练——来解释社会关系的世界是如何渗透到个人对

自我认同和可能性的知觉。[54] 也就是说，布尔迪厄致力于理解社会规范是如何被具体化的，如何被整合到世界观中。这些世界观可能被体验为客观现实，但实际上是“沉淀的历史”。对布尔迪厄来说，个人是受社会制约的，但不是一成不变的；在我们的行动和自我展示中有个人即兴发挥的空间。在他看来，惯习是在意外情况下采取应急行动策略而引发的一种反身性感觉。日常生活的实践听起来很像手工制作奶酪。

抛开奶酪制造者自己的术语——艺术、科学——我认为，布尔迪厄的社会理论可以帮助我们深入理解工艺实践，因为一旦把日常生活视为一种工艺的过程，我们势必会考虑工匠的业余生活对他们工艺实践的影响。因为手工技艺是从一种习惯的、实用的社会和技术知识发展而来的，所以为了理解技艺（制作或操作的实践知识），我们必须将技术人员（工匠、艺术家、设计师、工程师）看作参与人际关系并融入社会等级之中的一个人。毕竟，手工艺是工业社会里的工匠们经过一番价值观挣扎之后才出现的。

这一观点揭示了美国奶酪手工品质结构中一个有趣的悖论。从本章开头的ACS定义来看，似乎使用的技术和技术科学越少，奶酪的手工地位就越高，其文化资本也就越高。但是，鲜用技术制作出来的奶酪——厨房里制作的新鲜奶酪，如山羊奶酪、马苏里拉奶酪和农夫奶酪（farmers'cheese）——并不享有比采用高科技手段制造的奶酪更高的文化地位，比如塔伦泰斯，约翰·普特南用机械搅拌器和气压机生产的阿尔卑斯山风格的奶酪，或者彼得·迪克森用机械化奶酪切割工具制作的波利特（Pawlet）奶酪。这可能有多个原因。一般消费者很难根据自然陈化奶酪的味道或外观判断，奶酪生产过程中是否使用了机械化技术；生产商也不会刻意宣传。此外，

153 因为新鲜的奶酪需要投入的劳动力会更少，价格更实惠，消费者很容易买到。

与此同时，品味较高的奶酪表面上看是手工制作的，但制作者未必是经验丰富、熟练的工匠。在我采访对象中，似乎最能体现本章描述的工匠惯习的是几位制作家常芝士的师傅们，他们中有第二代和第三代手工艺传人。比如，乔·威德默，他从第一代美国工匠那里继承了传统的手工技艺。

此外，还有迈克尔·谢普斯（Michael Scheps）。我采访他的地点是佛蒙特州本宁顿的梅坡布鲁克农场（Maplebrook Farm）铝墙板仓库里的一间角落办公室，这与该州其他风景如画的农场截然不同。迈克尔把我带进一个不带窗户的屋子，他的员工在那里拉伸马苏里拉奶酪。为了能够用手拉伸一磅重的奶酪球，迈克尔使用多种设备，包括一个水槽、一个放在奶罐上的不锈钢碗、一把木铲，以及流出 165°F热水的水龙头。一旦迈克尔开始行动，在一个小时内他可以做一百多个奶酪球。常人看来，这是机械式的重复劳动。即使是把马苏里拉奶酪称为“主流奶酪”的迈克尔，似乎也有点不确定他是否属于美国手工奶酪运动的一员。[55] 迈克尔说，他从父亲那里学会拉伸奶酪（他的父亲曾经是一家奶酪工厂的老板，在家里制作马苏里拉奶酪，供家人食用），而他父亲是从他祖父（在新泽西经营一家奶酪工厂）那里学的。他提供了一个很有价值的第一手资料：

> 我真的很喜欢做奶酪。从错误中学习，有时会很苦恼，为什么老犯错。但问题一旦解决，它的意义非凡。你想通了，并且真的很努力——全身心地投入其中。每

> 个做奶酪的人都希望做得最好，为自己，也为他人。当我拿起一块芝士，我的心也跟着提起来，时刻会牵挂着。
>
> 有时我会为牛奶、四季轮回、固体和脂肪而苦恼。学习越多分析技术，越了解它的组成部分，我眼里的牛奶就不再是牛奶了。牛奶来自动物。当动物在高温环境下受到压力，这对我的产品有什么影响，需要对配方做什么调整来适应奶源的变化？
>
> 记得我父亲的手艺是我祖父教的，祖父才是这行的老前辈。我父亲的实验室真是高科技，有三名实验室技术人员和一个经过专业机构认证的实验室。我父亲会像品酒一样品尝牛奶。那时我很年轻，我说：“爸爸，你为什么不像其他人一样，把样本带到实验室检测呢？”他可不愿意人云亦云，他说：“你要了解奶罐，闻一下牛奶，闻一闻！”（迈克尔深深地吸了口气）可以看出来——你身上有这个本能。年轻时，你不吃那一套，但是（现在）
> 我会。我一直用我的嗅觉，即使在压制奶酪成型或拉伸 154
> 时，我总会抓一把（他把手举起来，闻了闻）——你要是闻出味道，就有那种感觉了。但你不一定自知，直到有一天你突然感觉有什么不对劲，比如味道不一样了，这就会触发其他感觉。我想，这成了一门艺术。

我请迈克尔给我细讲，他是如何把一块凝乳变成一团丝滑的马苏里拉奶酪的，话音刚落，阿尔·谢普斯（Al Scheps）走了进来，他是顺道来看望儿子。阿尔同意演示一番。“那东西很漂亮，迈克尔。”他一边用长满老茧的手做着热气腾腾的干酪，一边赞赏地说。[56]

正如另一位芝士师傅所说，工匠敏锐的感觉部分源于他们“总是亲自动手，希望全身心投入每一批产品的生产中”。谢普斯父子俩向我揭示了前述工艺惯习中的情感因素，有助于说明卓尔不群的工匠如何制作名不见经传的奶酪品种。[57]

消费者愿意为陈年奶酪支付每磅 30 美元以上的价格，商家则梦想通过手工制作奶酪来做笔划算的买卖，因为人们肯付这么高的价格显然不是为了吃饱，他们买的是口味的新奇和愉悦、美食家的身份，以及支持当地企业或小规模农业企业带来的自豪感。据此推测，生产商也不是把产品生产出来然后卖掉这么简单。用迈克尔的话来说，“每当做完一块奶酪，你就开始牵肠挂肚”。他把制作与买卖奶酪比喻成提供食物来建立人与人之间的社会关系，这意味着制作、分享食物。像迈克尔这样的奶酪制造商，希望将食品作为社会关系的媒介延伸到商业领域，在这种关系中，情感和权力互相交织在一起。

正如布尔迪厄所指出，工匠的惯习是由各种制度结构（包括经济结构）形塑的。[58] 手工艺的形态和工匠的性格是在动态的消费市场中形成的（有关商业奶酪的卫生和安全监管体系将在下一章中讨论）。霍华德·贝克尔注意到，工艺品通常因其实用性而与艺术品形成鲜明对比，他敦促我们探索实用性——针对某个特定的人或人群的——从来不是显而易见的，而是像工艺技能一样，从习惯的审美和评价标准中涌现出来的。[59] 就手工食品而言，这是味道，既指有味道的感觉（社会身份），也指品尝到的东西（感官、感觉体验）。[60] 受嵌入于政治经济环境之中的、共同的社会习俗的影响，工艺和品味相互塑造彼此。

一项成功的工艺商业实践包括教育消费者去辨别和欣赏工艺风

险导致的差异（在合理范围内）。[61] 当我问约翰·普特南希望消费者了解佛蒙特农场奶酪哪一点时，他回答说：

> 这是一个自然、有机的过程：有时阴冷潮湿，有时炎热干燥。环境变了，奶酪的口味、纹理随之改变。很多人认为所有的东西都应该是卡夫芝士，味道都应该一样，天天如此。但生活可不是那样的。你难道每天早上醒来的时候心情都非常好?你难道每时每刻地都会爱着同一个人吗?有些人独具慧眼，想买“9 月份”或“10 月份”的奶酪，或者发酵了 8 个月的奶酪。他们有分辨能力，知道自己喜欢什么，就像法国的老太太（买农产品）精挑细选，说“要这个，还有那个，不对，不要那个”（他用手比画着想象中的摊位）——因为他们能分辨差异!对他们来说，并不是所有东西都是千篇一律的。

他认为，美国消费者需要接受培训，才能辨别（和品尝）季节波动和不同手工技艺带来的乳品差异。只有这样，他们才能培养自己独特的口味和乐趣。

这种品味教育有助于培养手工艺品的目标客户，但正如我在彼得·迪克森主讲的研讨班上所看到的那样，培训生产商也一样重要。回到费希尔（培训主办方）的家里时，迪克森对生奶奶酪的优点和产品在不同批次之间的自然变化赞不绝口，他说：“这就是消费者所看重的。”在《奶酪制作的艺术》一书中，他写道：“就像一位制陶工人制作的一套六个杯子在形状和外观上略有不同，我的奶酪轮子在大小和外壳颜色上也千差万别。我相信，正是这种差异使手工奶酪有别于工业化、大规模生产的奶酪。”[62] 对此，一位学员表达了不同意见说，消费者要的是产品的一致性。迪克森马上补充说，正是由于工业化的出现，人们要求奶酪的质量保持一致，但这种要求对“每磅 20 美元以上的精品奶酪”并不适用。

说到这里，从隔壁房间传来马克·费舍尔的声音说，材料或环境因素造成的产品差异完全不同于“工艺水平低造成的差异，后者正是大多数美国奶酪的现状。”他说有些奶酪制造商把自己的过错归结于季节性或地域差异，即认为食品产地会对其味道产生实质性的影响，为此他非常恼火（见第七章）。[63] 他提醒我们，手工有风险，并不意味着可以为所欲为，而是有章可循；工匠们仍然在追求质量一致为人熟知的产品。手工制作的方法——亲力亲为、采用极少的技术手段、关注奶酪制作艺术的传统、运用通感识别材质——本身并不是产品质量的保障。

156 本章的篇首引用了汤姆·吉尔伯特的话，将“芝士师傅的主要工作”描述为“追求尽善尽美”，使得个人“心中”的理想变成应然、变成现实。[64] 这样的愿景有助于手工艺的创造，因为它利用的是集体与社会的知识。在这次工作坊的午餐时间，我们一边吃，一边讨论学员制作的奶酪。其中一位学员打开了她在厨房里做的一堆湿乎乎的、花皮奶酪，说那是“查尔斯”（Chaource），可左看右看都不像，因为正宗的查尔斯奶酪是一种来自法国香槟地区的圆柱形、绵密蓬松的白霉奶酪。迪克森说问题出在水分含量，并提出了该怎样处理。然后有一位学员提问：“你之前切开看过、尝过正宗的查尔斯奶酪吗?”她回答说没有。过了一会儿，马克·费舍尔分享了他的看法，认为到市场里去找自己中意的奶酪至关重要。想做阿西哥奶酪吗？那就去一家上档次的芝士店，买下在售的所有同款芝士。尽管没有谁愿意或者可能完整复制阿西哥，但制作奶酪之前，必先得成竹于胸中，心中（和舌尖上）酝酿一幅未来产品的清晰图景。毕竟，奶酪制作的新手并不是简单地遵循传统的配方，而是在配方上修修补补，以产生尽可能一致的形态。顺带提一下，意大利语中表示奶酪的单词*formaggio*和法语中的*Fromage*一样，都来自拉丁语的*forma*，意思是“形态”。[65]

手工艺品的完美形态不是柏拉图理想式的，而是一种习惯式的。训练有素的舌尖有助于把握奶酪类型或风味的习惯形态。奶酪制作技艺的传统是一段积淀的社会历史，在美国它提倡即兴创作，但无法逃脱消费市场的结构规范（或形态的约束）。查尔斯的奶酪不应该看起来或吃起来像罗比奥拉（Robiola）奶酪。当然，奶酪制造商在不同的市场里销售。我曾经在缅因州乡下的农贸市场买过名为“菲达”的奶酪；这是一款新鲜的、软质、球形山羊奶奶酪，外壳上抹了一层胡椒，浮在橄榄油上，搭配饼干吃的话，味道鲜美、松脆可口。但这款名为“菲达”的奶酪在零售店里可能不会卖得很好，因为消费者心目中的菲达奶酪是在盐水浸泡中陈化的，口感更绵密，甚至更脆，带一丝辛辣味。农贸市场的小贩们可以自由发挥，生产略微变形（但不会造成伤害）的奶酪样品；合口味的话，顾客可以买——即使奶酪名不副实，也无关紧要。在当地的奶酪店里，我尝过颜色、形态各异的奶酪（源于霉菌意外生长或制作失败），这些奶酪都标明是“处理品”，临时取了一个花名。如果生产商与零售客户之间的关系疏远，或者通过第三方分销商销售的话，这样的次品就很难卖出去了。因此，保持每个批次的一致性尤为重要，这是手工技艺中最难掌握的技能。

味觉的结构化特征从多方面塑造了手工技艺。接触（通过出国 157

旅行或在高端餐厅用餐）品相精致绝伦的各式欧洲奶酪有益于工匠惯习的形成，就像从小耳濡目染家人在厨房里制作马苏里拉奶酪和意大利面一样。这样一来，那些转行（以及有更高的生活水平）从事奶酪制造的人们，可能比原先卖鲜奶给乳制品厂、后来自己加工奶酪的奶农更了解市场需求。但是，哪怕稀奇古怪的“臭”奶酪也有市场。虽然奶酪制造商可能希望尝试混搭几种动物产的奶，或者任由真菌在霉菌成熟的奶酪上生长，但如果有经济压力的话，还是保守一点、选择大众消费的奶酪品种为好。一些做大量试验品的奶酪制造商，如莱妮·方迪勒，至今依然保持勤俭节约的生活习惯。如果生产商选择扩大生产规模、进入更大的市场的话，那就应当大批量生产质量稳定、具有广阔市场前景并且大众喜闻乐见的奶酪——也许不是工匠们梦寐以求的奶酪种类。但与此同时，也有像琳达·迪米克这样的奶酪制作商，他们仍然致力于以更适中的速度制作“日常”的奶酪。在佛蒙特州西河乳酪厂，查理·帕兰特（Charlie Parant）生产与销售（针对不同细分市场）带天然外壳的块状奶酪（比如杰克）。他把自己选择生产普通奶酪的情结归结为工艺和艺术之间的鸿沟，在一次采访中告诉我：

> 我认为并不是买得起每磅芝士价格高达20美元的人们才算吃得香。因此，我喜欢做杰克奶酪，简单、味道温和，用上好的全脂原奶加工而成。这与大多数奶酪制造商的做法大相径庭。我认为我做的不是什么艺术，可能是因为我有理工科背景（教高中生物）。如果要创作艺术的话，那我的作品寿命肯定比奶酪的更长！然而我做的是食品，是给人吃的，不是墙上挂的。

正如保罗·金斯德特所说，针对影响奶酪发酵和奶酪成熟的微生物，奶酪制作商究竟采取支配还是协作的态度，这是一个特别的挑战，因为在美国，生产商必须适当调整规模，以迎合一个崇尚手工特色精品、质量稳定和安全可靠的食品消费市场需求。[66] 当消费者参观农场时，奶酪制造商不大可能向人炫耀他们使用的酸碱度测量仪和计算机数据库的技术多么先进。然而，即使制造商在营销时大力宣传其产品的卖点是手工与工艺方法，它的科学实践基础依然存在。也就是说，艺术、工艺和科学并不相互排斥。为了确保手工奶酪的健康和安全，我在下一章将转而讨论工艺实践的监管和限制。

MICROBIO-POLITICS

第六章

微生物政治

“具有讽刺意味的是，细菌既是你最好的朋友，也是你最大的敌人。”

——亨利·图克斯伯里，《佛蒙特州的奶酪》

“对奶酪的大量学习包括接受霉菌的可取之处。”

——戈登·埃德加，《奶酪贩子：楔子上的生活》

158 奶酪是通过微生物——细菌、酵母和霉菌——对牛奶中的蛋白质、碳水化合物和脂肪的代谢作用而发酵和成熟的。制作奶酪就是培育微生物生态系统，或者，用微生物学家瑞秋·达顿（Rachel Dutton）的话，来说，“每块奶酪都是微生物生态学的一项实验。”[1] 达顿是哈佛大学系统生物学实验室的一位鲍尔研究员，她正在对自然成熟奶酪（包括本书中提及的几种）的表皮物质进行采样和基因测序，目的是分析奶酪的细菌和真菌种群，了解复杂群落中微生物的行为，以通过分类法开发出一款新的奶酪品类。

达顿说，首次邀请国内的奶酪制造商参与她的研究时，她非常紧张。以前人们对微生物的诸多反应，比如谈菌色变，甚至使用消毒洗手液上瘾，她都习以为常了。但这一次让她颇为意外，因为这些奶酪制造商都很好奇，急于了解她的实验结果。“他们对新信息持开放态度。”她说。成熟奶酪表层的实际情况“比他们了解的要复杂得多”。涂抹成熟的奶酪表面黏稠的、刺鼻的气味是由更复杂的因素共同作用形成的，并非只受大家所熟知的亚麻短杆菌的影响。达顿说，奶酪制造商也意识到微生物的复杂性，因为在每一批次或每个生产季节里，他们必须解决各种问题。工匠们对奶酪微生物学饶有兴趣，这也合乎常理，因为他们希望与大自然的有机生物 159
合作，而这正是后田园时代的愿望。

消费者对奶酪微生物也兴趣盎然。2011年春季刊《文化：奶酪上的字》(*Culture*：*The Word on Cheese*)刊登了一组长达八页的图片，展示了达顿从奶酪外皮中取样并在培养皿中培养的、高度放大与美化的细菌和真菌图像，并附文说，“细菌和真菌一起生长，共同构成了一个微生物生态系统；随着微生物的生长，它们对成熟奶酪的味道、气味和质地都有贡献”。[2] 正如一位记者所说，“吃这样的奶酪意味着，你吃进整个进化的生态系统，每一口都有数十亿只虫子。匪夷所思，令人大开眼界！”[3]

毕竟，奶酪中的微生物——实际上，构成奶酪的微生物生命——孕育着希望，却又危机四伏。2010年10月21日，联邦特工封锁了华盛顿州的埃斯特雷拉(Estrella)家族乳品厂，暂停了他们多款获奖生奶奶酪的销售。就在这个事件发生的几个月之后，这期杂志竟然大力宣扬奶酪微生物的各种益处，这显得格外突兀。FDA认为，鉴于这家乳品厂的一间陈化室中“持续存在”一种潜在的致病细菌——单核增生李斯特菌(Listeria monocytogenes)，召回在售产品是必要的举措。但埃斯特雷拉夫妇拒绝全面召回其奶酪，此后，一名联邦法官下令没收所有奶酪。两个月后，美国疾病控制和预防中心(CDC)发现萨莉·杰克逊(Sally Jackson)的生奶奶酪疑似与肠溶血性大肠杆菌的 8 个感染病例有关，华盛顿东部的联邦官员遂要求她更换使用了 30 年的、陈旧的奶酪制造设备。由于无力负担高昂的设备更新费用，杰克逊关闭了农场。

对于FDA来说，这几起事件（还有其他事件）为重新审视奶酪安全问题和监管生奶奶酪的生产提供了依据。[4] 正是令食品安全官员望而却步的这个质量问题——它充满了未知的微生物多样性——才使手工制作富有挑战性且有意义，也让一些美食达人趋之若鹜。尽管FDA认为生奶奶酪是一种生物危害，充满了潜在的“坏”细菌，但粉丝们却认为，它作为一种传统美食，会因为“有益”微生物的活动而变得安全（用微生物学的术语来说，在对鲜奶中的蛋白质和脂肪代谢时，良性微生物战胜病原微生物，这是竞争排斥原则的结果）。

为什么生奶奶酪之争总被定义为一个非黑即白、非好即坏的极
160 端命题？人们怎么能把生奶干酪称为已知的最美丽、最完美的食物之一，同时又说威胁公众健康呢？美国食品和药物管理局局长约翰·希恩（John Sheehan）说，食用生奶产品“就像是拿你的健康玩俄罗斯轮盘赌”，而罗德岛的一位奶酪商家在博客上写道，“生奶奶酪有一种难以言传的东西。口味……更田园化，更具乡土气息，味道更奇妙，看起来更充满生机”。还有一些人则认为，生奶中的“益生菌”带来健康。[6] 我认为，生奶奶酪争论的两极分化，取决于两种截然不同的观点，即作为人类，我们应该与生活中无处不在的微生物保持什么样的关系。

在本章中，我通过微生物政治学的视角，分析了当代关于食品质量的争论。引入这个术语是为了更好地理解政府和基层人员如何认识和管理人类与细菌、酵母、真菌和病毒等有机微生物之间的关

系。米歇尔·福柯（Michel Fucault）的生物政治学理论刻画了政府如何通过控制公民的性与生殖行为来对其行使权力。作为该理论的延伸，微生物政治学则描述了如何通过控制微生物生命来实施社会调节。[7] 这需要创造和推广微生物制剂的种类（青霉菌、大肠杆菌、单核细胞增生李斯特菌、艾滋病毒）的知识；以人类为中心的视角来评价这些微生物（特定的微生物对人类是“好”还是“坏”），并宣传恰当的人类行为和实践，以正确面对促使（或可能破坏）人类消化、感染和接种的微生物。[8] 奶酪，就像牛奶一样，是一种彻底的微生物政治产物。[9]

在埃斯特雷拉被查封后，ACS发表了一份声明：“论工匠、农场和特产奶酪的重要性”表明其立场，宣称“奶农有权使用生奶或巴氏杀菌的牛奶制作奶酪，这是保护他们的生计、支持当地经济、增加国家饮食多样性以及保护制作古法和传统的一种可行方式”。[10] 有了这一权利，奶农就有义务尽可能安全地制作奶酪。埃斯特雷拉案和其他类似案件给食品本地化运动倡导的理念蒙上了一层阴影：小规模、手工生产的食品是否比（或者应该）工业食品更健康、更安全。然而，正如本章将展现的那样，食品安全不容丝毫侥幸。

首先，食品安全是政治性的。在本世纪头十年，就在数量空前的新型手工乳品店开业之时，布什政府废除了大部分国家监管的基础设施，从石油到银行再到食品安全，FDA预算资金已枯竭。据佛蒙特州的一位奶酪制造商说，他所在州的FDA办公室已经关闭，只剩下人手不足的一间办公室，同时监管缅因州、新罕布什尔州北部、佛蒙特州以及纽约州北部的所有地区。在奥巴马执政期间，FDA遵照2010年《食品安全现代化法案》，加强了检查 161
和执法力度。该法案还增加了每年例行检查的频次，并赋予FDA

新的权力，强制执行类似埃斯特雷拉夫妇食品安全事件的产品召回。2010 年 4 月，FDA抽检了全国一百多家各类型和规模的奶酪生产设施，重点检测单核细胞增生李斯特氏菌（稍后会详细介绍）。[11] 系统监管的缺失已经让位于严格的审查，一些小规模食品生产商认为，监管趋严树立了执政效能良好、管理高效的政府形象，是对布什政府忽视行业违规行为的一次拨乱反正。[12] 虽然奶酪制造商并不反对监管本身——没有人比手工食品生产商更关心消费者的健康——但许多人担心，政府采用针对工业生产的一刀切监管措施去推动食品安全改革的话，可能会加重小规模生产商的负担。

出于安全考虑，最近工匠奶油厂的关停不仅表明了联邦政府重拾商业监管的政治意愿，也让人们关注到后田园政治在微观层面的运作方式。在监管行动框架内形成的生产生态是由微生物群落构成的，这既给人们带来挑战，又帮助人们实现其愿望。对奶酪、动物、土地以及人类自身的关爱——所有这些都必须考虑微生物。

奶酪微生物政治远远不止是政策的协商及其对少数食品生产商的影响，它还促使美国生产商和消费者思考风险来源，并着力规避。手工奶酪制作在美国的复兴，揭示了监管秩序与后巴斯德、后田园主义两种选择之间的冲突，前者主张强力清除微生物污染物来驯服自然——这是巴斯德式的微生物政治学；后者有选择地与微生物合作，视其为自然的代理人，这种自然是非物化的，也从未脱离人类。巴斯德学派认为自然界危险重重、难以驾驭，需要人类控制，而后巴斯德学派则强调自然与文化、微生物与人类之间的合作潜力。虽然巴斯德式的奶酪质量评估利用技术科学来实现产品的可预测性和标准化，但后巴斯德式的质量观接受了一定程度的灵活性，任由生奶芝士产生自然的、独特的风味。

在回顾了美国奶酪安全与监管的历史之后，我力图展现“自然”和“文化”概念之间的对立关系是如何影响食品安全监管的，比如规定所有生奶奶酪至少要陈化 60 天。同时说明由于奶酪的有机多样性，人们难以将其归类。在本章的后半部分，我将回到制作 162
奶酪的实践中来，考虑奶酪制造者在管理微生物环境方面有哪些行动选择。我在佛蒙特州手工奶酪研究所参加了一个关于如何降低风险的研讨会，会上顾问们向与会者传授微生物活动的科学知识，以更好、更安全地手工制作奶酪。与安全监管机构一味地追求“无菌”食品的巴氏梦想有所不同，[13] 他们的后巴氏方法在认识风险和防范微生物感染方面效仿巴斯德学派，但又有所超越，因为它把“有益”微生物（包括原料奶中的微生物）视为朋友、盟友。最后，我将回到达顿的探索性微生物实验，说明奶酪制造商如何在法律允许的范围内，培育有利的微生物环境，发酵出美味、健康、富有地方风味和安全的奶酪。

巴氏法与后巴氏法的愿景：奶酪的本质是什么？

在《法国的巴氏杀菌法》（*The Pasteurization of France*）一书中，布鲁诺·拉图尔（Bruno Latour）追踪了路易斯·巴斯德发现微生物导致食品变质之后产生的社会和监管影响。[14] 拉图尔认为，一旦在实验室中发现了微生物，科学家们相信，控制它们将彻底改变社会关系；例如，肉店可能出售不含沙门氏菌的肉类。卫生学家、政府官员和经济学家为人类“纯粹”的社会关系奠定了基础，这种关系不受微生物破坏的影响，因此人们可以预测并合理安排食物的生产与销售。到19世纪末，通过巴斯德式的卫生学，市场和医药均实现了现代化。

与此同时，法国巴斯德研究所的科学家们证实，凝乳和奶酪成熟这一看似神奇的过程（此前人们误以为）并非“自动自发的”，而是微生物活动的结果。研究人员分离并培养了让牛奶变酸的乳酸菌菌株，以及在布里干酪和卡门伯特奶酪的表层上形成的雪白、可食用的青霉菌。到19世纪末，巴斯德的研究人员说服法国奶酪制造商采用实验室培育的菌种，从而对奶酪的命运施加科学技术控制。乳酸菌能使牛奶酸化，也能在布里干酪和卡门贝尔奶酪上形成雪白的可食用霉菌。根据皮埃尔·博伊萨德的说法，这些巴斯德人的目标不是取代工匠，而是帮助他们生产出能够进入广阔市场的可
163 靠产品。[15] 细菌学在卫生和食品安全领域的应用本质上是市场导向和政治性的。

当实验室科学家首次培养和繁殖乳酸菌时，所有的奶酪都是由今天被称为未经处理的“生”奶制成的。在1892年出版的《科学》杂志上，生物学家赫伯特·康恩（Herbert Conn）发文预测，微生物菌种将导致更多、更安全的奶酪供应。在描述奶酪偶尔会被产毒性细菌侵染时，他用巴斯德式的话语乐观地说：“奶酪制造商完全无辜，但偶尔（这些‘酪毒素’）入侵，他的奶酪在这些有害细菌的作用下成熟，坏事一定会发生，只是迟早的事。如果我们的奶酪制造商学会将啤酒酿造的方法应用于奶酪制造，那就可以避免这些麻烦了。”[16] 美国从19世纪90年代开始对饮用牛奶进行巴氏灭菌时，当时主要的公共卫生问题是罗伯特·科赫（Robert Koch）发现的、与结核病有关的杆菌；但在奶酪制作过程中，干扰人们实现目标的有害微生物并不仅限于病原菌。就像在制作佛蒙特州牧羊人

奶酪一样，奶酪制造商混合使用多种发酵剂菌种——从酿酒商那里学来的一种技术——以对抗噬菌体（一种感染细菌的病毒）对发酵过程和奶酪风味的破坏。

随着奶酪制造工厂的区域性扩张，鲜奶从农场到奶油加工厂的运输距离变得更远，从更多、更大的农场购买更多种类的牛奶，因而有害细菌入侵干酪加工环节的风险也随之而增加。到了 20 世纪 30 年代，美国各地的奶酪加工厂开始对外购奶进行巴氏杀菌。这是利用病原体不耐热的特点，用适当的温度和保温时间热处理，杀灭新鲜牛奶中 95%的细菌，包括使牛奶变酸与发酵自然产生的乳杆菌，因此巴氏杀菌奶必须添加乳酸发酵剂才能启动酸化过程。一个多世纪前，康恩曾预测纯种发酵剂的使用会带来两个行业优势：安全性和多样性。他说，已知的四五百种细菌都会产生“不同的分解作用——气味和风味”。他进而推测，微生物接种可能会产生四五百种奶酪：“也许 50 年后，人人可以去商店订购一种特制奶酪——是由一种特殊的细菌制造的。”[17] 然而，20 世纪工业化带来的是统一性，而不是康恩梦想的美食多样性。与液态奶一样，奶酪工业采用常规的巴氏杀菌和乳酸发酵剂，以提高食品一致性、标准化以及安全性。[18] 对鲜奶进行巴氏杀菌，并将其与商业菌株重新培养，这对于把干酪加工从高风险的手工工艺转变为安全的工业生产至关重要。当人们把奶酪制作视为一种工业生物技术、一种利用有机体和生物过程来设计新产品的模式时，乳制品科学与工业化得以携手发展。[19]

对于受过工业生产奶酪的安全和标准化优化训练的乳品科学 164
家来说，巴氏杀菌的好处显而易见，而且不容忽视。在爱尔兰研习过手工奶酪制作的科林·塞奇（Colin Sage）说：“对许多科学家来说，巴氏杀菌法具有‘黑箱’的特性，绕过它简直是不可想象的。”[20] 设备、技术和技术人员多个要素“合而为一”，一起被当作一个“黑箱”，输出一个默契且被广泛接受为事实的结果。[21] 换言之，假设一旦确立下来，其结果就可能被当作一种实用工具，具有无可置疑的作用。根据食品监管机构和科学家的说法，将牛奶在72°C加热15秒或在63°C加热30分钟，就可以杀灭潜在的病原体，这就是巴氏杀菌法。因此，巴氏杀菌在法律上是通过记录时间和温度处理来确认的，而不是检测牛奶中残留微生物的活性（巴氏杀菌器之所以价格高昂，部分原因是联邦法律要求它配备一个自动装置，记录时间和温度之间的相关性，该信息在未来被审计时将用作合规的证据）。

巴氏杀菌这个黑箱除了被用作乳制品安全生产的基本手段，还有更多的秘密。人们首先必须把牛奶定义为一种不干净、需要净化才可以食用的液体。为了支持巴氏杀菌法被乳品行业神秘化的这一个说法，塞奇引用一位美国食品安全科学家的话说，“原料奶为什么是引起沙门氏菌和其他肠道感染最常见的媒介物，这一点并不神秘；毕竟，牛奶本质上是悬浮着粪便和其他微生物的营养液”。[22] 根据这一观点，牛奶的污染是不可避免的，但可以通过巴氏杀菌工艺来根除。

巴斯德学派的立场是，生奶从本质上来说对人类健康是有害的。对于饮用原料奶，FDA明确表示：“原料奶本质上是危险的，无论何人何时都不宜饮用。”[23] 我曾经参观过一所州立大学食品科学系的研究实验室，他们生产的乳制品供全校师生食用。该实验室的负责人站在玻璃墙前，俯瞰楼下耀眼的高科技设备的自动化加工厂，他疲惫地摇了摇头，回答了我提出的关于原料奶的问题。“人们会生病、会死”，他说。1998 年至 2009 年间，美国疾病控制与预防中心报告了 93 起因食用生奶或生奶产品而暴发的感染事件，共计 1, 837 人患病，195 人住院，2 人死亡。[24] 他似乎真的很困惑，竟然有人会冒险饮用生奶，他说：“我们在上个世纪就做了这项研究，为什么有人要沉迷于过去呢？吃了抗生素，就会好起来。那是科学。”他不明白，在当今这个时代，为什么有人会忽视科学知识，拒绝技术科学进 165
步。一个可能的答案是，尽管FDA说喝生奶会致死，但你从小耳濡目染，农家的孩子靠喝自家奶牛产的生奶也一样茁壮成长，或者你目睹了某个孩子在改喝生奶之后，奶制品过敏的症状神奇消失了（这是一个常被人提起的说法）。由于专家的说法违背了经验知识，人们对专家的权威产生怀疑，认为他们越权了，有以权谋私的嫌疑。[25]

对奶酪或牛奶“非黑即白”的极端观点，后巴斯德时代的人们也不能幸免。有人声称，生奶比巴氏杀菌奶“更”天然（在这里被认为是一种好东西），本质上是好食物。因受三起大肠杆菌中毒事件的牵连，华盛顿州一位奶农愤怒地驳斥了公共卫生官员的质疑：“上帝设计了原料奶，被人搞砸了……你得出自己的结论。”[26] 史蒂文·詹金斯（Steven Jenkins）是畅销书《芝士入门》（*Cheese Primer*）的作者，也是纽约航道超市（Fairway Market）的奶酪供应商，他拥护一种更世俗的浪漫主义。在FDA初步表态将禁止生奶奶酪的销售之后，他对《纽约时报》的一名记者说：“这事太疯狂了……它将摧毁人类与地球之间最美丽、最浪漫的联系之一，而我们将因此变得渺小。”[27]

需要澄清的是，液态奶和发酵奶酪本质上是两种截然不同的物质，具有迥然相异的风险特征。毕竟，奶酪是一种储存鲜奶的方式（尽管不是无限期的）。我的观点是，生奶的微生物政治情结蔓延到了有关生奶奶酪的监管争论之中。因此，FDA认为生奶干酪与巴氏杀菌奶干酪本质上是不同的，以至于这一差别掩盖了任何其他有意义的、可以区分乳酪类型的方法。在生牛奶奶酪的60天陈化规则中，美国的奶酪安全标准明显是二元对立的。从人类学家的角度看，这就是“自然”（非我）和“文化”（我们）之间的巴氏二元论：

这一结构原则意味着巴氏杀菌可以使反刍动物产的生奶变得文明、安全，亦宜食用。

在巴斯德乳制品科学家看来，回避这种无可置疑的优点（往好里说）是极不负责任的行为。2011年，我参加了国际食品保护协会的年会，这是一次食品安全科学家、监管机构、律师和行业代表参加的盛会。会议在威斯康星州的密尔沃基举行，晚宴上有一盘威斯
166 康星州产的生奶奶酪，被孤零零地摆在餐桌角落，上面附了一个警告的标志。当我问一位与会者她是否品尝过生奶奶酪时，她满脸狐疑地望了我一眼，好像我来自外星球。巴氏杀菌法标志着人类能够利用现代科学技术主宰自然，实现其目标。

然而，本书表明，工业生产生态与农场生态一样“天然”，只是培育方式不同。作为技术科学的工业应用，巴氏杀菌工艺是与大规模的乳品加工业相互促进而发展起来的。后巴斯德时代的人们敢于挑战巴斯德学派的基本假设，认为粪便物质不是天然物质；只有在人们挤奶不慎时，才会污染牛奶（我不会把梅杰农场和其他我参观过的乳制品厂的牛奶描述为“悬浮着粪便和其他微生物的营

养肉汤”)。后巴斯德派的观点认为，被致病菌污染的生奶导致奶酪污染，这缘于人类的文化习惯，而非大自然的问题，因此完全可以规避。

在采访中，保罗·金斯德特给我打了个比方：“很多食品行业人士和食品科学家——我也是其中之一——的想法是，‘我会解构自然，弄清楚它是如何运作的，按自己的想象重塑它，让自然为我所用。’这种看法与‘我不会扰乱自然，要与之和谐共处’的观点，是两种截然不同的世界观或哲学观。与给我们带来永久保质期的丝绒（Velveeta）干酪（这是卡夫食品公司推出的卫生食品，用融化的奶酪碎片与乳化剂混合加工而成——译者注）的超健康理念相反，后巴斯德学派认为“真正的”奶酪，是一种充满了活细菌和霉菌的发酵食品。”

如果说平淡无奇的超市奶酪是巴斯德式精神的工业遗产，那么佛蒙特州牧羊人就是后巴斯德式奶酪的典型代表。这种奶酪是由未经巴氏杀菌的牛奶制成的，通过微生物培养形成一种天然的表皮。20 世纪 80 年代，大卫和辛迪·梅杰尝试培育一种具有保护作用的天然外壳时遇挫后，遂向威斯康星大学的乳品顾问求教。科学家们驾轻就熟的是工业奶酪制造方法：在自动化工厂里，加工从多家农场购买的大批量鲜奶，制造塑料包装的奶酪块。在无人看管的情况下，这些奶酪在冷藏库里熟化。专家们建议梅杰夫妇把奶酪浸泡在抗菌剂里。在他们的建议下，梅杰夫妇使用含氯消毒液喷洒陈化室的地面，以保持室内环境卫生！不足为奇的是，这种超级卫生的策略并没有促进天然表皮的成功培育，因为它是几波细菌和真菌在奶酪表层上争夺领地的结果。最后，大卫将奶酪轮子和他的牧场进行了类比，“也许我们需要在熟成窖里培育，而不是消毒”。辛迪告 167

诉我，他们是一帮传授“恐惧和奶酪制作”的“抗菌”专家。此后，辛迪写信给英国奶酪专家帕特里克·兰斯，谈到“外壳问题”，这为他们进入比利牛斯山脉提供了契机，并为后来成功开发佛蒙特州牧羊人奶酪开辟了道路。

长期以来，人类学家认为，有且只有当人们固执己见时，自然和文化才被归类为互相对立；两者之间并不存在本质的、泾渭分明的差别。自然“是什么”，在物质上和象征上，取决于人类怎样看待有机过程的参与；认识到这一点——后田园思维的一个基本原则——意味着人类可以在某种程度上决定该坚持何种自然。微生物学全面渗透到后田园的实践中。对于人类来说，反刍动物产的奶本质上不是健康和安全食品，也不是有害食品。[28] 更广泛地说，食品安全本身很大程度上是相对的，“而不是食品固有的生物学特性”。营养学家马里昂·奈斯特（Marion Nestle）写道。[29] 对一些人健康和安全的食品可能对另一些人有害（想想过敏和免疫，还有牛奶、乳糖不耐症）；某种情况下有益，而另一种情况下有害。比如，少量但不大量，或者此一时非彼一时。这些可能出现的各种紧急情况对食品安全监管机构和食品生产商都构成了挑战。

2011年，《纽约时报》将凯莉·埃斯特雷拉（Kelli Estrella）与FDA的抗争事件描述为“有力象征着小型奶农生产的食品安全问题与政府监管的权限问题，这在全国范围内引起广泛争议”。[30] 西德尼·明茨将这个问题称为资本主义民主社会的一个根本难题：“一方面如何为公民提供保障，另一方面又保持（消费者）选择的自由。”[31] 安全的食物供应不容小觑，困难在于如何最好地确保这一点。

安全监管与食品分类的问题

在美国，确保奶酪生产安全的手段是巴氏杀菌法与产品随机检测。生奶奶酪的监管是一个例外。在没有巴氏杀菌的情况下，生奶奶酪需要一个最低限度的陈化期才允许进入市场销售。FDA规定，未经巴氏杀菌的牛奶制成的奶酪在出售之前，必须在不低于1.7℃（35℉）的温度下熟化至少60天。60天熟化期的法规是FDA生乳奶酪标准的一部分，适用于国内生产和进口的奶酪。[32]法国和意大利没有生奶奶酪的这种陈化合规政策。在加拿大，生产商必须遵守类似的、在2℃的温度下熟化60天的规定，但自2001年以来，加拿大食品检验机构允许进口法国产的未经巴氏杀菌、无 168
陈化期限制的奶酪。2008年，魁北克自行出台政策，允许销售未熟化的生奶奶酪，前提是须遵守降低风险的政策。

生奶奶酪的强制性陈化期是为了防止致病细菌在松软奶酪的潮湿环境中滋生。一种看法是，随着奶酪的熟化，其水分会逐渐地散失、酸度增加，从而使病原体微生物难以生存。1949年出台的、作为工业生产的政策指南的一部分，“六十天熟化期规则”是针对“二战”期间美国海外军人食用了沙门氏菌污染的、经过热处理（但未经巴氏杀菌）的切达干酪而引发的一波伤寒疫情。疫情暴发之后，一项由政府资助的研究发现，用未经巴氏杀菌的牛奶制成的陈年切达干酪经过60天的发酵，足以杀灭沙门氏菌。因此就有了熟化60天的规定。

自20世纪90年代末以来，FDA的工作议程包括重新评估生奶奶酪的60天陈化期，“以确定这一工艺标准是否足以保护公众健康”。[33] 消息公布伊始，整个手工奶酪世界的人们为之震惊。他们担心，全面禁止生奶奶酪的生产可能会危及生奶奶酪及其制造商的未来。即使他们买得起巴氏杀菌器（许多人买不起），但他们苦心经营的市场声誉可能受损，因为巴氏杀菌将改变生奶奶酪独特的味道和质地。然而，60 天规则可能会逐渐被美国烹饪、农业和微生物领域的变化所淘汰——这些变化已经产生了新的奶酪，以及新的有毒病原体。

产生志贺毒素的大肠杆菌（一种肠道细菌）O157∶H7 突变株在1982 年首次被发现，这在当年FDA出台 60 天熟化期的规定时可能还不存在。大肠杆菌O157∶H7 出现在美国疾病控制与预防中心的生物菌源名单上，并且最近几年发生多起袋装菠菜（种植在牧场租赁地）和绞碎牛肉受污染事件都与之有关（2011 年德国发生的豆芽恐慌事件是由一种新发现的肠出血性大肠杆菌O104：H4 菌株感染引起的）。南达科塔州立大学的一项研究结果表明，在受控实验中，大肠杆菌O157∶H7 在奶酪基质中的存活期超过 60 天。该研究发表在《食品保护杂志》（*Journal of Food Protection*）上之后，FDA重启对 60 天陈化规则的审查。[34] 在为奶酪联盟协会回顾这项研究时，一位佛蒙特大学食品科学系的微生物学家凯瑟琳·唐纳利（Catherine Donnelly）认为，这项研究使用的盐（一种抗菌剂）比切达奶酪中添加的食用盐（一种抗菌剂）要少得多，并且在其中一个试验中接种了虚高浓度的大肠杆菌（1000 cfu/ml）——源自牛
169 的肠道并通过粪便传播——远远高于实际可能流入手工奶酪制作流程且未被检出的浓度。[35] 尽管该研究存在缺陷，但它引起了人们关注这种新病原体的存在与持久性。[36]

从微生物学的角度来看，生奶奶酪 60 天通用规则的问题在于，并非所有奶酪的成分都像切达干酪，也并非所有病原体都像沙

门氏菌。O157∶H7 不是普通的胃病大肠杆菌。更重要的是，当涉及易致病性时，硬质、干燥、锋利的切达奶酪和柔软、潮湿、低酸、花皮的奶酪，比如卡门伯特奶酪，代表着迥然不同的物质。与“60天规则”相悖的是，花皮奶酪存放的时间越长，其危害性就越大，而不是越小，因为——这与切达干酪完全不同——随着存放时间的延长，它的酸度会下降（pH值会上升），从而更可能滋生李斯特菌。[37] 单核增生李斯特菌是FDA在 2010 年追踪溯源时发现的细菌，它可引起李斯特菌感染，临床表现为败血症、脑膜炎，或者宫内感染，后者有时导致自然流产或死胎。[38] 李斯特菌与软熟奶酪的结合为生乳酪老化 60 天以降低风险的做法提供了科学的反指征。近几十年来，“六十天规则”让越来越多的奶酪制造商感到束手无策，他们希望用生奶制作各种软熟奶酪，这些奶酪通常被认为在陈化期 60 天之前就成熟了。

微生物政治领域更加扑朔迷离的是，结核杆菌是由患病的母牛传染给人类的，其传播路径是人饮用携带病菌牛产下的奶，或者牛粪里的大肠杆菌在肮脏的挤奶环境里污染奶源。然而，李斯特菌广泛存在于土壤、青贮饲料、树叶和粪便中，甚至在人的鞋底也发现了该病菌，所以奶酪在其生产、熟化或包装过程中极易受该菌污染，即使对牛奶进行巴氏杀菌也无法充分灭活该菌种。事实上，凯瑟琳·唐纳利的研究团队首创从食品中检测出李斯特菌的方法，她认为巴氏杀菌奶制成的奶酪可能更适宜李斯特菌的生长，因为本来生奶奶酪里多微生物群落的环境是可以促进“好”微生物战胜“坏”微生物的。“强制对生奶进行巴氏杀菌可能会增加病原体污染奶酪的可能性”，她写道。[39]

李斯特菌的普遍存在以及它在不同个体中的不均匀致病性使

旨在促进公众健康的监管行动变得复杂化。对于单核增生李斯特菌，FDA采取零容忍的态度（要求在25克的食物抽样中不含该细菌），因为尽管该菌非常罕见，李斯特菌病却有20%的致死率，在美国由食源性疾病导致的死亡病例中，约有四分之一是由该菌造成的。[40] 这是导致埃斯特雷拉奶油厂关闭的病原体，尽管他们的奶酪
170 和人类感染之间缺乏流行病学上的联系。埃斯特雷拉工厂的卫生问题出现在2010年初。当年华盛顿州农业部门例行检测时发现，在这家工厂的奶酪样品、卤水浴和一间陈化室中发现了单核增生李斯特菌。埃斯特雷拉夫妇与州政府官员通力合作，三次召回软熟干酪品种，并努力改善卫生条件。[41] 但是，当随后的FDA检查结果显示李斯特菌“持续存在”，联邦官员遂要求其召回所有在售食品。[42] 埃斯特雷拉夫妇拒不执行政府的命令，迫使法院签发扣押令。[13] 多家生产商对零容忍政策感到恼火，因为尽管李斯特菌病可能是致命的，但并不是所有李斯特菌都会致病。[44]

近来流行的奶酪书籍继续唱着巴氏杀菌法天经地义的神话，同时也夸大了生奶奶酪60天陈化期的保护作用，但这一切都无济于事。一位作者写道，在美国生奶奶酪必须熟化，“因为FDA确信，超过60天，潜在的有害病原体，如李斯特氏菌、大肠杆菌、葡萄球菌、结核病和布鲁氏菌病就无法存活”，尽管科学证据显示现实情况远比他所说的复杂得多。[45] 关于佛蒙特州奶酪的一部书宣称，“奶酪制造商需要在制作生奶奶酪和巴氏杀菌奶酪之间做出选择。生奶奶酪必须经过至少60天的陈化以杀灭奶酪中的细菌，而巴氏杀菌奶酪则需要事先加热牛奶以杀灭细菌。”[46] 这种说法容易产生误导。首先，正如李斯特菌所证明的那样，60天陈化的奶酪绝无可能“消灭所有的细菌”。其次，奶酪本身并不属于“生奶”，并

不“需要”巴氏杀菌奶这种离散的、必要的类别。从技术上（如果不是合法的）来看，任何奶酪都可以用生奶或巴氏杀菌奶制成。

对于生奶奶酪安全的困惑，部分源于生产标准和消费标准中分类的不一致。如上所述，除了生奶奶酪的60天规则外，FDA对所有奶酪的生产进行了统一的监管，导致了一种对立的二元分类：

生奶	巴氏杀菌奶

然而，当FDA提供奶酪消费的安全指引时，该机构又引入一个新的类别：柔软度。它是水分的间接测量，高水分有利于病原体（包括李斯特菌）的生长。但是，将柔软度与生奶和巴氏杀菌奶混合在一起作为一种基本的奶酪类别，就像是在生和熟的类别中添加了一种“有点黄”的类别，极易造成语义混乱。2005年我怀孕 171
时，FDA建议我不要吃“软奶酪”，如“布里干酪、卡门伯特奶酪、羊乳酪、蓝纹奶酪，或者墨西哥风味奶酪，如奎索壁画（queso blanco fresco）”。但其他奶酪也是软的。当时我问护士，“新鲜的马苏里拉奶酪可以吃吗?”她说不知道，我只好上网自己查。在关于怀孕的网站上，我发现了相当多的令人困惑、错误的信息。许多女性将FDA的警告解读为一种二元分类，这与管理安全生产的生奶/巴氏杀菌奶的二分法截然不同：

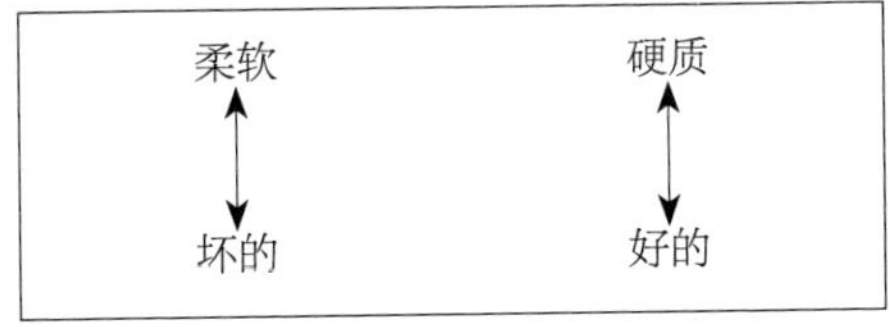

但是，光凭看一看、摸一摸，普通人怎样才能辨别出哪个是“硬”的，哪个是“软”的，哪个是“半软”的奶酪呢？在育婴中心

网站上，一位女士问道，“那些笑牛小楔形（Laughing Cow wedges）奶酪是不是软奶酪，有谁知道吗？”[47] 笑牛是一种经过巴氏杀菌加工的奶酪，每块楔形奶酪都用锡箔纸、单独机械包裹，它无疑是蚕软的，但几乎可以肯定不含病原体。[48] 在孕妇膳食指南中强调奶酪的柔软度，FDA无意中转移了人们对巴氏杀菌保护功能的关注。

与此同时，在引入柔软度这一类别时，FDA强调美食爱好者的偏好千差万别，因而不同程度地面临罹患食源性疾病的风险。老年人、孕妇和免疫力较差人群极易感染李斯特菌，而单核增生李斯特氏菌，如前所述，常常在布里干酪和卡门贝尔奶酪等低酸度的花皮奶酪外壳上蔓延滋生。食品安全（不是食物过敏）事件的发生与否取决于一个特定的食品（特指该食物、在这种情况下、此时此刻）和每个食用者的身体对该营养物质的吸收能力、寄生的微生物等综合因素。然而，食品安全的监管方式略有不同。监管机构根据食品的大类，而不是根据某种特定的食品物质制订生产标准。这些标准尽可能考虑了不同类型的美食爱好者遇到各种食物时会发生什么。不可避免的是，监管条例包罗万象，将各类食物中毒的可能情形归拢成类，然后化身为食品安全监管体系。由此产生的监管缺口，要么被视为过于谨慎，要么被视为监管过度。生产者肩负着促进食品安全的重任，因为政府无法阻止个别消费者——孕妇或艾滋病患者——摄入特定的营养物质，只能为他们提供芝士选择指南。缺乏对个人消费者实质性的监管可能造成食物中毒事件发生，并导致生产商被迫关闭工厂。

食品安全官员针对例外情况进行监管——既要针对特殊的消费群体，也要针对特殊的生产商。例如，FDA警告孕妇，避免食用
172 “墨西哥式”奶酪（引用FDA的术语），不是因为该奶酪的pH值或

天生易感染，而是因为监管机构追踪溯源发现，墨西哥移民在无执照的设施中制作的奶酪是多起食物中毒事件的元凶。另一起大规模感染李斯特菌疫情的源头是在浴缸中制作并挨家挨户上门推销的奎索壁画奶酪。[49] 这里描述的问题根源与其说是“墨西哥式奶酪”，不如说是当地道德失范的微生物生态在无证经营的影子经济中蓬勃发展。宽泛的分类类别掩盖了监管所依据的特殊性或例外事项。

2005 年 8 月，FDA重申了对巴氏杀菌法的信心，修改了其警示语，建议孕妇避免吃“软奶酪，如羊乳酪，布里干酪和卡门贝尔奶酪——除非它们标明由巴氏消毒奶制成。[50] FDA在原来结构分类的基础上做了修改之后，分类系统变成了一个 2×2 的网格，而不是二元对立（见表 3）。

这应该解决了笑牛奶酪的问题，但用生奶制成的“硬”奶酪是否安全的问题，进一步说是如何区分“硬”和“软”奶酪的问题依然存在——以什么奶酪为界限，芳提娜（Fontina）吗？高达，还是切达干酪？当然，它还表明，巴氏杀菌奶制成的软质花皮奶酪（或霉菌成熟的）似乎很安全，但是后期加工可能导致污染，因此也存在风险。

从酸性的角度看，随着奶酪的成熟，卡门伯特的微生物生态系统的pH值增加至 7.5，远比菲达（pH4.4）奶酪更适宜李斯特氏菌繁殖。了解到这一点后，我试着用自己的分类体系，以避免误食李斯特氏菌（见表 4）。但由于有多款奶酪的酸碱度并不为人知，这个分类方法不太实用。我开始明白，FDA为何坚持采用简单的二元对立分类（生的和巴氏杀菌的；软的和硬的），而不用更复杂的网格分类。事实上，为了回答我之前提出的马苏里拉奶酪问题，我们必须区分“软”奶酪，才能识别出另一个类别：新鲜度。新鲜奶酪，比如马苏里拉奶酪（不是比萨奶酪，而是用来配紫苏、番茄沙拉的那一种）或奎索壁画奶酪，最好在制作几天后食用——最好的意思是既美味又安全。环境污染（例如，李斯特菌感染）对于这些短期奶酪来说不是什么大问题，但巴氏杀菌——确保奶酪由无病原体污染的鲜奶制成——是可取的，而且是美国法律所规定的（见表5）。

微生物政治学依赖于分类系统。政府监管机构、检查员、生产商、零售商和消费者（高收入、低收入、孕妇、父母）可能谈论相
173 同的物品，但他们会见机行事，使用不同的分类体系跟不同的人去沟通。例如，奶酪制造商可能了解酸碱度在奶酪安全中的作用，但为了避免造成误解，他们可能只会跟零售商和消费者云淡风轻地谈谈奶酪的柔软度。

表3　基于2005年8月FDA警告孕妇避免接触李斯特氏菌的奶酪分类网格

	软	硬质
生奶	避免	?
巴氏杀菌奶	安全	安全

表4　我自己的分类指南，考虑到酸度，避免在怀孕期间接触李斯特氏菌

	软	硬质
酸度高	安全（菲达奶酪）	安全（切达奶酪）
酸度低	避免（布里奶酪）	避免（蓝纹奶酪）

表5　另一份避免李斯特氏菌的非官方分类指南

	新鲜	软熟	硬质
生奶	避免	避免	也许可以
巴氏杀菌奶	可以	危险	可以

过于简单化似乎是因为宁可失之过慎——健康建议最好面面俱到，这样无益但也无责。问题是，过度宽泛并不总能促进安全。佛蒙特州手工奶酪研究所的负责人凯瑟琳·唐纳利谈到60天规则时说："可悲的是，有些奶酪制造者读到了这一法律条文，不禁喜上眉梢地喊道：'太棒了！对于（生奶）白霉干酪，我只需熟化60天即可。'然后说，哦，我的天哪！我们马上就要出事了，但这完全在法律允许的范围内。"事实上，这是法律的基本要求。

这让我想起2009年春天我参加的一次乳业生产基地探访之旅。与我同行的一群学者拜访了一位叫戴夫（Dave）的奶农，他冒险抛弃家族传承的养殖业，转而制作奶酪。开始他养了几十头奶牛，每天挤一次奶。他没有购置巴氏杀菌设备。每周一，他都会用 174
卡门伯特配方制作奶酪。当我们站在他的奶酪房里品尝切达、科尔比和卡门伯特风味的奶酪时，戴夫解释说，他花了一年半的时间修改配方，"就是为了让它的口味变得正宗"。当被问及他"在制作生奶奶酪方面是否遇到问题"时，戴夫煞有介事地回答说："我和（州）督察相处融洽，但一年只见他一次。"又有人问："所有的奶酪都陈化60天吗？"他回答说："这，就不方便实话实说了。"他的潜台词是，卡门伯特奶酪在法国被认为是一种成熟的奶酪，在21到28天后就可以食用了。戴夫发现，用早季奶（early-season milk）制成的生奶奶酪比晚季奶制成的成熟得更快。为了避免过快成熟，他推迟生产卡门伯特奶酪，一直等到奶酪制作季节开始之后几周才开始生产。然而，即使是季末的卡门伯特，过了60天后，也可能因变得过熟——松软与氨化——而无法销售和食用。

由于他所在州的法规没有明确规定制作卡门伯特的条款，州检查员"不知所措"，最后，他们只是草率地将卡门伯特归类为"软奶酪”。作为一种难以保存60天的奶酪，“卡门伯特”并没有引起州检查员的重视。在佛蒙特州或加州等手工奶酪制造业更成熟的地方，检查员往往质疑，用生奶制作卡门伯特风格奶酪是否可行。我认识的两家佛蒙特州生产商费尽千辛万苦，设计出可以保存60天的花皮生奶干酪，但最终他们都购买了巴氏杀菌器，并相应地调整了配方。要将这些奶酪保存60天，同时还要满足消费者的欲望，实在是太难了。而那些内行的检查员也更密切地注视生产商的一举一动。

我不清楚那次参加乳品之旅的人员中有多少人意识到，戴夫的卡门伯特式奶酪陈化时间越长，微生物风险就越大（因此未在完全成熟之前销售，其实对消费者更有利）。无论如何，他们似乎并不担心任何合法性问题，没人能拒绝品尝不足60天的生奶卡门伯特，有几人还买了“大轮子”奶酪。事实上，陈化期未足60天的奶酪不被法律许可，却对消费者更具有吸引力。尽管禁止食用，具有潜在风险——但这是危险又迷人的食物。

作为奶酪安全监管的基础，60天规则是不完善的。该法规将所有奶酪视为同类食品，但由于不同的奶酪家族体现了截然不同的微生物生态系统（基于酸度和水分以及微生物种群），因此对人类食用者构成了迥乎不同的风险。由于目前的法规不尽合理，甚至不明智——而且生奶产品显然有市场——有些生产商铤而走险，在农
175 贸市场以“宠物食品”或“鱼食”的名目把生奶芝士卖给心知肚明的消费者。[51] 这种“挂羊头卖狗肉”的做法着实让许多业内人士感到惴惴不安。[52] 在西雅图举行的一个芝士节上，杰弗里·罗伯茨对市场上以“猫粮”的名目销售“未成熟生奶奶酪”的现象评论说，“我不希望看到这种事情发生。以前全国只有零星几家芝士制造

商，而你犯事被抓，只对你有影响，但现在已今非昔比。”一家制造商销售非法奶酪的话，可能会殃及池鱼，给整个行业带来冲击。

杰弗里还说，与偶尔出售未成熟奶酪、有执照的奶酪制造商相比，更令人担忧的是，有些人根本没有商业许可证却生产和销售奶酪——而且做这种事的并不限于新移民。凯瑟琳·唐纳利告诉我，在20世纪90年代初，佛蒙特州召回了一批山羊奶酪。这是由一家无许可证的生产商在农贸市场上出售的奶酪，多人食用后罹患肠道感染的沙门氏菌病；由于生产商非法经营，这起食源性疾病的暴发引起了媒体的高度关注。有人断章取义，传播的信息也简单粗暴：“让人生病的是佛蒙特州的山羊奶酪！”因此，唐纳利说：“所有在佛蒙特州卖山羊奶酪的从业者都受到冲击。”唐纳利在赞扬整个行业的“团队精神”的同时警告说：“令人担忧的是，随着行业的发展，人人自危，真会有人自觉地守护这个行业的声誉和形象吗?”

手工奶酪制作者——尤其是那些用原料奶制作或培养天然外壳的人——希望与微生物建立负责任的关系，这种关系与工业技术科学的巴氏杀菌正统理论背道而驰，后者会将氯弹引入奶酪老化设施。后巴斯德时代的观点绝不暗示对微生物能动性采取傲慢态度。奶酪制造商、零售商和富有同情心的乳制品科学家正在讨论，后巴斯德时代的手工奶酪微生物政治学可能、应该是什么样子。和FDA一样，ACS有意探索是否可能制定新的生产标准，以促进食品安全。

2011年，ACS邀请了杰克·莫布雷（Jack Mowbray）在年度会议上发言（我也受邀做了一个关于生奶芝士文化史的报告）。莫布雷是FDA的政策监管分析师，负责根据2011年《食品安全现代化法案》重新评估生奶芝士的生产法规。莫布雷说，生产安全食品的最终责任在于生产商，在于食品行业；政府的责任是核实。虽然从法律的角度来看，他可能是对的，但持有分工观点的人们显然没有认识到政府的主导作用，因为它既是行业标准的制定者，也是标准的检验者。然而，莫布雷向奶酪制造商保证，该机构不会随意将
176 生奶芝士的规定陈化期延长至120天（许多人曾有此担心），承诺FDA不再采取60天规则的“一刀切办法”。相反，他宣布，该机构“决定根据当前的科学知识”，为手工奶酪“制定一份全面的风险评估报告”。这表明对花皮奶酪和陈年奶酪来说，需要根据它们不同的材质制订不同的生产标准。当然，这样的举动可能带来一系列全新的分类问题。出于监管规则的目的，FDA会纳入多少具有法律约束力的奶酪类别？莫布雷一时也无法说清楚，FDA最终会选择哪个监管方案。毕竟，这是一个政治和预算问题，也是一个技术科学的问题。

自我监管

对于当前行业面临的诸多问题，奶酪制作商并没有听之任之，坐等政府安排，而是自己行动起来，制订了危害分析和关键控制点（HACCP，读音为HAS–SIP）体系。HACCP最初制订于20世纪70年代，目的是确保NASA宇航员的太空食品安全。此后，美国农业部授权HACCP体系用于肉类和海鲜行业，而不是乳制品行业。该系统致力于识别和切断布鲁诺·拉图尔所称的微生物污染食品安全范畴的物理、化学危害（过量消毒剂的残留物算作化学危害；一小块碎玻璃或金属构成物理危害）。[53] HACCP体系使用流程图跟踪整

个生产过程中的安全隐患，中间设置多个“关键控制点”（CCP），这是可以并且(被认为)必须进行控制，以防止或最大限度地降低已识别的危险。HACCP管理的是流程，而不是结果。由于用巴氏杀菌牛奶制成的白霉干酪与原料奶切达干酪的危害略有不同，因此需要为每种干酪制定不同的HACCP体系。这种因地制宜的预防措施标志着远离目前不分青红皂白、一刀切的乳制品监管标准，这些标准依赖于现场检查、随机产品抽样，以及“生产过程中对质量与安全有着不同要求的产品一律进行巴氏杀菌或紫外线杀菌”。[54] 作为强制性巴氏杀菌法的替代，HACCP作为食品安全管理体系的前提是生奶芝士可以安全生产。

HACCP体系的优势在于针对不同类型奶酪的微生物环境做具体分析，但作为一个食品安全保障的法律制度，它带来了一系列新的复杂因素。作为一种合法的保护措施，像在海产品和肉类行业一样，HACCP管理体系通过审计来运行。[55] 通过检查每个批次的各个生产步骤所采取措施的文件记录，来验证是否符合关键控制 177
点和“先决程序”，如散装奶罐和冷却器的规定温度。每天忙于挤奶、清洁、包装和运输的奶酪制作商们很可能会被每时每刻的监测和日常记录压得身心疲惫。[56] 此外，核查工作意味着核心的预防措施必须是可测量的。由于每个采用HACCP体系的行业都有责任定义构成关键控制点的合规做法，因此在具有法律约束力的奶酪生产HACCP体系中，什么措施可以而且应该被视为合法的关键控制点，这是一个至关重要的问题。一旦HACCP认证体系被用作监管工具时，从业者就会想方设法地减少关键控制点。有人建议，奶酪制作过程中的控制点越少越好，仅限于“金属检测、巴氏杀菌和陈化”。[57] 在这种情况下，生奶手工奶酪的唯一关键控制点是陈化，从而回避了一个问题：对于一个特定干酪类型来说，需要陈化多长时间才构成一个关键控制。如果生奶奶酪制作商想通过HACCP认证体系来克服60天熟化期规定的缺陷，他们首先须获得FDA的认可，即不同品类的奶酪具有不同的成熟期。

HACCP体系的目标是为了确保安全而不是质量，这意味着完全安全的奶酪可能不符合生产商的味道、质地或外观的审美标准，反之亦然。然而，其他潜在的关键控制点——在适当的酸度下发酵（尽管我们已经看到准确测量pH值有多么困难），或者加盐或原奶质量符合标准——也是影响奶酪口味的因素。[58] 唐纳利对我说："劣质牛奶做不出好奶酪。""管不好奶酪生产环境，就做不出好奶酪。所有对抗噬菌体的措施——噬菌体是感染发酵剂培养物的病毒——都可以抑制病原体。所以，奶酪制作是一种相当安全的活动——除了你非要让白霉奶酪陈化60天不可!"当唐纳利重申"我不建议那样做"时，我们都苦笑起来。对于什么样的"良好生产规范"才可以算作CCP，奶酪制造商们普遍存在诸多困惑。定期彻底地洗手、适当的设备卫生、适当储奶温度，以及适当的凝乳酸化，这些都是制作优质（既可食用又安全）奶酪的关键步骤，但不算作CCP。消除这种混乱状况很重要，因为HACCP体系控制风险的潜力只取决于其体系设计的严密性和限制条款的合理性。

"如果真的想控制风险，"唐纳利告诉我，"你必须管理好环境。"管理微生物环境以防污染的原则听起来很诱人，特别是被当作热处理或对受污染牛奶进行紫外线杀菌的替代方案时。但在实践
178 中，任何工匠都知道，环境管理并非如此简单，这也是手工制作奶酪必须冒险的原因之一。作为一种环境管理制度，HACCP管理体系的运行是脱离实际的：从根本上说，它是一种监测常规做法的制

度，确保微生物环境管理得当。除了调节温度和湿度，管理自己的行为——持续彻底地洗手、进入奶酪制作室时换鞋等等——是一回事，管理员工、访客、动物，尤其是微生物的活动又是另一回事。伊丽莎白·邓恩（Elizabeth Dunn）在谈到HACCP和其他审计系统时写道："通过创建'有意义'的行为类别，这些管理系统掩盖了其他无形的、看似不重要的、无法测量的行为。"[59] 邓恩报告说，在履行美国农业部关于实施HACCP的政策时，美国肉类加工企业认识到，他们越是遏制微生物，风险区域就越多，出现的大肠杆菌就越多。在ACS的一次会议上，我曾经听一位奶酪制造商说，奶酪室里也存在类似的有害微生物。"如果用心去寻找，你就会找到它"。因此，将微生物环境管理作为一种实践模式，而不是终极目标，可能会更好。当涉及微生物学时，微生物安全管理永无止境。

尽管如此，越来越多致力于防范病原微生物污染的奶酪制造商在设计生产设施和制定安全规约时都不约而同地采用CCP。[60] 在埃斯特雷拉奶油厂被查封后，佛蒙特州奶酪委员会赞助了HACCP管理体系研讨会的举办。这次会上，ACS称赞那些奶酪制造商，"主动遵守高于所在地的法律法规"的HACCP认证体系。[61] 2010 年 11 月，ACS对其会员进行的一项调查显示，有 52%的受访者严格遵循HACCP体系。[62] ACS向其会员暗示，HACCP可能会成为零售商和消费者所追求的安全保证标准。考虑到这一目标，ACS建议奶酪制造商与第三方审计机构签约，以监控其生产体系运行。这样，作为安全保障的标志，HACCP的权威性不会因生产商自行篡改它的条款而受到损害。[63] 为了帮助生产商做好第三方审计的准备，一个审计咨询行业正冉冉升起。当然，所有这些都让生产商付出了成本——这是近年来国内农家奶酪价格显著上涨的一个原因。

最后，我们必须记住，一旦奶酪离开生产场所，它的“生命”和脆弱性继续存在。奶酪是储存牛奶的一种手段，但它仍然容易腐烂。随着手工奶酪越来越受欢迎，越来越多的杂货店开始囤货，越来越多的人在处理奶酪时并没有意识到自己承担的风险。威斯康星州的一名绵羊奶农和奶酪制造商布伦达·詹森说，她曾经去拜访一家有意代销芝士的食品杂货商。谈话进行得很顺利，直到她问道：“那你打算把她关在哪里?”“关谁?”不知所措的杂货商问道。
179 “我的奶酪！”布伦达解释说，在奶酪制造商这一行中，人格化很常见。“你知道，她真的很挑剔，她喜欢酷一点。”他们笑了，但布伦达坚持要去看看她的储藏室，了解储藏温度是多少。“温度计在哪里？我没看到。”布伦达忧心忡忡地问道。店主东张西望，喃喃地说：“哦，那玩意儿去哪儿了?”布伦达并不放心。此外，美国奶酪协会建立和验证了一套实践标准，于 2012 年为奶酪零售商推出了奶酪专业认证考试（Certified Cheese Professional Exam），以“提升综合奶酪知识和服务的标准”。[64] 该考试将涵盖奶酪成熟、储藏的最佳实践以及奶酪营养和监管的知识领域。

知识就是力量：后巴氏时期的风险管理

“奶酪是一种有潜在危害性的食物”，这是佛蒙特州立大学的一间教室里投影屏幕上的欢迎致辞。这里正在举行一场题为“降低风险实践”的研讨会，主办方是VIAC。该研究所设在佛蒙特州立大学营养和食品科学系一座崭新的玻璃建筑内，大楼正面有一个引人注目的蛋形门。“鸡蛋，”大楼内墙上的文字写道，“乃是食物之源，亦是生命之源泉。”成立于2004年的VIAC研究所既把手工制作的奶酪视为存在危险因素的食品，也是维持农村生计和乳制品景观的一种手段，这对促进佛蒙特州的旅游经济、提升整体形象至关重要。VIAC安排一位高级研究科学家达米科（D'Amico）主持为期一天的研讨会，旨在帮助小规模手工食品生产商安全生产。VIAC的研究人员，与巴斯德研究所早期的同行一样，努力推广手工制作，为制造商提供奶酪化学和微生物学的科学知识。正如保罗·金斯德特所说，目的是在牛奶转化为奶酪的过程中，有效地“与自然”合作。VIAC联合主任凯瑟琳·唐纳利（Catherine Donnelly）在我们的采访中解释说：“我们相信，知识就是力量，在课堂里直接讲授‘这里有诸多风险，我们这样管理风险，这是你必须注意的’，这样比派检查员反复告诉他们做错了什么要好得多。”非但没有训斥这些参加培训的生产商，VIAC向他们灌输一种科学上合理、严谨的微生物政治理念，把食品安全管理作为工艺熟练水平的一个重要方面。[65]

达米科的降低风险实践研讨会提倡奶酪制造商将卫生管理纳入
工艺实践。参加这次研讨会的学员里有三名在农场制作奶酪的师傅 180
（其中一人带了几个实习生），一名新手（新近获奖），一名食品分销商，一名有志于在中西部地区开芝士店的女人，以及一名前奶农。在接下来的几个小时里，我们边听达米科详细讲解PPT，边在VIAC赠送的三环活页夹里做大量的笔记。课堂气氛异常凝重，因为生奶芝士岌岌可危的法律地位给达米科的课堂蒙上了一道长长的阴影。

达米科系统地阐明了，奶酪制造微生物政治远不止一条60天陈化规则，而是体现在生产商的各个关键决策点上（请注意，我的笔录强调了这一点，但这不一定是达米科的演讲重点）。生产商的一系列决策，包括生产设施的设计，是否以及如何向公众开放农场、凝固剂的选择、奶酪风味的选择、用人措施，最重要的是，用生奶还是巴氏杀菌奶制作奶酪，所有这些都关乎微生物政治学。[66] 他说，风险是奶酪制造和奶酪中固有的。他指着第一张幻灯片——一个海浪的冲浪者——评论说，人们往往从正面角度解读风险，把它看成是“勇敢、无畏、冒险”，这是个人性格倾向使然。“但这不是我想表达的!”相反，他让我们认识到，作为奶酪制造商，“当你冒险时，你也会把别人置于危险境地。”

达米科首先回顾了 20 世纪乳源性疾病的历史。除了在外界环境中存活时间较长的沙门氏菌之外，1900 年至 1940 年间该疾病的元凶是已经绝迹的细菌——白喉棒状杆菌、结核分枝杆菌、化脓性链球菌（与猩红热有关）。达米科说，由于强制性疫苗接种和公共卫生的改善，这些细菌已经灭绝了，但“可能卷土重来”。毕竟，后巴氏杆菌病的另一个例子是对常规接种疫苗的耐药性，最明显的是有人相信硫柳汞（一种以前用于疫苗的汞防腐剂）可能会导致自闭症——甚至，将其与抗生素耐药性相提并论，认为“过度接种”可能会破坏儿童的自然免疫系统。[67]“因为不是每个人都接种疫苗，我想确保每个员工都接种白喉疫苗，”达米科说，“移民工人可能不愿接种该疫苗，因为伤寒病在墨西哥司空见惯。”

这就是微生物政治学：人们认识到，人类社会与微生物存在千丝万缕的联系，并基于这种认识而采取行动。达米科鼓励奶酪制造商制定病假政策，以确保生病的员工居家，或者被重新分派到不用接触牛奶或奶酪的岗位。作为回应，研讨会上的一名奶酪制造商报
181 告说，他了解（事后）一名员工在腹泻的情况下仍然来上班。她解

释说，她负担不起员工的带薪病假，而且员工也不想失去工资，说着她的声音哽咽起来，说这让她进退两难。达米科深表同情，但态度坚决。他列举了几起乳制品相关疾病的暴发事件，其中牵涉到用手接触牛奶和奶酪的患病员工，他在一旁评论道：“员工健康状况的影响比我想象更大。”[68]

管理微生物环境——达米科的前论文导师凯瑟琳·唐纳利也主张——始于农场生产生态。避免给奶牛喂养青贮饲料（发酵的谷物和干草），因为它含有李斯特菌；把饲料箱盖好，以防鸟和其他动物的粪便；控制苍蝇的数量；频繁检测水质。[69] 一个近乎常识的建议——让鹿群远离牧场——揭示了微生物政治的环境管理理念如何挑战环境主义者的立场，后者通常与后田园主义的观点一致。牛分枝杆菌可以跨物种传播，导致人类结核病，这是最初采用巴氏灭菌法处理牛奶的主要原因。[70] 达米科建议不要让鹿群进入牧场，因为农场和奶酪制造设施可能会被野生动物携带的分枝杆菌（牛链球菌、结核病等）感染，并以粪便的形式沉积于地表。研讨班上的一位农庄芝士师傅反驳说，在佛蒙特州，如果手里没有枪，就不可能赶走鹿群。假如必须通过狩猎来控制牧场周围鹿的数量，那么为了慎重起见，微生物政治学可能会建议，先移除“禁止狩猎”的警示语。

紧接着，达米科向我们介绍了奶酪制造商需要考虑的、对人类健康威胁最大的病原体，以及在FDA奶酪产品的常规样品中可能检测到什么，它们包括单核增生李斯特菌、各种沙门氏菌、大肠杆菌、肠出血性大肠杆菌O157∶H7和金黄色葡萄球菌。FDA对沙门氏菌、大肠杆菌O157∶H7以及单核增生李斯特菌实行“零容忍”政策，这意味着（正如埃斯特雷拉所了解的）如果在25克样品中检测到这些细菌，FDA就可以扣押产品。[71] 金黄色葡萄球菌产生一种耐热毒素，在巴氏杀菌后仍能存活，在法国被认为是导致牛奶和乳制品食源性疾病暴发事件的元凶。[72] 葡萄球菌可能出现在生奶里。[73] 它也通过人的鼻子、喉咙和腹股沟携带，并通过身体接触传播。在食品生产和服务过程中勤洗手，有助于预防葡萄球菌感染引起的食物中毒，其症状包括呕吐和腹泻。由于消费者食用手工奶酪，出现了葡萄球菌感染的一些症状，虽然并不危及生命，但无疑令人不适。随后其生产商主动召回在售产品，给企业（如梅杰农场）造成重大损失。

182 我在聆听达米科演讲的这一部分时身体出了点状况。在前一天晚上跟VIAC研讨会的学员们共进晚餐后，我彻夜未眠，频繁出入卫生间，与葡萄球菌病毒抗争。这是我第一次经历食物中毒（从专业角度讲，我很庆幸晚餐没有吃奶酪）。毫无疑问，这次经历让我对食品安全有了全新的认识。

食品安全生产涉及两个问题：了解潜在的危害是什么，如何将风险降到最低，并通过日常实践始终如一地采取行动。一个负责任的奶酪制造者——用微生物学的政治术语来说是一个“好”人——是一个完全现代的主体，将卫生管理内化为奶酪制作的一部分。然而，康涅狄格大学合作推广服务中心对东北部农场奶酪制造商的安全措施进行的一项调查发现：“对那些自称了解食品安全知识的农场奶酪制造商来说，很明显，知易行难，因为这些知识并不总是能转化为良好的食品安全操作规范。”[74] 生产条件较差的问题包括：

√ 缺乏消毒剂强度的测试；不关心消毒剂的剂量

√ 使用变质的“生木”板作为陈化奶酪的架子

√ 很少洗手或洗手不当

√ 干酪制造设备的存放卫生状况欠佳

√ 干完农活或带孩子之后，“未换外套”就进入奶酪室

√ 徒手处理凝乳

√ 狗闯入奶酪室[75]

我走访的多家手工乳品厂的管理制度各异：有各式各样的防护服（例如，发网或帽子、实验室大褂或便服），访客进入奶酪制造场所的要求不一样，为防止生产设施遭受周边环境污染而采取的措施也有差别——生产加工场所与牲畜养殖区或其他污染源较近，这个问题特别令人担忧。我们该如何解释知识渊博、尽职尽责的人们会采取这些冒险的行为？

我们“总是基于一个特定的、个人经验的视角去评估风险”，蕾娜·拉普（Rayna Rapp）说。[76] 在奶酪制造商中，这个视角可能受先前的工作和教育经验、个人和家庭健康史以及性别等因素的影响。[77] 清洁和消毒是生产高质量奶酪的关键，因为这使有益微生物、发酵菌剂和产生风味的霉菌能够战胜有害微生物。

几代人以来，美国妇女一直被家政课、操作指南和家用产品广告 183
所教导、熏陶，学会了从卫生角度思考工作、生活的方方面面。[78] 在我的采访中，女性奶酪制造商经常以权威的口吻谈论卫生问题。相比之下，一些男性承认，他们惊奇地发现（用其中一个人的话来说）“80%的优质奶酪是靠清理干净的”。马萨诸塞州的一名男性在谈到清理奶酪制造设备时对我说，“我一直认为这是件苦差事，我尽量不去关注，但它本身就是一门科学。如果你想要好好地清理某个表面，你得考虑要放多少百分比的肥皂、要花多长时间去除污垢——如果你这样做，这就不只是清洁了，而是在做一些必要的、卓有成效的事情。”

在VIAC、加州大学戴维斯分校，甚至整个欧洲，微生物学家

开始研究奶酪的微生物群落，不是为了提高工业效率，而是为了更好地了解在标准化程度较低、无菌程度较低的奶酪制作环境中发生了什么，目的是优化手工制作方法。他们研究的问题不仅不同于工业应用科学的问题，研究方法也不尽相同。在一个控制实验中，一位南达科他州的研究人员试制奶酪时未添加足量的食盐，而VIAC的达米科煞费苦心地复制（微型缩小版）真正的食物的条件，使他的实验环境更接近真实的生产环境。除了做实验，达米科还实地调研，开车到佛蒙特州各地的奶酪制造农场，收集奶酪与其制作环境的测试样本，这有助于他和奶酪制造商们把握实际情况，而不是闭门造车，猜想最坏的情形是怎么样的。实验科学和田野调查的运作方式不同。罗伯特·科勒写道：“实验员从他们的实验中排除了场所的因素，而田野生物学家则积极地把场所作为工具。后者不像实验室生物学家那样只在一个地方工作，而是工作于此地，因为这些地方和生活在其中的生物一样，都是他们工作的对象。”[79] 达米科不仅研究单核李斯特菌，他还在研究莱妮、乔恩和琳达的特殊生产生态。这种细菌将农场奶酪制造商们与既是食品研究者又是消费者的达米科联系在一起。正如科勒所说：“大自然将田野生物学家与其他社会世界联系在一起。”[80]

回到康涅狄格大学分校进行田野研究。值得注意的是，他们观察到的一些不卫生的做法似乎有悖常理，而另一些做法实际上是正确的。例如，戴上橡胶手套的话，手感很差，难以判断凝乳的状况。正如阿尔伯特·德佩勒在20世纪30年代与诺曼·卡夫一起在威斯康星州对林堡奶酪的生产设备进行升级改造时发现，木板——如果维护得当——会产生一种微生物环境，有利于洗浸外壳奶酪
184 上长出短杆菌（B.linens）。在埃斯特雷拉奶油厂扣押令中，有一份

FDA合规官员呈交的书面证词，在证词里，他严厉谴责了那种听起来像行业惯例的涂抹做法："最重要的是，我们观察到，生产商在品尝了奶酪之后，将吃剩的那部分放回奶酪轮中。"[81] 这位FDA官员（并没有参加调查）道听途说的生产商的鬼蜮伎俩，其实是一个奶酪熟成的常规做法：使用干酪取样器，从芝士轮子里取样，掰断小部分样品，品尝后判断发酵时间，然后用吃剩的那块芝士堵住孔洞。微生物的活动会使奶酪重新黏合在一起。如果美国政府想要支持而不是破坏手工奶酪行业，检查员、推广代理和第三方审计人员还是需要多熟悉一下基本的手工奶酪生产方法。

与此同时，手工奶酪制造商采用的一些降低风险的技术可能并不像他们认为的那样有效。达米科说："乳制品厂预防李斯特菌采取的不当措施是使用高压水管来清洗排水管、地板和设备。"我在无数的工厂里看到有人使用这种设备，甚至有人递给我高压水龙头，让我"帮忙"。我们从研讨会了解到，溅在墙上和设备的水可能滋生病原体，汇集的水和地漏是滋生李斯特菌的温床。软管喷嘴，地板清洁刷，和在各间房来回跑的手推车的轮子，如果没有定期消毒，很可能成为污染源。[82] 虽然学员们似乎觉得员工带薪病假不切实际，但从他们边听课边认真记笔记的神情来看，他们是否会改变个人的卫生习惯，我深表怀疑。

环境管理可以有效抑制病原体，但并非万无一失。达米科建议，对奶酪制造和陈化环境与物体表面进行清洁擦拭和病原体检测，这是欧洲提升食品安全的常规做法（尽管热处理越来越受到欢迎）。消费者健康的唯一真正保障是，在销售前对每一批奶酪进行病原体检测，但要付 65 美元，再加上寄到实验室的样品运费，全面检测的费用令人望而却步。换句话说，没有真正十全十美的保障措施。在后巴氏消毒的世界里，唯有降低风险才是王道。

“外面有什么？”

然而，对于奶酪微生物学来说，除了设法降低感染病原体的风险以外，还有更多的事情要做。瑞秋·达顿正在从事一项自然科学研究，目的是研究奶酪的细菌和真菌群落是如何相互作用的，用她的话来说，是为了了解奶酪的“外表有什么”。这更像是达尔文的
185 探险之旅，而不是技术科学。瑞秋想探究奶酪的本质是什么，以及它是如何形成的；她对提高奶酪的市场稳定性并不感兴趣。早期测序给她带来了一些惊喜。当她对贾斯珀·希尔农场的温尼梅尔奶酪（Winnimere，一种用当地羊肚菌啤酒洗浸的、盐渍的生奶奶酪）的外皮进行培养和测序时发现，该环境中的优势菌群并非短杆菌，而是变异盐单胞菌。这是一种嗜盐的细菌，并未出现在一般的奶酪科学教科书中。它与高含盐度的池塘、北冰洋冰川和深海热液喷口有关。让人百思不得其解的是，这些细菌是怎么出现在贾斯珀·希尔奶酪上的？从更广泛的意义上来说，这传达出奶酪外壳和环境微生物学的什么信息。

凯勒夫妇很高兴地得知，在他们的温尼梅尔奶酪里，瑞秋发现了另一种细菌：短杆菌，一种在北冰洋冰川、人类皮肤和伊特鲁里亚人墓穴中发现的、不同寻常的微生物。正是这座陵墓吸引了他们浓厚的兴趣。瑞秋感兴趣的是从大量关于奶酪的个别现象中概括出一般性的规律，但像凯勒夫妇这样的奶酪制造商却对某个类别的奶酪更有兴趣。他们想知道，他们的农场和奶酪里是否存在一种本土

的、独一无二的微生物。在贾斯珀·希尔奶酪储藏窖外墙上，奶酪制作人兼微生物学家诺埃拉·马塞利诺（Noella Marcellino）潦草地写道："奶酪的世界翘首以盼，等待美妙的奶酪在奶酪窖里发酵。我期待了解更多生长在这里的真菌！"[84]

后田园式、后巴斯德式奶酪制造商，如凯勒夫妇，试图将本土微生物培养从工业产品同质化中拯救出来。他们不仅窥伺产品差异化的市场潜力，而且陶醉于寻找奶酪与其产地、环境之间的一种有形的、实质性的联系。[85] 兴许，独特的或本地的微生物象征着他们与众不同的生产生态？

正如本章所述，微生物政治产生了新的食品类别、新的监管区域，农民、工匠、科学家、商人和美食家之间的新联盟，以及营养和健康理念得到拓展。它还为想象人类和其他生物之间的后田园关系提供了新的素材——微生物。[86]《文化》（*Culture*）杂志 2011 年春季刊登载了瑞秋·达顿拍摄的细菌菌落的全彩、放大图像，这给人们带来了全新的认识：我们的身体就像奶酪轮子一样，主要是由微生物的身体组成的。如果微生物就是我们，那么微生物就是奶酪这一事实不仅说得通，还能使奶酪——天然的"益生菌"——成为一种更有价值、更令人向往的食物。

然而，虽然科学工具似乎可以将发酵和促使奶酪皮生长的无形力量可视化、易读化，但随着这些科学工具被更广泛地使用，我们 186
应该从奶酪中的"好"微生物中获得什么意义，可能会变得日渐模糊，而不是愈加清晰。让凯勒夫妇着迷的是，嗜盐细菌菌株与伊特鲁里亚人坟墓中发现的一些菌株相似，而温尼梅尔的嗜盐细菌也与寄生在人类皮肤上的细菌大同小异。据达顿所说，从微生物的角度来看，这可能反映了软咸奶酪、海水和出汗后的人体皮肤三者具有共同的环境特征。亚麻短杆菌不仅赋予涂抹成熟的奶酪辛辣的橙色外壳，它还与表皮短杆菌密切相关，后者在“人类脚趾间温暖潮湿的缝隙”中滋生。[87] 伊特鲁里亚人的墓穴作为独特的地方风味的物质象征，远比汗淋淋的腋窝浪漫得多，尽管并不具代表性。

下一章将讨论法国的“风土”概念，即“产地的品味”如何在美国被采纳，并被当作一种构建文化实践和乡土景观之间有意培养的关系的方式。从微生物政治的角度来看，风土是将生奶芝士作为一种区域主义的生物技术（它是利用生物有机体改造动植物及创造特殊用途生物的技术），表达了人们与一方土地的联系。但正如我们将看到的，微生物再次挑战了人与自然的边界，无论是实质性的还是分类的。除了从微生物群落影响的角度看待食物的地方特色，我们或许还有其他更好的视角。

PLACE,TASTE, AND THE PROMISE OF TERROIR

第七章

地方、品味和风土的承诺

每一块生奶奶酪都是这片土地上的艺术品；它带着地球的印记。奶酪——即使是新鲜的山羊奶酪，也不只是果腹之物。这是一幅活生生的地理画卷，一种地方感。

布拉德·凯斯勒，《山羊之歌》

餐桌上的每个座位都摆着红、白葡萄酒各一杯，两杯酒的中间是餐盘，上面整齐地摆放着七块奶酪，盘中央是一小碟软奶酪。当我在佩塔卢马市喜来登酒店的会议室前排位置坐下来的时候，我注意到，2009 年加州手工奶酪节（California Artisan Cheese Festival）的主办方给每位嘉宾备有饼干和几杯水，用来在品尝每一款奶酪之后漱口。[1] 根据以往参加休闲品鉴会的经验，嘉宾必须等主持人示意才开始试吃，通常先品尝新鲜的奶酪，然后按顺时针方向，开始品尝正点位置的软熟奶酪。加州雷耶斯角牧场牛仔女郎乳品厂（Cowgirl Creamery）的苏·康利（Sue Conley）和佩吉·史密斯（Peggy Smith）满心欢喜地跟大家介绍说，盘子里的奶酪都是精挑细选的，有法国和本国产的，目的是抛砖引玉，带出下一个环节讨论的“风土的话题”，接着会“谈论奶酪的产地，以及产地对奶酪的影响”。

风土（Terroir）是一个法语词汇，其历史可追溯到 13 世纪的法国，用来描述一个地方的物质条件（特别是土壤质量和日照）对葡萄酒感官特征的影响。[2] 到了 18 世纪，风土的概念和产地的味道提供了一个农业模式，以解释随着时间的推移，人与地方、文化传统和自然生态是如何相互联系和发展变化的。[3] 葡萄酒作家休·约翰逊（Hugh Johnson）将“风土”定义为“葡萄园的整个生态：从基岩（bedrock）到晚霜，再到秋雾，它所处环境的方方面面，甚至包括葡萄园的管理方式、葡萄园主人的精神世界。”[4] 由于手工奶酪 188
背后的生产生态也夹杂着类似的物质和象征因素，因此近年来“风土”的概念影响了大西洋两岸的芝士世界，也就不足为奇了。

艾米·特鲁贝克（Amy Trubek）写道，最好把风土当作一个概念范畴，“用于描述和解释人们与土地的关系，无论是感性的、实用的还是习惯性的。”[5] 把葡萄酒和食物理解为体现和表达某个地方的独特性，有助于定义和再现这种关系。在法国，产地的概念不仅指一个地方的物质条件——土壤、地形、小气候——而且还指农产品背后的集体文化知识，这些知识有助于将某个地方构筑成为共享的传统和情感归属之处。康泰奶酪的生产商们声称其千年历史的产品具有独特的感官特征，这一切源于富有地方特色的乳品和奶酪制造传统、法国阿尔卑斯山的土壤以及生于斯、长于斯的人们。这种千丝万缕的联系被认为“与地球一样永恒”。[6]

在美国，奶酪制造商们试图以描述性与规范性的语言使用风土标签，来传递他们的工艺实践和产品的价值。作为一种增值营销的标签，“风土味道”的描述通过产区的独特性来提高奶酪的单价，即其交换价值。柏树格罗夫山羊奶酪的网站上这样写道：“我们认为，朦胧、神秘而柔和的薄雾注入我们的奶酪，让皮奥里亚产的洪堡雾奶酪别具一格!”一个地方的物理特征——在这里，沿海的雾和带着咸味的太平洋微风——在奶酪上留下了不可磨灭的印记，这意味着奶酪是如此特别，以至于在其他地方无法复制。[7]

在法国，“风土”描述了一个地方典型特征，这种理念支撑着官方管理原产地名称体系，即地理原产地标识（Geologic Origin Label）。在这一体系下，某些农产品只有在指定的地理区域内按规定的方法生产和销售时，才能以该地名注册，比如香槟或诺曼底的卡门伯特奶酪。AOC的奶酪规则可能会要求挤奶动物的品种（不仅仅是物种），规定牲畜是否在高山山坡或山谷中放牧、是否允许对牛奶进行热处理，并指定奶酪制作配方。[8] AOC通过制订管理条例，保护集体的商业活动，就像戴维和辛迪·梅杰在1993年前往比利牛斯探访牧羊人时所看到的那样：牧羊人在山间小屋里制作奶酪，并在家庭内部平均分配。[9]

为了响应加强企业间合作的号召，20世纪90年代末，大卫和
189 辛迪获得了可持续农业研究和教育（SARE）拨款，以培训佛蒙特州的家庭在自家农场里挤奶、制作佛蒙特州牧羊人奶酪，并将绿色轮子送到梅杰农场发酵、贴标签和销售。[10] 尽管佛蒙特州牧羊人协会仅存续了区区几年，但影响了整个佛蒙特州奶酪制作的历史。一旦牧民们掌握了绵羊奶业的窍门，他们就采用梅杰农场提供的种畜繁殖母羊，开发出自己的奶酪品牌。[11] 为了获得公众对其创新与创造力的认可，美国工匠们不希望被地方所“束缚”，不囿于成见、条条框框或生态区位。

美国的奶酪制造商们信奉个人主义，他们倾向于把地方风味缩小到私人农场的范围，而不是扩大至整个产区——这更多涉及知识产权，而不是集体遗产的问题。当马林县的雷耶斯角农庄奶酪的网站加入柏树格罗夫奶酪的行列，声称它的奶酪也受到太平洋和煦暖风的影响时，不是想说明其地理位置临近洪堡雾，而是指出它们具有相似的特色：“是什么让农庄奶酪如此特别?”法语中有一个词来形容它——“Terroir”。“源于土地、关乎土地、属于土地。农场的

产地条件与最终产品息息相关。”当被用来描述地方特色时，风土传达了奶酪或其他食品的内在价值，将味道的品质归因于一个地方的食材和环境特征。但如何在一种“风土”和另一种“风土”之间划分有意义的界线呢？在欧洲，这在很大程度上是生产商工会和官僚们争夺的一个政治和法律问题，在美国则由声称其产品具有某种产地特征的申请人来定夺。

本章重点讲述美国奶酪制造商如何转译“风土”的概念，以论证这样一个观点，即手工奶酪的味觉价值本质上植根于工艺实践，而这些实践行为本身也是有价值的。风土与其说关乎奶酪的内在价值，不如说它提出了一个有关工具价值的问题：制作农庄奶酪可能给生产者带来什么好处？对他们的农业社区和自然景观又有什么好处？很显然，在这一届加州手工奶酪节品鉴会上，参会者认为风土可能成为手工食品工具价值的典范。利用风土的整体论思想，苏·康利和佩吉·史密斯等工匠企业家认为，奶酪的商业价值来自他们致力于保护的资源：放养的奶牛、家庭农场、重新焕发活力的农村社区、工作景观。许多人相信，这些资源有可能重振农村地区，甚至创造出一片新天地。风土概念——就像“农庄”、“可持续发展”、“本地”和其他质量标签一样——与其说它的属性尚需定义，毋宁说其伦理有待论证。

这种美国式的“风土”植根于洛克式（Lockean）的美德，即通过耕种土地来创造价值。它将风土重构为规范性的、深思熟虑的行动，从零开始创造出有人乐于居住、有人乐于参观或去品味的地方。这种“风土”转化的尝试受到诸多质疑。当人们声称某种手工奶酪尝起来很有地方味，或者手工奶酪制作可能会改善地方的经济或环境条件时，他们指的是什么样的地方？ 哪些条件、哪些居民不属于该地方？[13] 为什么假定那个“地方的”好吃，或者味道很好呢？为了回答这些问题，我将讨论奶酪制造商如何通过风土对话表达他们的看法，即手工奶酪的味觉价值与工具价值之间存在根本联系。对风土理念的转化不是通过强调与过去的联系来获得真实性的价值（就像孔泰奶酪那样），而是体现了美国人投身于当地的情怀：环境管理、农业企业和乡村社区。

190 为了对这三个价值逐一阐述，我选择了几个关于“风土主题”的典型案例。首先是加州芝士节上的味觉教育，其理念是商业食品制作须与环保主义原则和实践吻合。其次，我调查了威斯康星州促进当地乳品和奶酪制造的举措。为了寻找威斯康星奶酪“风土”的物质基础，无论是从地形、地貌还是从当地微生物生态方面，我希望在奶酪工厂、几代奶农和后田园工匠们之间找到共同之处。最后，叙述回到了本书开头提到的贾斯珀·希尔农场，在那里我调查了凯勒兄弟的民间草根实验，反向仿制（reverse-engineer）具有产区意义的“风土”，旨在提振佛蒙特州东北部的乡村经济和社区。他们建立一个大规模的奶酪陈化设施，寄希望于其增值农业在不冲击农村社区文化的情况下，为乡村带来经济效益。在以上几个案例中，他们采用语言来表达对风土的整体感受，以使其文化项目变得合情合理。

首先，我要承认，食材确实影响我们的口感，不论是精心酿制的葡萄酒、土生土长的番茄，还是手工奶酪。事实上，如前所述，手工奶酪的特色之一是工匠们充分利用而不是规避环境影响和牛奶的有机变化，正是后者造就了奶酪的感官品质。然而，在美国，人们仍然在探索“风土”的内涵。[14] 即使在法国，这一概念也并非无可争议。[15] 我无意去界定何谓“风土”，而是要分析它如何以及为什么影响美国手工奶酪制造商们和他们的支持者。目前，风土提供了一个概念性的范畴，在此基础上，奶酪制作企业家们努力协调他 191
们所信奉的生态和道德价值观与他们所追求的商业价值观之间存在的紧张关系。[16]

在加州手工芝士节上学习品尝风土的味道

这场由苏·康利和佩吉·史密斯主持，名为“与牛仔女郎一起走向本地和全球”（Go Local-Global with the Cowgirls）的品鉴会，是2009年第三届加州手工芝士节（California Artisan Cheese Festival）上的一个热门活动。她俩是多年的朋友，在反主流文化盛行的20世纪70年代，从东海岸搬到了旧金山湾区（Bay Area），从餐饮业转入芝士行业；十七年来，佩吉一直在加州美食中心的潘尼斯之家餐厅当厨师。她俩一边引导大家逐一品尝盘中的奶酪，一边讲解“风土”的定义和风土实践。自始至终，她们的味觉教育不仅帮助我们提高鉴赏力，而且让我们深刻地理解食物的来源与制作方式，以及这些对食物的味道为什么重要。[17] 牛仔女郎们利用大家对风土品味的鉴赏，为反工业的农业养殖和食品制作方法提供了经济甚至道德依据。

我们首先品尝的是牛仔女郎奶油厂的白干酪（fromage blanc），这是由雷耶斯角牧场的阿尔伯特·斯特劳斯（Albert Straus，既是她俩的邻居又是朋友）提供的一款朴素、新鲜的奶酪，主要用于配菜（“就像奶油芝士”），以“展示牛奶的有机成分”。接着品尝的是三层奶油塔姆山芝士。主持人介绍说，他想要“展示自己的辛勤劳作”——他是如何照料这片土地和动物们的。作为一家有机奶牛场，斯特劳斯的牧场杜绝使用除草剂和化肥，不用激素或抗生素治疗奶牛。言下之意，我们之所以在新鲜奶酪中能够品尝到“优质、干净”的牛奶，是因为斯特劳斯自觉坚持环保养殖的实践。

我们了解到，阿尔伯特从他的母亲艾伦（Ellen）那里继承了环保主义理念——她曾受到蕾切尔·卡森（Rachel Carson）的著作《寂静的春天》（*Silent Spring*）的启发——与他人共同创立了马林农业土地信托基金，以保护农耕地。牛仔女郎的叙述不仅关注了管理在奶牛饲养中的作用（我称之为生产生态学），也关注了以风土芝士为代表的农业产区。主持人说，斯特劳斯最近安装了一个沼气池，她们未曾料到，这句话勾起了我们脑海里的另一番景象：奶酪味道里的牛粪味，而她们本来是想让我们看到温室气体减排有什么好处的。[18] 这样的味觉教育效果适得其反。

味觉教育通常是指鉴赏力，包括辨别力和文化差异。通过学习
192 识别和区隔特定口味，我们培养出独特的品味偏好，以表明我们的味觉训练有素。苏珊·特里奥描述了法国消费者通过学习，可以根据品红酒的标准，分辨牛奶巧克力与黑巧克力的区别，还培养了对黑巧克力的偏好。她认为，经过适当的味觉教育，消费者可以证明他们为自己积累美食品鉴的象征资本是值得的。[19] 从某种意义上说，牛仔女郎的奶酪品鉴会符合鉴赏力的味觉教育要求，因为我们通过类比联想熟悉的气味和口味，学习了怎样区分和识别奶酪中的特定味道。我当时的品尝笔记显示，塔姆山奶酪“口感绵密，但奶油味醇厚，入口时的味道令人想起白蘑菇”。一旦“蘑菇”这个词浮现在我的脑海里，我就会在奶酪的真菌外皮中品尝到蘑菇的味道。

特里奥说，一位著名的巧克力制造商喜欢对她的味觉偏好与鉴赏力评头论足。然而，与她的经历不同的是，在我参加过的各类奶酪品尝活动中，我的口味偏好从未受到评判。在我的记忆里，没有哪个权威人士曾对我说过类似这样的话：硬壳奶酪绝对优于白霉奶酪。也许在美国，品味教育迁就消费者个人的价值选择：只要某种偏好能促成买卖，很少奶酪商会对他们指手画脚。[20] 一位知名的奶酪商声称，唯独用生奶制成的奶酪才有资格被称为“正宗的”，而巴氏杀菌奶会侵蚀源自牧草的特殊风味。不过，也有人持不同观点，认为大多数消费者根本无法（甚至不需要）分辨生奶奶酪和巴氏杀菌奶奶酪，况且许多获奖奶酪实际上都是用巴氏杀菌奶制成的。[21] 。在马萨诸塞州剑桥市举行的一场生奶奶酪和巴氏杀菌奶奶酪的盲品会上，杰弗里·罗伯茨和颜悦色地透露了一个秘密：奶油厂的奶酪都是用巴氏杀菌奶制成的。他还表示，“我最不希望看到的是，好奶酪披上好葡萄酒那样的神秘面纱”，用一些高大上的行话来描述，让人听起来望而却步；他更希望人们用通俗平实的语言来表达他们的偏好，比如说“我更喜欢吃（奶酪）里层，而不是外壳”。[22]

对于加州的酿酒师和奶酪制造商来说，风土这个词语将口味品质与生产过程中的质量联系起来。[23] 芝士品鉴会间接促进了反工业食品的制作，因为据说健康的动物、干净的牛奶和多样化的牧草能促成美味的奶酪。但是，正如加州芝士节的另一场主题为“美味食品来源于最佳农业实践”的会议所宣扬的那样，味觉教育也可以直接促进反工业化农业，让人们关注芝士味道之外的事情：提
高牧场土壤的肥力和健康；通过减少化学物质的流失，保持水域 193
清洁；确保土地的农业用途，远离开发商的控制。为了契合这次

美食节的主题，该研讨会将农庄奶酪制作融入有机和生物动力法（biodynamic）葡萄酒生产的叙事之中。

第二次世界大战后，加州葡萄园为了提高产量，采取连作制（monocropped），并且大量使用了化肥、杀虫剂和杀菌剂。到了20世纪80年代，环保人士开始对水质污染忧心忡忡。同时葡萄种植者惶恐地发现葡萄树梢的叶子出现打蔫的情况，也开始担忧工人和家人的健康状况，这一切促使他们反思以往的耕种方法。在洛迪的兰格双仔酒庄（Lange Twins Winery）就是这样的一家农场。第四代洛迪农场主、第三代葡萄种植者兰迪·兰格（Randy Lange）在芝士节上作为"最佳农业实践"小组代表发言，他说当他们兄弟俩接管农场时，"我们回顾过去，放眼未来"，决定放弃使用农用化肥，转而效仿祖辈，尽量减少使用科学技术。例如，培育各种动物的栖息地：有食虫子的甲虫、谷仓燕子和以啮齿动物为食的猫头鹰；在一排排葡萄藤蔓中间种植冬季覆盖作物，以恢复土壤中枯竭的养分。艾米·特鲁贝克写道，在加州，"风土代表了一种机械化程度较低、侵入性较小的酿酒理念"。[24]

如今，许多葡萄种植者和奶农，包括受上个世纪六七十年代环保主义思潮影响的婴儿潮一代坚持认为，农业管理可以对环境资源产生积极的影响。兰迪说，兰格斯农场之所以选择有机种植，是因为他们相信这是"正确的做法"，既为了他们家人和员工的健康，也为了子孙后代。还有人认为，种植葡萄（或生产牛奶）时不使用化学物质的话，葡萄酒和奶酪的风味可能大大改善。纳帕谷（Frog's Leap）酒厂的老板约翰·威廉姆斯（John Williams）说："有机种植是葡萄种植的唯一途径，能够带来上好的品质和酒中的风土味道。"[25]

不过，零售端缺乏经济动力采用有机奶制作自然成熟的奶酪，或者用有机种植的葡萄酿酒。“绿色消费主义”认为消费者之所以愿意溢价购买有机和“公平贸易”标签的商品，是因为这样的购买行为让他们自我感觉良好（有机和公平贸易的标签因而成为有别于普通商品的新时尚）。然而，事实表明，生态标签会压低葡萄酒价格。[26] 用鉴赏家的话来说，“好”葡萄酒不可能是有机的。这种看法要追溯到 20 世纪 70 年代，当时不含亚硫酸盐的“有机葡萄酒”据说很快就变成了醋；在葡萄酒消费者的眼里，“有机”仍然与异味（也许还有臭嬉皮士）联系在一起。具有讽刺意味的是，消费者并不知道，许多优质葡萄酒实际上是用有机葡萄酿制的（使用亚硫酸盐）。[27] 尽管消费者不愿意为葡萄酒的生态标签支付额外的成本，但有机和生物动力法似乎确实改善了葡萄树的健康、葡萄的味道以及葡萄酒的品质特征。因此，“经过有机认证的葡萄酒，尽管 194
没有标识，却享受显著的溢价。”[28]

在芝士节上，兰迪·兰格承认，他们的七英亩土地中只有一英亩是有机认证的，因为认证要花不少钱。这让我百思不得其解：为什么有的高端农庄奶酪生产商愿意不厌其烦、不惜代价地为葡萄园或牧场申请有机认证。加州大学的研究人员马加利·德尔马斯和劳拉·格兰特认为，除了获得环境管理方面的专业咨询以外，生态认证还为种植者带来社会资本，因为认证帮助他们在同行中赢得土地好管家的声誉。[29] 在加州，20 世纪 70 年代的反主流文化与 2010 年代的商务主流文化的融合可能比其他任何地方都盛行，因为“最佳实践”（管理学术语，指经过验证的方法论或技术）的目的是调和资本主义的效率至上原则与后田园时代哺育自然的美德。

这提醒我们，“管理”与其说关乎好口碑，不如说是行之有效的一套方法论。如果手工制作的奶酪，尤其是用生奶制成的，往往与工业标准化的效率原则背道而驰。那么在微观层面，人们究竟有多大能耐对葡萄园或农场那样复杂的生产生态实行全方位的监管呢？正如进化生物学家林恩·马古利斯（Lynn Margulis）驳斥环境管理的主张时说："这真是无稽之谈，居然有人认为我们有能力管理像地球这样一个庞大而神秘的系统。"[30]

当人们用"风土"作为生态标签，把高品质的口味与生产方法联系起来时（没有"有机"标签的包袱），他们遇到了困扰有机食品和原产地标签同样的还原论（reductionism）问题。尽管联邦认证的有机食品标签有助于消费者了解西红柿或柠檬在品类和农作物生长环境方面的差异，但是当消费者为有机食品支付溢价时，他们享用的食物的种植方式可能跟他们想象的大相径庭。[31] 有机标签已经拥有自己的生命，脱离了生产现实。罗伯特·尤林认为AOC葡萄酒的情况也大同小异。波尔多之所以能获得比梅多克那样的普通葡萄酒更高的地位，这既不是地理标识的功劳，也无关乎风土的修辞。"这是通过一个创新的过程，将文化构建的真实性和质量标准转变为看似天然的标准。"[32] 在ACS的年度会议和其他场合，有个声音始终萦绕不去：轻率地声称美国奶酪具有风土特点的话，可能冒着"越界"的风险，最终沦为营销噱头。[33] 产品标示是一件棘手的事情。

在美食节和休闲食物品尝会上，与会者积极讨论风土、生态认证、人道饲养和有机农业一系列话题，这可能使他们对有机食品生产商与手工食品刮目相看，认定只有这类生产商、食品才是"优质"的——不仅娴熟，而且符合伦理道德。通过宣扬某个产地的奶酪或葡萄酒的风味植根于无害农业的理念，并且将风土聚焦于一家农场，家庭农场就可以在产品营销时宣传其独特的食品风味，以积累道德信誉（或许还有经济溢价）。当然在发出这个道德声明时，他们将因此受到消费者的道德评价。

与此同时，有人在加州手工奶酪节上提出，消费者一旦了解手工奶酪的生产方式，他们的体验——味觉与文化品味——就会更好。如果消费者认为，这种生产方式可以避免农地落入开发商手中，或者对工业破坏的土地进行有机修复，或者帮助第四代奶农继承家业，那他们的消费体验也将进一步得到提升。在这里要求具有“好品味”的消费者品尝出“好”奶酪的风土人情，或者某个产区奶酪的“益处”。[34]

用风土的理念来推广威斯康星奶酪

在威斯康星州，“风土”的话语体系把奶酪的品质、生产质量和自然环境维系在一起。[35] 但是，风土既可指一家农场，也可指一个国家的行政区域。威斯康星牛奶营销委员会首席执行官詹姆斯·罗布森（James Robson）在《威斯康星奶酪食谱与指南》（*Wisconsin Cheese*：*A Cookbook and Guide to the Wisconsin Cheese*）的序言中写道：“威斯康星州连绵起伏的山丘、石灰石过滤的潺潺流水和肥沃的土壤为奶酪的生产创造了美轮美奂的自然环境。”[36] 就像特鲁贝克描写佛蒙特州的枫糖浆一样，支持者们正在研究威斯康星奶酪所体现的“产区风味”是否可以作为一个品牌，以宣传乳品业及该州的形象。[37] 他们发现，扩大地方风味影响力的其中一个办法是从细菌和真菌的微观角度挖掘奶酪产区的特点。

对威斯康星州的工匠和农场奶酪行业来说，迎来转机的事件可能是加州牛奶营销委员会决定在2005年职业橄榄球冠军赛“超级碗”期间，在全国电视上循环播出“好奶酪来自快乐的奶牛”和“快乐奶牛来自加州”的广告。威斯康星州橄榄球队（Green Bay
196 Packers）的球迷对此感到愤愤不平：加州竟然自视甚高，堂而皇之地宣称其乳制品比别州的更好。按这个发展势头，威斯康星州的奶酪产量很快就会被加州赶超，而且威斯康星州作为“美国奶牛场”（这个广告语出现在州政府车牌和纪念币上）的自我形象也岌岌可危，因而威斯康星州牛奶营销委员会被迫调整其发展策略。2006年，DBIC的公关总监珍妮·卡彭特（Jeanne Carpenter）向《纽约时报》记者解释说：“威斯康星州现在以奶酪品质取胜。”[38] 言外之意是你（加州）有你的洪堡雾奶酪，而对中西部地区来说，我有我的优质产品。

2008年7月，我拜访了DBIC团队位于州农业部大楼的办公室。当我提到加州的快乐奶牛广告时，一名工作人员立即起身离开房间，取回来一本2005年9月《密尔沃基杂志》（*Milwaukee Magazine*）。该杂志封面故事是“奶酪战争”，文中描述了威斯康星州将在手工艺和特产产品市场上击败加州，并终将“赢得这场战役”。[39] 故事的主角是DBIC，因为它提供技术咨询，帮助多家特色奶酪工厂升级改造或开业。该中心成立于2004年，得到了时任参议院农业拨款委员会主席、参议员赫布·科尔（Herb Kohl）的大力支持。DBIC主任丹·卡特（Dan Carter）幽默地对我说：“我想你已经猜到，我们就是把地方支出计划纳入国家法案的人。”最后，这篇文章转述了卡尔谷乳品公司的老板兼芝士师傅希德·库克的一席话，他以酿酒师的口吻说道，为什么加州永远生产不出像威斯康星州那样的芝士，因为：“在加州，牛奶温和，非常适合加工奶酪，但不适合熟化。它的味道很淡，有一股硫黄味，没有威斯康星奶酪的水果味和浓郁香味。我们最大的优势是这片土地，这个地区的美景都体现在奶酪里。”[40] 虽然听起来有些夸张，但我认为库克的言辞体现了他的竞争战略。

面对日益激烈的市场竞争，威斯康星州乳业创新中心赞助了一项可行性研究项目，探索将风土作为工具，以促进手工和特色奶酪制作并在全国推广。他们认为可以将奶酪和其产区——环境、土壤、草——之间的有形联系分离出来。为此DBIC于 2011 年 2 月主办了一场研讨会，提议在威斯康星州南部的一个被称为“无冰碛地区”设立风土特色产区，因为在冰川世末期（Pleistocene），该地区并未被冰川覆盖，因而表土层的土壤非常肥沃。[41] 由于新兴的工匠和农场奶酪制造商自认为是白手起家，而不是复兴工艺实践传统，他们在营销中使用的风土语言往往偏重自然元素——小气候、景观、土壤成分，而忽视惯常的方法或共同的烹饪传统这些文化因 197
素。威斯康星州也不例外，因为该州引以为豪的奶酪制作传统一直以来积极拥抱工业化的进步。

为了寻找地方味道的生态锚，奶酪制造商和他们的支持者常常诉诸微生物的具体影响。DBIC在风土研讨会上发布的新闻稿中宣称：“一个产区的文化、地貌和生物为当地食品赋予独特的风味，这一概念可以帮助威斯康星州部分小型奶酪制造商在熙熙攘攘的奶酪市场中开拓一片蓝海。”[42] “一个产区的生物学”——多么扣人心弦的词语！这里指的是周围的微生物，而在法国，它可能指特定品种的牛、绵羊或山羊。法国技术顾问伊万·拉切尔（Ivan Larcher）在研讨会上发言，将风土描述为一种局部生态，认为奶酪制作过程出现的数十种细菌、酵母和霉菌“在不同的农场各不相同，即便两家农场只相隔一英里远”。他接着说道：“每个芝士生产商的梦想都是开发出独具特色的细菌谱系，它与你生于斯、长于斯的地方密切直接相关，这就是风土的概念，是你所在之处的独特产品。”[43] 考虑到与会者都是美国人，拉切尔有意将风土描述为一家农场奶酪生产商的事务（或与其他生产商、奶农共同完成），但是DBIC的研讨会却有意将风土的范围从一家农场扩展到整个产区，也许这样能发明新的创新传统。格森德·卡佐（Gersende Cazaux）介绍了由DBIC资助的一篇硕士学位论文《风土概念在美国环境中的应用：风土的味道和威斯康星州未经巴氏杀菌的奶酪》，她赞成拉切尔的提议，即把产区或周围的微生物作为威斯康星州“风土味道”的象征，强调它们能够体现草饲（特别是未经巴氏杀菌）奶的味道。[44]

然而，从微生物的角度来看，“风土”指的是奶酪的制作环境，而不是人类居住的环境，比如农场、县、地区。法国国家农业研究所（INRA）的研究人员通过对涂抹成熟奶酪的研究发现，“从特定环境中分离出来的细菌并非专属于该环境，而是专属于构成那个环境的生化条件（pH值、温度、碳源、营养需求）”。[45] 配方（和由此产生的奶酪类型）比产区（和相关环境）对奶酪中的微生物种群影响更大。[46] 鉴赏家们津津乐道的、生奶酪“浓郁”的味道并非因为某种微生物的存在，而是由于多种微生物与菌株通过代谢分解
198 牛奶中的酶和碳水化合物。如果把奶酪产区的特点归结于微生物，具体是何种微生物似乎并不重要，重要的是作为有机体它们做了什么，奶酪微生物的作用机制是什么？当奶酪“老化”或“成熟”时，微生物分解牛奶中的酶，并释放出气味。正是以这种有形的方式，微生物将地方和味道联系在一起。

一天下午，我到威斯康星州的无冰碛区拜访了威利·雷纳（Willi Lehner）。他从自家后院的土壤中“采集”微生物，并把它们添加到哈瓦蒂风格的生奶芝士盐水中，从而将风土牢牢掌握在自己手中。他的地球奶油（Earth Schmier）芝士源于一次不列颠群岛的考察之旅，这是由DBIC下属的威斯康星州手工乳制品研究项目资助的。他拜访了爱尔兰农家奶酪制造商吉安娜·弗格森（Giana Ferguson），她因将实验室培养的细菌分离株接种到古贝（Gubbeen）奶酪而声名鹊起。此后，一位微生物学家在她的涂抹成熟奶酪的外皮上首次发现了该菌株——后来被命名为古贝尼斯微杆菌（Microillus Gubbeenese）。弗格森让雷纳深刻理解身边，尤其是自家土壤的微生物多样性。“风土是土壤中的东西，”雷纳说他从弗格森那里学到了这一点，“在你没有弄清楚是什么之前，先别扼杀它。”[47] 在家种花草时，雷纳捧起一抔土说：“这里蕴藏着微生物!”他在林间漫步，收集土壤样本，把整块泥土浸泡在水里，提取孢子（“就像种子在发芽”），然后把过滤后的溶液加入淡盐水中。“奶酪上长出东西，这简直太神奇了”，他惊叹道。奶酪表面覆盖着一层黏稠的、桃红色外皮，上面接种了从农场木屋四周的林地中采集的不明微生物群落，因而散发出淡淡的木质香味。

地球奶油芝士尝起来有股“无冰碛地区”的味道，还是威利木屋后面的树林的味道，抑或只是天然木头的味道？我们凭什么知道？ 由于缺乏一个共同的标准来评价这个说法，我们只能说制作地球奶油芝士的想法很炫酷。它迎合了当下流行（限于特定人群）的说法，认为本地的食物是最好的，正宗的食物必须具有当地的味道。地球奶油芝士的理念与“可持续”的瓶装葡萄酒“传递的信息”没有差异，因为它表明了产品质量与生产环境质量之间存在正相关关系——之所以这样，是因为奶酪碰巧美味可口。但这种品质并不是“手工”制作的或者用生奶制成的奶酪所固有的。[48]

在地球奶油奶酪中，正如在DBIC研讨会上一样，微生物被挑选出来作为农场或产区生产生态的象征。以微生物为基础的产区之所以引人注目，因为肉眼看不见的微生物与产奶牲畜的品种或饲料相比，似乎是奶酪生产生态中最野性的——因而也是最自然的——
199 元素。无论是“农庄”的命名还是“产区的味道”，生产商在呼吁人们关注生产生态时，都把自己的劳动实践比喻成自然界中的腐烂、分解过程。正如我在第二章中所说，这实际上把工艺生产方法自然化了，使它们作为“自然”的一部分，看起来不仅合情合理，而且符合规范：食物就应该这样制作。为了从工业同质化中拯救本土的微生物发酵剂，以威利・雷纳为代表的后巴斯德时期的奶酪制造商努力使后田园农业实践合法化。

如果说某个产区的食品体现了它的环境，我们需要进一步地了解，除此之外，这片土地里还会有什么东西适宜人类通过饮食摄入。如前所述，后田园环境绝不是原始的或纯粹的，只有当自然的定义中包含了人类的干预，或把“土地上那双看得见的手”藏起来，农业景观才能被认为是“自然的”。[50] 在本书第一章提到，史蒂夫・盖茨从刚买的农场（农业工业化的牺牲品）的粪堆中挖出注射器——农业工业化的灾难——为了改善农地质量，他与家人一道整治农地，对田里的垃圾进行了清理。这一事例提醒人们，在威斯康星这样的地方，昨天的麦田变成了今天的牧场，可能会耗尽土壤养分、微生物和植物的多样性。人类活动对微生物繁殖的影响并不亚于牲畜的，尽管我们对人类与微生物的关系知之甚少。环境毒素是一个令人担忧的问题；当地的生态可能受到污染，也可能造成污染。[51] 在一篇关于海洋环境的文章中，贝基·曼斯菲尔德（Becky Mansfield）断言，在长期受到污染的海洋环境下，鱼可能吸收或者摄入重金属，而从剑鱼样本中检测出的汞含量严重超标。出于同样的原因，有毒的大肠杆菌是牧场固有的，而威胁人类健康的单核细胞增生李斯特菌就像赋予食物味道的亚麻短杆菌一样无处不在。威利·雷纳在树林中采集微生物时，小心翼翼地从地表下收集干净的泥土样本，并从中提取有益的微生物，因为并非所有微生物都那么诱人。

文化项目的合法性部分依赖于人们对自然界的理解。随着科研人员（如蕾切尔·达顿）对世界的了解逐渐深入，他们可能会尴尬地发现：自然远非想象的那样。微生物学家喜欢这样描述他们的研究对象："微生物存在于宇宙万物之中，无所不在。"然而，奶酪风味植根于微生物生态的观点与微生物的流动性——或者更确切地说，它们无所不在的特性——背道而驰。对栖息奶酪外皮的微生物群落的研究结果揭示了它们的相似性而不是独特性——就像分子遗传学揭示，人类基因组的相似性远大于其差异性。[52] 最近法国对涂抹成熟奶酪的一项研究证实了吉安娜·弗格森的古贝尼斯微杆菌的存在。[53] 和达顿研究的温尼梅尔奶酪一样，法国奶酪也是多种喜盐海洋微生物的宿主。[54]

与土地和牲畜不同的是，环境微生物并非私有财产——我认为，这是产区的微生物环境仍然深深吸引DBIC员工的原因之一。[55] 这些微生物不归个人所有，其文化是中立的，因为奶酪制作商之间重要的区别或联系在于其经济和文化资本，而无关乎工匠技艺、采用山羊奶、绵羊奶还是牛奶。从理论上说，一个以生态为基础的产区，无论规模大小，都可以在统一的地理标识之下归集不同的情感经济，甚至多种生产生态。

我认为，DBIC已经将产区作为一个潜在的“贸易区”，以将威斯康星州不同社会背景的奶酪社区凝聚起来。彼得·盖利森（Peter Galison）引入了贸易区的概念，以分析来自两大研究传统（实验主义和理论主义）的物理学家是如何合作或交换思想的，“即便交换的对象具有完全不同的意义”。然而，“尽管全球存在巨大的差异，但各国贸易伙伴仍然可以达成局部协议。”[56] DBIC似乎也迫切期望该州“传统”乳业家族、“特色”奶酪工厂和新入行的“工匠”之间进行这种务实的合作。威斯康星州“无冰碛”产区的奶酪制作商包括安妮·托普汉姆个人经营的范托姆（Fantôme）、迈克·金里奇资本雄厚的高地（Uplands）奶牛场乳品厂、农场主的女儿戴安娜·墨菲的梦幻农场、前公司经理布伦达·詹森的牧羊场、威利·雷纳的奶酪陈化设施，以及布伦科奶酪工厂利用费耶特乳品品牌进军手工奶酪领域。微生物并不关心这些奶酪制作设施生产的奶酪口味有什么不同，收益高还是低。DBIC希望建立一个平等包容的综合机构，以促进本地产的各种奶酪的独特性和差异性（当然，微生物无视任何州与州的边界）。

贸易区可能会促进不同身份地位的群体之间以务实的态度推进合作，但不能消除他们之间的差异。希德·库克使用“风土”的语言，似乎乐观地暗示威斯康星州奶酪（而非奶酪制造商）之间的共同点，同时与它的竞争对手加州划清界限。问题是，威斯康星州多样化的奶酪世界里的人们都那么乖巧听话吗？会有人被拉郎配、加入这个贸易区吗？一旦“风土”成为新的营销工具（尽管没有证据表明它会如此），第四章中阐述的相关故事表明，有些奶酪制造商
201 将获得新的“包装技巧”，而其他制造商仍将我行我素，继续按以

往的方式生产和销售奶酪。

在佛蒙特州贾斯珀·希尔地窖里反向仿制风土

产区的味道和它附近的味道是不一样的。在佛蒙特州伦敦德里度过的那个月里，每个星期六，我都从西河农贸市场带半轮伍德科克农场的夏雪（Summer Snow）芝士回家，因为我知道费舍尔夫妇只在少数几个地方出售当季易碎的、花皮羊奶奶酪。在特定的时间，而且靠近产区才能吃到夏雪芝士。这与本土膳食主义者（locavore）宣扬的理念不谋而合，因为它提供了一种就近的味道。但是夏雪芝士尝起来是否也"像"韦斯顿小镇郊外的费舍尔牧场呢？或者是格林山脉地区？还是佛蒙特州？这些问题不能用商品生产到消费的供应链距离来回答。风土是指芝士具有典型的、而不是新鲜的或本土的特征。

佛蒙特州的凯勒兄弟相信，通过味道来表达、代表一个地方的风土——可以重振，甚至创造一个产区。如果在法国，正如伊丽莎白·巴勒姆（Elizabeth Barham）所写的那样，"风土可以划定一个被认为对其居民有显著影响的农村或省级行政区"，凯勒兄弟设想的却是反向的因果关系：通过农村经济振兴，一个地区的居民可以对生态系统、景观和地方感产生显著影响。[57] 因为口味是奶酪的最终卖点，所以对他们来说，口味代表了实现其他目标的一种手段，包括形塑产区。这不禁让人想起蒂姆·英戈尔德（Tim Ingold）的主张，即将自然景观视为凝结的"任务场景"。这里的任务是指环境中相互联系的日常生活实践，而凯勒兄弟正是利用风土的理念来培育农场食物制作的任务场景。[58]

20世纪70年代，当凯勒兄弟俩在格林斯伯勒（Greensboro）地区度过快乐的童年时那里有37家奶牛场，但到了2011年只剩下8家——包括他们家的。和威斯康星州一样，佛蒙特州引以为豪的乳品业2008年只贡献了全国液态奶市场的1.4%。他们说，由于全球化与商品定价的去地域化效应（deterritorializing effects），小农场纷纷破产倒闭，被西部大型牧场合并。为了应对外部环境的变化，他们创立贾斯珀·希尔农场，进入农场奶酪制造业，因为他们认为这是食品系统再区域化（reterritorializing）的切入点。他们的目的是将食品生产回归本土，在人群、文化和景观之间重新建立有
202 意义的联系，并重新赋予乡村地区以情感意义和有形关联。他们指出，该地区的旧谷仓和他们的一样，都修建在绵延起伏的多岩石山谷里，只容纳25头或30头奶牛。因此，他们认为这就是适宜佛蒙特州农业的饲养规模；“我们本该如此”，马特奥告诉我。

据他们了解，在法国，推广传统的“风土产品”对农村经济现代化至关重要。[59] 通过开放贾斯珀·希尔农场，向人们展示“产区的工具”（如第二章所述），他们帮助消费者进一步了解农村经济、嫩草鲜花遍地的牧场、环境微生物群以及奶牛的消化能力。[60] 他们从附近的一个“佛蒙特州老派奶农”那里购买传统干草，而不是舍近求远。马特奥解释说，因为“风土理念的应用在这里意味着购买当地的干草”。[61] 在这里，“风土”指的是当地的青青牧草，不仅是因为这种奶酪据说带有当地牧场的牛奶味道，而且正如我2004年第一次参观他们农场时马特奥指出的那样，因为购买当地干草可以“把资金留在本地”。出于同样的考虑，在通往农场的路边小杂货店里，他们按批发价出售奶酪。

"保护佛蒙特州的工作景观是我们公司使命的一部分，"马特奥说，"奶酪是实现我们使命的工具。"[62] 仅在佛蒙特一个州，"工作景观"被命名为手工奶酪的工具价值：通过赋予牧场以新的生命，奶酪有助于保护点缀着谷仓的、连绵起伏的丘陵以及四周环绕着繁茂树木的山脉。这些景观都是佛蒙特州明信片里描绘的形象，只因为割草机和放牧牲畜而得以保留。[63] 吸引游客的工作景观是牧场的任务景观，是其"真正价值"所在。2004 年，我与梅杰夫妇在布拉特尔伯勒举办的佛蒙特州农场峰会上，格瑞马克（Agri-Mark）奶业合作社高级副总裁罗伯特·惠灵顿（Robert Wellington）发表了主题演讲，其内容正是关于牧场价值。[64] 在 2009 年为佛蒙特州未来委员会（Council on the Future of Vermont）进行的一项民意调查中，"工作景观及其遗产"超越了"独立精神"和保护隐私，成为佛蒙特州人最看重的价值观。[65] 显然，居民们感到这一价值正受到威胁。从 2004 年到 2010 年，佛蒙特州关停了 309 个牧场，这意味着我在戴维·梅杰的农场工作那年的 1364 个牧场损失了 22.6%。[66] 从手工食品营销到州长竞选，保护"工作景观"免受城市开发和植树造林影响的呼声无时无处不在。但是长期以来，佛蒙特州的工作景观一直在变迁。19 世纪末，佛蒙特州 30%的土地被森林覆盖，70%的土地用于放牧；今天我们看到的情况正好相反：70%的森林被覆盖，只剩下 30%的牧场。[67] 如今，当我们想象佛蒙特州时，脑海里呈现的就是这 30%的部分：缓缓起伏的山谷点缀着农舍，与秋天橘红色的森林相映成趣。

就像任何风景画一样，明信片上的画面也是有选择性的。佛 203
蒙特州工作景观的维护越来越依赖于墨西哥移民的低薪工作，其中高达 90%的雇员是无证移民。[68] 但公众并不知情，因为墨西哥工人（绝大多数是男性）是在谷仓和挤奶室里工作，并住在营房式的工棚里。年长的美国农民也许有一种被浪漫田园风光所边缘化的感觉。在农场峰会上，一名来自西布拉特尔伯勒（West Brattleboro）的农妇回应了惠灵顿的主题演讲。她说，前段时间她去纽约参观林肯中心的时候，看到墙上刻着赞助人名单，猛然看到一个熟人的名字，她惊叫道："我认识他!他是我们的邻居!"导游上下打量了她一番，慢条斯理、轻蔑地说："你搞错了吧!"但她坚持说，这位邻居在大都会歌剧院（Metropolitan Opera）担任要职，在城里也有套公寓。可导游还是将信将疑，在一旁站着的她丈夫实在看不下去了，就对她说："话不投机半句多!"大会现场的听众哄堂大笑，但也心生一丝怜悯。佛蒙特州的风景——通过"产区的风味"理念得以体现和实现——受到许多人的青睐，但只有一些人买账。凯勒夫妇希望看到更多的居民积极参与到佛蒙特州的景观建设中来，并从中获得经济和社会回报。

凯勒兄弟的想法超越了贾斯珀·希尔农场和乳品业，就像之前的梅杰农场一样，他们希望"逆向构建"（reverse-engineer）一个集体营销系统。他们从欧洲的集中分销和产区标签模式中寻找灵感，然后努力将这些结构转化为适合美国市场和价值观的模式。2004年我第一次遇见他们时，他们正热切地与一位人类学家讨论如何为东北王国创造一种地理标识的问题。通过这种标识，农场奶酪制造商可以共同受益于区域品牌（就像AOC一样），但又不必遵循统一的"传统"标准。和DBIC一样——谨记佛蒙特牧羊人协会成立几年就被取消的教训——他们设想重新将"地方品味"从独家农场回归到产区，但前提是尊重当地价值观的独立和创业精神。

四年后，凯勒夫妇雄心勃勃地启动了一个项目，以实现他们的愿景："2.2 万平方英尺，七层地下库房和一个像美国芝士运动一样宏大的梦想。"贾斯珀·希尔的熟成窖是一个耗资 230 万美元的奶酪成熟和货物储运中心，旨在减轻当地农民劳动强度，降低增值乳品业的"进入门槛"。[69] 熟成窖的设计超越了佛蒙特牧羊人行会，允许生产商使用自有品牌生产，并将未成熟的奶酪出售。马 204
特奥说，熟成窖带有五种温度与湿度调节的选择，可以帮助"绿山（Green Mountains）的生产商陈化他们梦寐以求的各种奶酪"。[70] 此外，贾斯珀·希尔相信，他们可以利用自己的品牌，帮助佛蒙特州的小型生产商在全国范围内卖出高价。熟成窖的口号"地方的味道"，取自艾米·特鲁贝克的同名书籍，是对风土理念的美国化诠释。

该项目开展一年后，加入熟成窖的十个奶酪制作合作伙伴中，只有几家传统的奶牛场。由于急于填满巨大的窖洞，他们开始从全州各地的知名工匠那里购买未成熟的奶酪。许多生产商很难保持稳定的质量——也就是说，在整个奶酪生产季节里，很难复制出一致的感官特征。多变的感官特性（刺鼻的味道、芝士外壳和奶酪糊的颜色等等）的奶酪在农贸市场直接销售的话可能不受影响，但在全国市场分销却寸步难行。在不同层次的市场里，"优质"奶酪具有不同的含义。

作为一家商业企业，贾斯珀·希尔熟成窖的目标是，通过帮助生产商迅速转向"成品"生产，生产出质量稳定的奶酪。2011 年 4 月，我在贾斯珀·希尔度过一个愉快的周末（此前我去过两次），参观了奶酪窖、翻修的奶油厂，并与马特奥和文斯·拉齐奥莱（Vince Razionale）进行了长谈，后者是这家公司营销小组的一员，他曾经在马吉奥厨房担任国内奶酪采购员。"我们正在从艺术家的角色转变为芝士师傅，”马特奥向我解释说，“奶酪制作不是艺术，而是一门手艺。”他举例说，一个木匠制作桌子，如果桌子有条腿比另外三条腿短，那不是什么独门技艺，而是质量问题。马特奥认为，在奶酪世界里人们竟然能够瞒天过海，“为短腿的凳子津津乐道或者自圆其说”，这表明了“行业的不成熟”。事实上，他接着说，手工奶酪在美国算不上一个真正的产业，而是“一场运动”。一想到美国人制造和销售奶酪——甚至可能获奖的奶酪——他绝望地摇摇头，因为他们“甚至不认识自己的奶酪”。言外之意，他们说不清道不明在售奶酪的口味和外观到底有什么特别之处。文斯补充道，他们让自然的变化无常主宰一切，对要做成何种奶酪只有一个模糊的想法。如果奶酪制造商有其他收入来源的话，这种随心所欲的“艺术”方法也许可行，但是“绝无可能成为一门生意”。贾斯珀·希尔农场业务必须持续增长，才能偿还巨额贷款，并为24名员工支付薪水。

206 为了提高产品质量的稳定性，贾斯珀·希尔农场建立了一套详细的审核制度，要求合作厂商严格遵守，并在其奶酪生产过程中实施。进入熟成窖的每一批奶酪的时间、温度和pH值都会被记录下来。每批奶酪出库之前，这些读数的蜘蛛网状图表将与文斯、安迪和马特奥的感官分析结果进行比对。通过交叉分析定量和定性数据，他们希望厘清出售的每一款奶酪分别具有什么特点。他们的想法是，通过设定在奶酪制作的阶段性目标（主要是pH值），生产商将能够确保每批次奶酪的感官特征趋于一致。换句话说，凯勒夫妇正在寻求科学的措施——而不是巴氏杀菌，这一点很重要——确保生产过程中的工艺一致，以达到质量稳定的结果。在某种程度上，这个目标与风土味道的原则背道而驰；正如特鲁贝克指出：“风土的存在也表明，我们对葡萄酒或奶酪的影响可能是有限的。”[71] 不出所料，这一切让此前已经签约的几家奶酪制造商感到非常恼火，认为新的审核制度迫使他们改变了一贯的做事方式。[72] 2011 年春季，熟成窖中陈年的大部分芝士品种都是由行业新手生产的。凯勒发现，行业老手比较圆滑，不容易培训，不像刚入行的制造商白纸一张，可以随意描绘。

巴勒姆说谈到魁北克也在做类似的事情，这里的“风土”是“一种产地营销”，“但绝不是为了卖产品而建立一个地方与产品的表面联系”。相反，它反映的是一种合力，为独特的产品创造社会和经济基础，并为高质量或高附加值产品树立一个地方的声誉。[73] 凯勒以及他们的合作伙伴承诺，不仅要发展一家企业，而且要发展整个乳品业。他们相信，这个行业是佛蒙特州北部未来的希望所在。贾斯珀·希尔奶酪厂展示了产地的什么典型特征呢？

凯勒将他们的熟成窖视为 21 世纪后田园式工作景观的孵化器。在这个景观中，利奥·马克斯“花园里的机器”延伸到全国广泛市场的基础设施包括：pH值仪表、配备温度与湿度调节的陈化库、冷藏窖、美国联邦快递公司的卡车、计算机数据库、高速互联网，以及来自州外城市的、源源不断的访客。这不是 1984 年出版的《真正的佛蒙特州人不挤山羊奶》（*Real Vermonters Don't Milk Goats*）一书作者弗兰克·布莱恩（Frank Bryan）贬损为“外地佬”农业的那种浪漫田园主义（“如果你要问谁在徒手挤奶，我就指给你看城里来的外地佬”）。[74] 在 2004 年的农场峰会上，来自格瑞马克（Agri-Mark）的发言人说，2600 英里的雪地摩托道路横跨佛蒙特州的农田。他大声疾呼：“如果没有奶牛场，我们就会失 207
去所有的雪地摩托旅游!”一位州议员解释说：“来这里的南部新

英格兰人，拥有一块土地，他们不希望猎人射击可爱的小鹿斑比（bambi），也不想雪地摩托骑手没日没夜地在那里疾驰轰鸣。”然而真正的佛蒙特州人不挤山羊奶，也不张贴“禁止狩猎或雪地里骑摩托”的告示。城市的美食家可能会觉得奇怪，人们竟然把嘈杂和耗油的雪地摩托称为奶牛场的“真正价值”之一、工作景观不可或缺的一部分，而且还能从用草饲动物产下的奶制作的、在熟成窖里陈化的一块奶酪中品尝出风土的味道。但是产地，就像品味一样，是一个相对的关系范畴。创造产区并不意味着创造统一的产品。

佛蒙特州奥尔兰县的贾斯珀・希尔在2008年的家庭收入中位数徘徊在3.9万美元，而房屋自有率却高达74%。如今这个地方的情况怎么样？凯勒的出现是否导致当地财产税的增加，加重生活拮据的邻居的负担？或者更准确地说，凯勒通过纳税为当地的基础设施作出突出贡献了吗？[75] 马特奥向我抱怨说，他们的房产税率高得离谱，因为奥尔良县三分之一的住宅都是哈佛、达特茅斯和哥伦比亚大学教授（以及其他一些人）购买的第二套住房。凯勒的二套房并没有空置。他们在农场生活和工作，把孩子们送到公立学校（马特奥和安吉有两个年幼的孩子，住在奶酪屋楼上；安迪、维多利亚和他们的三个孩子住在农场附近，安迪自建的房子里）。[76] 他们很在意自己在当地的形象。四月的一个周末，我听到马特奥对几位办公室职员说，冬天的雪融化了，开车要格外小心，弯道上不要超速行驶。超速罚单会登报公示，这会让凯勒很难堪。[77] 当晚我的家人和凯勒一家子在附近小镇的一家比萨店共进晚餐，很显然他们是那里的常客。马特奥花了很长时间才从吧台买回啤酒，他的妻子安吉解释说：“他总是要跟每个人打招呼。”

常住居民对凯勒家在坚硬陡峭的岩石上开凿靠崖式芝士窖有

什么看法？当然，这要视情况而定。他们的孩子和凯勒的孩子一起上学吗？他们认识贾斯珀·希尔的前雇员吗？（一位当地居民告诉我，凯勒夫妇希望员工可以“996”工作）至少有一名格林斯伯勒本地人加入了他们的手工食品行业。翻过那座山，绕过贾斯珀·希尔农场的拐角处，住着肖恩·希尔（Shaun Hill），他的祖父是贾斯珀·希尔的堂兄；温尼梅尔奶酪是用肖恩的精酿啤酒清洗的。格林斯博罗距离哈德威克仅 7 英里，作家本·休伊特（Ben Hewitt）将其誉为“拯救食物的小镇”。[78] 由于附近有几家响当当的公司，比如彼得绿色食品公司（Pete's Greens）、佛蒙特州大豆公司（Vermont Soy Company）、正宗酸奶（True Yogurt）和其他“农业企业家”（agripreneurs），因而凯勒的乳品业在当地名不见经传。

凯勒一家的生意经历了相当多的变化，因为他们原本是希望做 208
自给自足的自由职业者才涉足乳品业的。我指出这一点，并非说他们忘了初心。相反，我希望提请大家注意企业规模“足够大”和“太大”之间的动态张力，这是创业者情绪经济所独有的。贾斯珀·希尔乳品公司已经变成了一家“折中”的商业企业——既不完全工业化，也不完全是家庭手工业；不快，但也不是很慢。

一开始，熟成窖里存放的主要是卡伯特裹布奶酪（Cabot Clothbound）。这是一款混合型奶酪，在全食超市的零售价约为每磅 18 美元。卡伯特奶酪采用同一品种奶牛产的奶和从英国进口的干酪附属发酵剂加工而成，并使用自动化机械制造出圆柱形的切达干酪轮子。这家加工厂位于佛蒙特州的卡伯特镇，距离格林斯博罗大约 15 分钟的车程，隶属于新英格兰最大的格瑞马克奶农合作社。每周，绿色的轮子被运到贾斯珀·希尔。在那里，工人们用布把奶酪包起来，用猪油擦拭，然后把它们堆放在高高的木架上，那里看起来就像一个洞窖般的奶酪图书馆。这些奶酪在熟成窖里经过翻转、擦拭、刷洗，直到它们足够成熟后运往市场。2010 年，卡伯特卖给贾斯珀·希尔 20 万磅的奶酪。

2011 年春天，凯勒库存奶酪只占到了整个熟成窖容量的四分之一，因此他想方设法去填满闲置空间。[79] 最近他们计划扩大贝利哈森蓝纹（Bayley Hazen Blue）奶酪的生产线，恢复阿斯彭赫斯特奶酪（在与卡伯特工厂合作之前生产的一种英式奶酪）的生产，并最终取代卡伯特裹布奶酪。为了实现增产，他们正在考虑与当地奶农签约，按他们的规格生产奶酪。他们的想法是，“贾斯珀·希尔农场”将会消亡，取而代之的是一种定义明确的奶酪类型：北佛蒙特州的贝利哈森。他们的公司品牌（他们认为）将被一个新兴的、逆向工程的风土所取代。他们坦承，这样的安排似乎更像佛蒙特牧羊人协会，但有一个关键的不同之处：人人参与其中。凯勒夫妇正在与多家奶农商谈，共同生产贝利哈森蓝纹奶酪和阿斯彭赫斯特奶酪。商谈的对象并不是那些只对产品营销感兴趣的人，而是一群追求创新与个人创造力的城乡移民。当然，在他们心目中，可以真正代表佛蒙特州北部奶酪的无疑是自家农场的，而不是别家的。

凯勒渴望将一种阿图罗·埃斯科瓦尔（Arturo Escobar）所说的草根政治生态的风土模式付诸实施，该模式“致力于寻找新的方法，将生物物理、文化和技术经济结合起来，以创造其他类型的社
209 会自然”。[80] 在他们看来，风土的逆向工程需要培养一种共享的情感经济和生产生态，这种生态结合了对共同事业的忠诚、集体责任和质量愿景。可以肯定的是，这个愿景是凯勒自己的，因为它比草根阶层更具有创业精神。本着这种企业家精神，凯勒夫妇愿意边做边摸索。在农业产业化的过程中，他们不断尝试各种手工乳业和奶

酪制作的方法。这里全然没有什么复古情怀。尽管他们都是理想主义者，但都脚踏实地。“风土”是一个标签，无论代表的是何种价值观和关系，都将激发他们去努力实现理想中的共同事业。

风土会变成什么样子?

不同于以就近消费为定义的“本地”食物，风土将农产品“放置”在它的生产环境之中。因此，不管在哪里消费，人们都可以有意义地（如果有所不同的话）品尝风土的味道。在《美国手工》一书中，丽贝卡·格雷（Rebecca Gray）引用了艾莉森·胡珀的原话：“我不能把佛蒙特州搬到人们面前，但我可以用卡车把奶酪运出去，带给他们佛蒙特州的特色产品。”[81] 然而，“佛蒙特奶酪”有多种类别。既有在正式场合见到的、搭配贾斯珀·希尔的软熟永乐奶酪、洗浸奶酪温尼梅尔（Winnimere）的芝士拼盘，也有适宜装在午餐盒里的邻里农场的杰克和科尔比切达干酪。这些带着佛蒙特州不同“特色”的奶酪源源不断地被运往剑桥、马萨诸塞州或曼哈顿。与此同时，“风土”在当地或其他地方可能会有不同的“味道”—— 任何一种“佛蒙特州奶酪”在曼哈顿或波士顿的味道可能与它在佛蒙特东北王国的味道是不同的，就像秋季赏落叶的游客、雪地摩托车手以及家族历史可以追溯到美国独立战争的常住居民对什么是佛蒙特州的地方特色的问题，各方见仁见智，难有定论。

在佛蒙特州，透过风土的镜头，我们看到了一个世界的缩影：独特性与世界性、“老手”与“新手”、欧洲人和美洲人。它的味道像泽西奶制成的阿尔卑斯风格的奶酪，或卡门伯特羊奶奶酪，或有机农场胡椒——将来自不同文化背景、不同阶层的工匠和农业技术融合在一起。最重要的是，地方的味道反映了奶酪制造商的创造力和奶农通过耕种土地谋生的决心。真正赋予佛蒙特奶酪风土味道的可能是消费者有意接纳他们与生产生态的一种联系（至于是何种联系，尚不清楚）。

210 这就是为什么味觉教育在产区与风味的等式中如此重要，尽管
教育的形式多种多样。在地区性手工芝士节出现之前，在环境微生
物进入人们的视野之前，安妮·托弗姆就将风土想象成一个“圈
子”，包括山羊、牧场、她自己以及芝士消费者。[82] 在威斯康星州
的山羊奶酪市场出现之前，托普汉姆就开始制作山羊奶酪了。她的
奶酪几乎都是在麦迪逊的戴恩县农贸市场上出售的。在安妮的市场
摊位上，味觉教育有两方面的作用。她向顾客解释说，天气炎热
时，她的山羊会喝更多的水，她的奶酪“更蓬松”。但与此同时，
如果在一批奶酪中添加了过多的盐，顾客会跟她反馈，她就会重新
调整配方。显然，她希望通过培养顾客的良知和味觉来获得他们对
她劳动成果与技艺的认可。但安妮也意识到，作为一名食品制造
商，她必须因地制宜，根据她生活和贸易的社区来调整奶酪的味
211 道。在离她的农场35英里的市场上，安妮热情洋溢地讲述她的顾
客参与对芝士开发的影响，而不是宣扬她未经改良的牧草有何特
别。正如安妮所说，通过享用奶酪，人们“与我们的农场、山羊和
我的手工产生了联系”。当她在ACS会议上发表题为“培育风土”
的演讲时，她自嘲地说：“我认为这不符合法国风土的概念。”但从
她的风土实践，我们可以看到美国的风土正在变成什么样子：一枚
有价值的硬币，手工食品制作商通过它“衡量他们的行为对自己和
对他人的重要性”。[83]

在描述美国尝试对风土进行转化或再造时，我已经表明，要让风土的概念在美国变得有意义的话，最好的办法是把它当作一种尚未完全例行化或标准化的实践模式，嵌入景观或任务场景之中。奶酪制造商的风土实验和工匠实践展示了人们如何在日常的农业生活中创造空间、形塑景观以及定位产地感。[84] 牛仔女孩的奶酪试吃活动、威利·莱纳的微生物采集、贾斯珀·希尔的集体亲缘关系和安妮·托普汉姆在农贸市场的对话都是“住所的本构行为（constitutive acts）”，是构成产区的物质和情感基础。风土因之而生、得到表达，然后又通过手工奶酪得到重生。这些风土创造的任务也是有意为之，受道德承诺的驱使。风土更多地面向未来，而不是过去。它是关于美国奶酪可能会变成什么样子，以及奶酪制造商试图成为什么样的人——作为乡村企业家、生态管理者、可持续发展的开发者（或当地居民）。那么，价值不仅仅是从物质中提取出来的，也不仅仅是随意地铭刻在产地上的；道德价值观可以激发风土的创造实践，产生潜在持久的，甚至是不可预见的影响。

通过呼吁人们关注食物制作和风土创造之间的物质和情感关系，风土可能会成为手工食品工具价值的美国模式。风土的吸引力恰恰在于它在意识形态上的灵活性；可以转化成建构产地和生产之间的各种关系。苏·康利和佩吉·史密斯支持沿海牧场的农业管理。DBIC的工作人员希望扩大所有“威斯康星奶酪”的质量价值，包括安妮·托弗姆的山羊奶酪以及作为一种地方美食受到喜爱的、吱吱作响的凝乳。佛蒙特州的凯勒夫妇，像他们之前的大公司一样，希望风土能够为农村经济振兴提供一个整体模式，与该州对“工作景观”的价值化过程保持一致。每个人都很清楚各自的目标——奶酪的工具价值——取决于奶酪价值的另一个方面：它的交换价值。风土和它的附属物“产区的味道”为奶酪制造商提供了一种计算工匠劳动的“价值光谱”。[85] 但是随着食物不仅可以而且应当具有地方风味的观念变得越来越普遍，风土这个词也开始频繁出现在咖啡和巧克力的营销中，“风土”在美国流行文化中的意义已经不是食品工匠们能够左右的了。毕竟，在这个世界上，风土不是需要保护的物品，而是一种价值主张，既可能流行，也可能遭淘汰。

BELLWETHER

第八章

领头羊

213 虽然我是在参加彼得·迪克森的奶酪制作工作坊时认识小说家兼芝士师傅布拉德·凯斯勒的，但在这之前我就读过他的几本书：《山羊之歌：季节生活》（*Goat Song*：*A Seasonal Life*）《放牧简史》（*A Short History of Herding*）和《奶酪制作的艺术》。《山羊之歌》是一部美国田园诗，记录了作者从城市（纽约市）走向自然（佛蒙特州一个75英亩的农场）的乡村生活实验。凯斯勒描绘了他与几只山羊逐渐建立的亲密关系，让人一窥美好的田园生活。但他也警告说："哪里有天堂的概念，哪里就有天堂已经消失的想法。天堂总是在过去。当人们对它孜孜以求时，内心总是充满着天堂业已消失的恐惧。"[1] 书名"山羊之歌"是对希腊单词*traghoudhia*（悲剧）的直译。读这本书的时候，我想起了利奥·马克斯对梭罗的著作《瓦尔登湖》的分析。在《花园中的机器》（*The Machine in the Garden*）一书中，马克斯将梭罗称为一个心思复杂、悲剧性的牧民。在靠种植、销售豆类的农耕生活失败之后（尽管他的意图总是寓言性的，而不是金钱上的），梭罗结束了瓦尔登湖畔的生命实验，又回到了田园理想的起点：文学。马克斯总结说，天堂最终没有在瓦尔登湖被发现，却在瓦尔登湖的书页中找到了。

凯斯勒的书以类似的伤感结尾，他说自己为了能够向纽约市的餐馆出售奶酪，屈心抑志地申请商业奶品许可证。他引用梭罗的话写道："商业会诅咒它所触及的一切，而我不希望奶酪交易诅咒我所钟爱的东西。"为商业贸易而制作奶酪意味着要挤更多的山羊奶。"更多的山羊将需要一台挤奶机和一个更大的奶酪桶，会有更多的粪便和寄生虫，结果人人都会遭殃——动物和我们。"[2] 凯斯勒浪漫的田园生活的悲剧在于，他无法将生产生态扩大到产业化水
214 平，同时又不损害他所珍爱的一切：凭感觉而不是用酸度计、用手

挤羊奶时冥想的亲密感、制作奶酪凝乳时的神奇快感。他知道和山羊一起生活是一种奢侈；他不需要靠制作奶酪维持生计，写作才是主要的收入来源。与梭罗一样，凯斯勒也将因其主业的艺术而非业余的手艺而流芳百世。。

那么，本书所关注的那些完全商业化的奶酪制造商们又将何去何从？凯斯勒和梭罗所经历的困境是否有一条后田园的出路？如何才能在不破坏那些价值观的情况下，传达和再现人们在小型农业企业中所珍视的东西？换个角度重新思考这个问题，如杰弗里·罗伯茨在他的《美国手工奶酪指南》中指出，手工奶酪是否会成为21世纪多元化食物体系的领头羊？[3]“阉羊”（wether）是指被阉割的公羊。古时牧民通常会挑选一头能服众的公羊作为领头羊，并在它的脖子上系一个铃铛，这样指挥领头羊就可以把羊群迁徙到一片更绿的草场了。

和任何食物一样，奶酪是一种复杂的文化产物，充斥着伦理和政治。这种复杂性在美国关于食品政治的辩论中经常被忽略，这些辩论要么提出非此即彼的简单化问题，或者被抬高到“要么全有，要么全无”的绝对化命题。许多专栏文章和学术出版物都指出，美食家们鼠目寸光、无病呻吟，在那么多美国人连草莓都买不起或者可能永远不会在他们平常购买水果的城市杂货店或大卖场里见到新鲜草莓之时，他们却苦苦思索一个道德选择的问题：该买当地种植的传统草莓，还是买从秘鲁空运过来的有机草莓？重点不应该是确定哪种购买方式更好——在一个动态变化的复杂食物系统中——而是要认识到个人食物的“选择”不仅受限于经济能力、接触机会和文化适宜性，而且还对他人产生影响。少数美食家的生态消费主义并不能解决食物匮乏和贫困的社会弊病，但他们的购买力无疑让手工食品制作商受益。如果有人坚持个人习惯和政治行动必须合二为一，那绝对主义的道德说教就限制了可选项，变得别无选择了。

本书希望通过传达我们吃的食物中包含的部分意义——劳动、技能、运气、实用知识、资本投资、社会和跨物种的关系、无数的定性算计——能帮助读者认识到绝对主义食物政治的局限性。有机
215 食品再次提供了一个例证。联邦政府对“有机”农产品的认证，更多是基于投入而不是过程或理念，这强化了这样一种的观念，即“走向有机”是一个非此即彼的命题。但是，许多经营有机牧场的奶农更愿意使用抗生素来治疗蠕虫或感染，而不是宰杀受感染的牲畜。卡伦·温伯格就是其中一位。她告诉我，“有机食品的问题让我抓狂，”卡伦解释说，“我发现，那些对自己的信仰体系最坚定和固执的人其实并不真正了解这个体系如何运行。因为如果真的理解了，他们就不会那么咄咄逼人了。”卡伦所称的农业“系统”的复杂性——以及我所描述的通过情感经济运作的生产生态学——揭示了保持个人道德或意识形态的纯洁性是一个天真的命题。

然而，放弃道德说教并不等于放弃道德关怀。我认为，对农民和食品制造商来说，混乱、不可预测的农业体系的价值之一恰恰是它引发的、持续的伦理斗争。手工制作食物就是为了实现人类目标而有选择地使用自然的有机元素，包括动物福利、景观生态和乡村社区。正如丽莎·赫尔德克（Lisa Heldke）所说，家庭烹饪是一种“深思熟虑的实践”，通过这种实践，从业者（在不同程度上）意识到他们依赖于当地居民与社区、关注人与动物之间潜在的自我—他者关系，并开始相信思想与感觉融为一体的身体知识。[4] 安妮·托普汉姆把风土描绘成一个包含她的山羊、顾客和手工劳动的

“圈子”，这似乎为重新定位本地化的食物系统提供了一个模式。但是安妮的情感经济并非放之四海而皆准。安妮在乳品商业创新中心的朋友们希望她扩大产能，让更多的人享用并与威斯康星州建立联系，但也理解“她安于现状，怡然自得”。正如凯斯勒在书中提出的那样，像安妮这样的自给自足模式——在全国各地被无数人采用——不能按照“自相似模式”（self-similar pattern）扩大规模。做大则思变。当全国大约一半的农场奶酪制造商每年生产不到一万磅奶酪时，“手工奶酪”制作商与其说在改变市场，不如说在谋生。[5]

当业务增长时，定量价值和定性价值的错位需要重新校准。玛丽·基恩似乎仍然对柏树格罗夫山羊奶酪的变化感到有点茫然，这一切是从她成为单身母亲之后，在她的厨房里开始的。和安妮·托普汉姆一样，她创业之初废寝忘食,筚路蓝缕。如今，她管理着一家拥有四十多名员工和全国销售网络的繁忙企业。[6] 在加州阿卡塔市中心吃午饭时，玛丽告诉我：“对我来说，一旦金钱成为生命中最重要的东西，我就失败了。人们常常认为，我只想做大规模。但是只追求数量的话，那就永无止境了。你要的更多了，得到的却是无足轻重的东西。”对玛丽来说，当务之急是给她的员工提供一个 216
美好的生活。“我无力改变世界，但可以改变卑处一隅。”除了为员工提供健康保险和相应的401（k）退休计划，她还设立了利润分享计划，强制员工储蓄。她也在考虑员工孩子的前途。“我为什么来这里?”我总是回到初心：走到这一步，是因为我为人母。所以我常跟员工们说：“去参加孩子的返校日、家长会吧。工作的事情以后还可以补回来。”由于玛丽的用工政策和对小型山羊农场的支持和帮助，她的企业可能符合托马斯·莱森（Thomas Lyson）所说的“市民农业”的标准，即“农业被视为农村和城市社区不可或缺的一部分，而不仅仅是商品生产。”[7] 在一个夏日正午时分，我驱车前往玛丽·基恩在加州海岸新建的工厂时，发现有十几个人在停车场踢足球，其中有几位还戴着芝士师傅卫生帽。这个午休传统是玛丽公司愿景中不可或缺的一部分，以至于最近该公司的宣传册上登载了一张芝士师傅们踢足球的照片。这是“本地”食物如何创造风土的一个版本。[8]

20 年后美国奶酪会是什么样子？在本地市场出售的农场奶酪会不会成为一种复古潮流，让人们想起千禧年对社会进步的乐观情绪？或者它会因为处处可见而变得平淡无奇？生产商的市场差异化策略是否会导致恶性竞争，而不是形成内部凝聚力或地区稳定？资本主义的“提取逻辑”（Extractive Logics）同样适用于手工奶酪；事实上，它揭示了资本主义的价值交换是多元、不断变化与不断协商的。从工业技术科学的角度来看，手工奶酪制作依靠非必要的劳动力密集型生产方式，质量不稳定，而且风险大——总之，迁延过时了。只有在应对材料和环境条件的变化之时，手工奶酪制作商使用联觉理性才是有用的。时至今日，它的认知美德——作为一种认知和制作模式的美德——之所以获得支持，是因为生产商对生产生态的诉求（通过新式品味教育）以及消费者认为情感经济能产生“好”食物。因此它并非必不可少。

生产生态包括我们所有人。在 2008 年西雅图奶酪节上，杰弗里·罗伯茨不仅以消费者的身份，也以公民的身份做了一场演讲。他认为，虽然“我们倾向于关注物理特征，比如奶牛在哪里吃草”，但风土的内涵比这个广泛得多。“它是与社区的联系。没有我们，这些人无法生存，也不会成功。我不是说我们是光花钱、购买他们产品的消费者，而是当一个州决定改变其经济发展战略时，

如果我们还能出谋划策：‘顺便说一下，这些人很重要’，因为（手
工奶酪）为当地经济带来了资本。”食品公民权不能简化为生产， 217
也不能简化为消费。粮食种植和生产方式的变革推动不能单靠消费
者的选择——关于如何花钱的决定——而须寻求政治解决方案。

如果自由市场竞争有利于规模经济的大企业，那政府对小规模农业和手工食品生产的支持就至关重要了。在美国，这种支持零零星星而且不稳定，因为它依赖于国会的专项拨款。对地方社区来说，专项拨款的对象是公共工程、就业和所需的服务，但在奥巴马政府执政期间，专项拨款已经成为“大政府”低效的代表。发动阿富汗战争十几年来，政府仍然未能偿还债务，因而终止专项拨款，以核销发动战争积累的天量债务。2011 年 6 月，威斯康星州的 DBIC透露，联邦政府已经停止拨款，其余项目也被严重削减，并可能在一年后永久关停。在佛蒙特州和全国各地推广手工食品的举措也同样不堪一击。与此同时，FDA仍在权衡如何更好地规范生奶芝士制作，以保护消费者的健康。尽管美国芝士协会仍然希望监管机构能够认识到，在食品安全方面，手工生产商和工业食品生产商面临的风险不尽相同，但未来生奶芝士的合法性依然存疑。

手工奶酪的未完成特性和价值体现是动态变化的，这在很大程度上是因为评估这些特性的政治和经济也是如此。可以肯定的是，手工奶酪没有放之四海皆准的模式。如果城市农业要蓬勃发展，它将是多样化的，“小企业”和速度适中的企业将与工业生产模式并驾齐驱（即使针锋相对，也是象征性的）。美国人将继续享受制作和食用手工奶酪的乐趣，但手工食品（本身）并不足以养活美国人。

或许，手工奶酪引领的不是食物体系转型，而是后田园生活的未来。在未来，食物不只是来源于工业怪兽的肚子，或者源于田园

牧歌。消费者不会将手工劳动和家庭农业浪漫化，也不会将工匠置于危险的道德高地，而是会把食物的生产想象成食物的消费行为。在购买和享用食物时，我们每天都会跟自己妥协：权衡食物热量、营养价值与味觉的瞬时满足；计算便利的经济成本。在这样做的过程中，我们会受到意外事件和情感的影响：我们是在为刚吃过的一顿大餐或者忘了去健身而赎罪，还是在一天舟车劳顿之后放松自我，还是为长时间的专注工作而犒劳自己？[10] 在手工食品制作实践中也存在着类似的复杂性。奶酪——作为一种易腐烂的食品与一种职业——其生命因精心的手工制作和天助的外部环境而绽放异彩。

APPENDIX

附 录

表 6“建造、装备和授权”一家手工乳品厂需要的启动资金（时间从 1980 年到 2008 年）（n=141）

所需资金	乳品厂比例	所需资金	乳品厂比例
低于 $10000	11	$100000-249999	26
$10000-24999	11	$250000-499999	6
$25000-49999	11	$500000-999999	2
$50000-99999	24	高于$1000000	9

表 7　乳品厂创业资金来源 (n = 141)

资金来源	从每个来源获得启动资金的受访者	从每个来源的启动资金平均百分比	
		小计	从每个来源获得启动资金的人数
家产继承	12.77	7.08	55.44(n=18)
存款	59.57	38.19	64.11(n=84)
银行贷款	44.68	25.25	56.51(n=63)

资金来源	从每个来源获得启动资金的受访者	从每个来源的启动资金平均百分比	
		小计	从每个来源获得启动资金的人数
向家人借款	26.95	9.67	35.89(n=38)
州或联邦资助	10.64	2.35	22.31(n=15)
向土地信托公司出售开发权	1.42	0.64	45.0(n=2)
其他	30.50	16.82	55.14(n=43)

表 8　家庭收入与芝士销售收入（n=143）

奶酪制造商家庭收入（2008年）			
家庭年收入	受访者比例	芝士销售收入占家庭收入的比例	受访者比例
低于 $15000	8	0-24	39
$15000-24999	6	25-49	18
$25000-34999	4	50-74	16
$35000-49999	13	75-100	27
$50000-74999	19		
$75000-99999	18		
$100000-149999	15		
高于$150000	17		

NOTES

注 释

第一章 美国工匠

1. Werlin（2000）.
2. Kehler（2010:8）.
3. 2003 年，即凯勒夫妇开始养殖的那一年，美国佛蒙特州有 53 家奶牛场倒闭，同比下降 3.63%。那一年，国家统计了 1459 家奶牛场，不到 1980 年报告的 3372 家的一半。详见佛蒙特州乳品促进委员会网站 www.vermontdiry.com/上的“佛蒙特州的奶牛场数量”，2012 年 5 月 30 日获取数据。
4. 这一数字不包括非专业协会或组织的阿米什奶酪制造商。
5. 在我 2009 年 2 月进行的一项全国性奶酪手工制作企业调查中，13%的受访者在 20 世纪 80 年代获得了奶酪销售许可证，17%的受访者在 90 年代获得了奶酪销售许可证，而自 2000 年以来获得许可证的比例高达 66%。美国奶酪协会（ACS）会员的指数级增长进一步证明了 2000 年后奶酪生产的激增；2001 年至 2007 年间，会员人数增加了两倍多：2001 年 426 人，2002 年 556 人，2003 年 776 人，2004 年 810 人，2005 年 893 人，2006 年 1069 人，2007 年 1449 人（个人通信，ACS管理员）。ACS成员中有三分之一是奶酪生产商，零售商和分销商、学者和技术顾问、食品作家和消费者爱好者也加入其中。参见

ACS网站上的“使命和价值观”：www.cheesesociety.org/displaycomon.cfm，2010 年 4 月 21 日获取数据。

6. 参见West等人（2012）。

7. Kindstedt（2005:37）.有兴趣的读者可查阅此作品，全面了解奶酪制作化学成分。

8. 关于奶酪消费，参见 Kenneth Macdonald（2007）。关于一般商品消费研究，见 Miller（1987）：关于食品消费，参见Bell and Valentine（1997）。

9. Mintz（1985）; Kahn（1986）; Munn（1986）; Meigs（1987）; Weiss（1996）.

10. Allison（1991）; Ohnuki–tierny（1993）; Counihan（1999）; Van Esterik（1999）; Gil–lette（2000）; Sutton（2001）; Farquhar（2002）; Rouse and Hoskins（2004）; Wilk（2006a）; Holtzman（2009）; Gewertz and Errington（2010）.

11. Appadurai（1981）；Devault（1991）. 萨顿在书中写道，因为食物肯定能带来人们渴望的与人们害怕的社会表现，因而“提供了社会福祉的一个关键隐喻”（2001:27）。

12. Fajans（1988:143）.

13. 尽管我们可能觉得我们的食物选择反映了个人的口味和情绪，但消费者的选择在经济上受到市场的限制，市场控制着可供选择的商品的供应，例如，哪些商品存放在哪个超市货架上；Nestle（2002），而食物看似合意（或不合意）的品质受到文化的影响。

14. 分别参见 Ulin（1996）, Terrio（2000）, Bestor（2004）。

15. 关于美国农业食品运动，参见 DeLind（2002）；DeLind and Bingen（2008）；Kloppenburg et al.（2000）；Chiappe and Flora（1998）；Allen et al.（2003）；DuPuis and Goodman（2005）；Stanford（2006）；Guthman（2008）；Markowitz（2008）。

16. Sonnino and Marsden（2006:193）; Jarosz（2008）; Markowitz（2008）.

17. Farquhar（2006:146）.

18. Freidberg（2004）; Guthman（2004）; Striffler（2005）.

19. Schlosser（2001）；可另见 Pollan（2006）；Patel（2007）。

20. 关于 20 世纪美国的阶级期望和失望，参见 Walley（2012）。
21. 引文是珍娜·沃金里奇（Jenna Woginrich）的《从零开始：发现手工生活的乐趣》（*Made from Scratch: Discovering the Pleasures of a Handmade Life*, 2008）的章节副标题。另见 Madigan（2009）和 Susan Orlean 发表在《纽约客》的关于她在城市养鸡的冒险经历的文章（2009）。这种类型的男性化版本可在克劳福德（Crawford）的《摩托车修理店的未来工作哲学》（*Shop Class as Soulcraft: An Injury into the Value of Work*, 2009）中看到。
22. 英国和北美资本主义的历史提供了许多出于道德动机的商业案例；18 世纪和 19 世纪的贵格会工业家建造铁桥代替炮弹，并生产"非奴隶制"的糖。
23. 见Dudley（2000）。
24. 在希腊，工匠体现了作为欧洲共同体二等公民的希腊人普遍感受到的从属感（Herzfeld, 2004）。在日本，工匠体现了卓越的技能，同时又对这种技能的认识不足感到恼火（Kondo 1990:56–57）。
25. Terrio（2000）; Herzfeld（2004）; rogers（2008）.
26. Terrio（2000:12–13）.
27. 玛格丽特·雷丁（Margaret Radin, 1996:106）评论道："完全非商品化——完全撤出市场——并不是完全商品化的唯一选择。"
28. 后田园风气是迈克尔·费舍尔（Michael Fischer）遵循维特根斯坦（Wittgenstein）所称的"生命的涌现形式"，或者更确切地说，是一种预期的生活形式（2003）。
29. Petrini（2007：ix）.
30. 芝加哥商品交易所定价的奶酪桶是 500 磅重的商品切达干酪。40 磅的同一块奶酪也在芝加哥商品交易所定价，每磅价格略高。一车桶和木块的重量在 40000 磅到 44000 磅之间。
31. Fitzgerald（2003）.
32. 1953 年，在第一个散装罐出现时，佛蒙特州共有 10637 个奶牛场，平均牛群规模为 25 头奶牛，总产奶量为 15 亿磅。到 1999 年，佛蒙特州只有 1714 个奶牛场，但年产奶量为 26 亿磅（Albers 2000:278）。
33. James Macdonald et al.（2007）.

34. Dudley（2000:9）.

35. Lyson and Gillespie（1995）.

36. 2008 年全国平均为 9.6%；该数据在 2000 年首次降至 10% 以下。此数据由美国农业部经济研究局服务统计，2010 年 5 月 17 日登录网站 www.ers.usda.gov/ briefing/cpifoodandexpenditures. 获取数据。

37. Mead（1970）.

38. 参见Poppendieck（1998:88–91）。

39. Poppendieck（1998:148–149）. 该项目时间为 1986 年 4 月至 1987 年 8 月。

40. Streeter and Bills（2003a）.

41. DuPuis（2002:202）.

42. Streeter and Bills（2003b：1）. 手工奶酪可能“拯救”大量农户的说法尚未得到证实。

43. 关于“生活方式变迁”，参见Benson and O'Reilly（2009）；Hoey（2008）。

44. Harper（2001:252）.

45. 廉价食品对环境、对农村社区的“真正成本”没有计算在其定价中。Schlosser（2001）；nestle（2002）；Striffler（2005）；Pollan（2006）；Patel（2007）；Schor（2010）。

46. Roberts（2007：xix）.

47. Yanagisako（2002）.

48. Fitzgerald（2003）. 这种文化逻辑与贵格会经济学家肯尼斯·鲍尔丁（Kenneth Boulding, 1966）呼吁建立“太空人经济”，以纠正“牛仔经济”的“鲁莽、剥削、浪漫和暴力行为”，后来，2008 年美国经济几乎崩溃，2010 年向墨西哥湾注入石油。“牛仔经济”作为一个“开放系统”运作，它想象大自然永远是天赐的，石油永远是流动的；没有明天。鲍尔丁警告说，这种观点不仅幼稚且具有破坏性，而且是不道德的。他写道，前沿时代已经过去（如果曾经存在的话），我们的世界已经变得“封闭”，就像一艘宇宙飞船；任何东西都没有无限的储备。博尔丁的“宇宙飞船经济”被视为可持续发展的号召。但这也呼吁建立一个更加道德的经济体系。博尔丁认为，牛仔经济不仅耗尽了地球的自然生态；它们也耗尽了人们的精神健康。

49. 我既不建议也不评估经济价值和道德价值之间的等价性，如在“公平贸易”商品项目中转发的（例如Fisher, 2007）。把此问题归结为一个比较，就是假定经济活动、道德活动和社会活动属于不同的领域，它们必须以某种方式结合在一起。参见Greaeber（2008）对价值问题的人类学方法的扩展讨论，以及关于为什么人类学家仍然难以给出分类定义的争论。我的讨论在以下学者的著作中进一步阐述：Munn（1986）；Strathern（1988）；Appadurai（1986）；Boltanski and Thévenot（1991）；Myers（2001）；Ferry（2002）；Callon等（2002）；Yanagisako（2002）；Maurer（2005）；Stark（2009）。

50. Stark（2009）.

51. Gudeman（2008）.

52. 另见丽贝卡·古尔德（Rebecca Gould）对美国宅地作为一种精神实践形式的分析（2005）。

53. 其他学者也在商品关系中探索了类似的不确定性。伊丽莎白·费里（Elizabeth Ferry）写道：“作为商品生产和流通过程的一部分，参与这一过程的人主张多种形式的价值……商品可以在市场系统内进行交换，同时与不相称和不可分割的价值形式保持联系。事实上，这些价值的替代形式是在商品交换系统内部产生的，并且依赖于这个系统”（2002:351）。玛格丽特·雷丁引入了“不完全商品化”的概念来“描述一种情况，在这种情况下，物品被出售，但交易参与者之间的互动不能完全或清楚地描述为物品的出售”（1996:106–107）。在雷丁的分析中，许多市场交易被证明是“不完全商品化的”，因为在互动中经历了“个人”元素，尽管金钱易手（107）。雷丁的“不完全商品化”与古德曼的“经济紧张”概念相似。最近，大卫·史塔克（David Stark）将企业家精神描述为一种致力于“保持多种评估原则发挥作用并利用由此产生的失调”（2009:17）的组织形式。在食品商品领域，黛博拉·格沃茨（Deborah Gewertz）和弗雷德里克·埃林顿（Frederick Errington）认为，在新西兰和澳大利亚生产，但在巴布亚新几内亚和汤加消费的肥羊肉片“抵制恋物化”，因为它们粗犷的物质化让人们注意到它们的生产方式，因为他们在某些情况下的不受欢迎会使那些在其他地方渴望他们的人蒙羞（2010）。换句话说，它们的价值绝非不言而喻。

54. Appadurai（1986）；Kopytoff（1986）.
55. Manning（2010）.
56. Marx（[1857–1858] 1978, [1867] 1976）. 社会科学家长期以来一直认为，除了经济价值，市场交换还产生其他类型的价值。一旦产品离开工厂车间，价值就不是固定的；交换行为本身就改变了一件物品的价值。例如，购买一块相同的各种各样的奶酪由生产者可能对消费者产生不同的社会和象征性的价值地位或道德规范，取决于商业交换的行为发生在一个超市、美食的零售商店、一个高档餐厅、农贸市场，或者是制作奶酪的奶油。“文化资本”是指消费者获得商品的象征价值和使用价值（Bourdieu, 1984）。
57. 参见Meneley（2004:173）。苏珊·特里奥（Susan Terrio）写道，手工商品“被赋予承担其制作人的社会身份，因此保留了某些不可分割的属性”（1996:71）。
58. 可以说,每一个产品都是“一系列的行动,一系列的变换操作，移动它，使它改变的手,穿过一系列变形,最终把它变成一种判断有用的经济代理谁支付”（Callon and Meadel Rabeharisoa, 2002:197）。它的性质只是在交换的那一刻暂时稳定下来。在我所描述的情况中，重要的是这对生产者、零售商甚至消费者是多么明显。
59. 米歇尔·卡伦（Michel Callon）和他的同事们写道:“商品的特征不是已经存在的属性，在这些属性上只需要简单产生信息就可以让人能意识到它们的存在。它们的定义，或者换句话说，它们的客观化，意味着具体的计量工作和在测量设备上的大量投资。其结果是，往往很难就商品的特征达成一致意见。”（2002:198–199）。另见Appadurai（1986）；Murdoch and Miele（2004）。
60. McCalman and Gibbons（2009:264）.
61. 另见 Weiss（1996:128）.
62. Farquhar（2006:154）.
63. 蒂姆·英戈尔德（Tim Ingold）把景观作为“凝固的任务景观”的配置，在这里转变为面向未来的、约定的记录（2000:195–198）。

64. Gifford（1999:15）.

65. Williams（1973:46）.

66. 卡恩于 2001 年春季在曼哈顿举行的意大利葡萄酒商行的奶酪和葡萄酒品酒会上发表了讲话。另见 Cahn（2003）。

67. Cahn（2003:6）.

68. Marx（1964）.

69. Williams（1973:46）.

70. Williams（1973:46）.

71. Mitchell（1996:83）. 桑迪·亚历山大（Sandy Alexandre）的《暴力的性质：在私刑的表现中主张所有权》（*The Properties of Violence: Claim to Ownership in Representations of Lynching*, 2012）认为，黑人农奴劳动、黑人剥夺和私刑暴力共同构成了对美国是田园天堂这一经常反复出现的幻想所支持的世俗道德的挑战。

72. Gifford（1999, 2006）.

73. "这么说来你想当芝士师傅？来自舞牛农场（Dancing Cow）的故事"。2007 年 8 月 3 日在弗吉尼亚州伯灵顿举行的ACS会议上的小组讨论议题。

74. 关于其他自然与文化的协作，参见Strathern（1992b）；Latour（1993）；Haraway（1998）；Rabinow（1992）；Franklin（2007）；Helmreich（2009）。

75. Gifford（1999:153）.

76. Strathern（1992）；另见 Escobar（1999）。

77. Kohler（2006:67）.

78. 科勒在布鲁克林出生的祖父母也参与了这一文化运动，他们在 20 世纪 30 年代中期买下了佛蒙特州的一座山地农场；但"与大多数这样的'农场'不同的是，这家农场至今仍在工作，生产屡获殊荣的手工奶酪"（2006:67）。那是泰勒农场豪达奶酪，由乔恩·赖特（Jon Wright）制作。乔恩也是在纽约长大的，他的家庭在伦敦德里附近有一个"避暑胜地"。作为高中勤工助学计划的一部分，当他预科学校的同学去波士顿的律师事务所实习时，乔恩去了泰勒的奶牛场工作。该农场于 20 世纪 80 年代关闭。后来，在为泰勒家族的复兴计划工作后，乔恩租了谷仓和农舍。就在他刚盖完一间新的奶酪屋时，他 96 岁的房东去世了。乔恩心想:“我们完了。”但后来，乔恩在一次采访中告诉我，“他的一个侄子罗布·科勒（Rob Kohler）介入，买下了整个房产。”后来，他把房子、谷仓和大约 22 英亩的土地卖给了我们。他把剩下的财产交给了佛蒙特州土地信托基金，这是一个保护机构。这是一个绑定土地和农民的应急计划，我们和我们的继承人有终身权利继续在这里耕作。乔恩长大的时候，这个地区大约有十五个小奶牛场；今天还有两个，都是做奶酪的。

79. Hamilton（2008）. 到 2006 年，沃尔玛约占国内杂货市场的 16%（Fishman 2006:4）.
80. Cahn（2003:6）.
81. Dudley（2000:9）.
82. Williams（1973:46）.
83. 摘自Cypress Grove Chevre网站 www.cypressgrovechevre.com/ company/terroir.html, 登录日期为 2010 年 7 月 15 日。
84. 景观“体现文化价值”（Kohler 2006:44）；另见 Mitchell（1996）.
85. Finn（2006）.
86. Jarosz and Lawson（2002:9）.
87. Bourdieu（1984）.
88. 根据我的调查，大多数制作手工奶酪的人在成长过程中更喜欢普通切达干酪（35%）或美国加工奶酪、丝绒（Velveeta）干酪或卡夫单身（Singles）干酪（21%）。
89. Ulin（1996）.
90. 布鲁克斯（Brooks）在《天堂的波波族》（*BoBos in Paradise*）中写道，“20 世纪 90 年代受过教育的精英们的伟大成就是创造了一种生活方式，让你在获得富裕的同时成为一个自由的精神叛逆者……通过建立像Ben&Jerry's或Nantucket Nectars这样的美食公司，他们找到办法成为嬉皮士和跨国企业大亨。”（2001:42）如果说在手工奶酪世界里有任何企业大亨的话，那他们并非通过制作和销售奶酪而达到目的。
91. Ross（2003:124）.
92. 这一论断还基于对口味的思维定势，认为只有精英才能生产出精英所欣赏的口味。穷人不太可能生产嗲嗲族（frou-frou）奶酪这一推论，再现了白人农村贫困在文化上“落后”并源于缺乏工业的陈词滥调（Jarosz and Lawson, 2002）。

93. Florida（2002:8）.

94. 我的调查对象主要是独立企业主，绝大多数是白人（96%）；在 174 名受访者中，只有 1 人（部分）认为自己是非裔美国人；1 人认为自己是亚洲人；2 人认为自己是拉丁美洲人；还有 3 人认为自己是美洲印第安人。一些手工奶品厂，特别是在加州和整个南部地区，从非洲裔美国人和拉丁裔奶农那里购买牛奶。

95. 例如，Striffler（2005）关于鸡肉行业的文章。在当代美国，劳工和移民的交集是一个政治上的敏感话题；本书中提到的一位制片人敦促我不要讨论他/她的一些雇员的中美洲血统，部分原因是担心这样的关注可能会导致他们受到移民官员的骚扰。

96. Russell（2007）; Freidberg（2009:234）; Radel, Schmook, and McCandless（2010）.

97. Cross（2004）. 在阿米什社区，社会经济地位受到宗教信仰的影响。

98. Herzog（2009）.

99. 珍妮·卡彭特（Jeanne Carpenter）关于芝士的个人博客, http://cheeseunderground.blog spot.com/2010/07/making-cheese-with-cesar-luis.html, 登录日期为 2010 年 10 月 3 日。

100. 在一些案例中，我采访了一些以前从事奶酪制作的农场主兼经营者，他们现在把日常制作过程交给了员工。在一个案例中，我采访了一个农场经营的共同所有人，这家农场雇佣了一个专业的芝士师傅。我采访的所有人都在积极地制作和/或营销奶酪。

101. 以下业务配置的特点是两种类型的工匠企业之一。农场奶酪是在为奶酪提供牛奶的奶牛场制作的手工奶酪。在这些企业中：（1）个人或家庭可以购买农场和动物，自己制作奶酪；（2）农场主可以雇佣专业人员在他们的农场里制作奶酪；农民家庭的一个成员可以学习制作奶酪。作为没有标记的类别，手工奶酪包括农场奶酪，但也可以更具体地指在农场以外的乳品厂制作的奶酪，可以描述为：（1）独立的所有者-经营者购买牛奶来制作奶酪；（2）由专业奶酪制作者经营的农民所有的合作奶酪工厂；（3）私人拥有的奶酪工厂，厂主亲力亲为。

102. 我采访过马萨诸塞州（5人）、佛蒙特州（15人）、纽约（1人）、威斯康星州（11人）和加州（10人）的奶酪制造商和/或企业主。我在佛蒙特州度过了2007年的夏天里。2008年，我在威斯康星州南部待了一个月，又在加州的索诺玛县和马林县待了一个月。

103. 我借鉴了霍华德·贝克尔（Howard Becker）对“艺术世界”的概念化和研究（1982）。

104. 在1985年的第一届ACS竞赛中，来自18个州的30个奶酪制造商共输入了89种奶酪，包括商业奶酪和自制奶酪（Carroll, 1999）。2009年，来自32个州、3个加拿大省和第一次墨西哥（比赛在德克萨斯州奥斯汀举行）的197家生产商创造了1327种可销售奶酪的纪录。

105. 作为奖励，随机抽取10%的受访者将收到这本书。

106. 根据我2009年的调查，我估计2008年国内手工奶酪的产量约为1000万磅，而仅在威斯康星州，那一年的特色奶酪和手工奶酪（加起来）就有4.29亿磅。在我的调查对象中，37%的人在2008年生产的奶酪不到6000磅。国内生产和销售十年来一直稳步增长，而进口数字却在下降。

107. Burros（2004）.“玛莎·斯图尔特秀”电视节目，2009年12月30日星期三播出（可在线观看www.marthastewart.com/show/the-martha-stewart-show/the-cheese-show）. Hewitt（2008）；Goode（2010）。

第二章 生产生态

1. 2010年初，梅杰农场（Major Farm）推出了“冬季奶酪”（Queso del Invierno），用梅杰家的羊奶和邻居的牛奶混合制成。

2. 有关手工鹅肝的相关分析，参见Heath and Menele Heath and Meneley（2010）。

3. Begon, Townsend, Harper（2006：xi）.

4. Kloppenburg（1988:31）.

5. 为了追踪奶酪生产与乡村企业的网络运作的方式，我借鉴了科学技术研究中的行为者–网络理论，该理论坚持理解要素和机构的网络，而不是首先将它们分成“自然”和“社会”两个独立的领域；参见 Callon（1986）；Law（1992）；Latour（2005）。农业食品研究致力于调查商品链如何处理种子、农产品和牲畜的混合自然文化，它借鉴了政治生态学，最近还借鉴了行为者网络理论。参见 Klop–penburg（1988）；Cronon（1991）；Murdoch（1997）；Goodman（1999）；Barndt（2002）；Freidberg（2004）；Holloway et al.（2007）。
6. Locke（[1689] 1982:26）.
7. Yanagisako and Delaney（1995）.
8. 有关政治生态学，参见Escobar（1999）；Watts（2000）；Biersack（2006）。
9. Aletta Biersack（2006:24）认为，政治生态学对生产关系的研究必须更充分地“关注自然资源的获取和分配的文化”，以及“生产社会关系的文化和其他人与自然的联系”（在原文中有所强调）。
10. 关于地方–全球食品生态和经济，参见 Carney（2001）；Bestor（2004）；Freidberg（2004）；Wilk（2006a）；Gewertz and Errington（2010）。
11. 2004 年，大卫·梅杰（David Major）在德克萨斯州洗 500 磅羊毛花了 2000 美元，而出口商花了 2000 美元就可以运输 4 万磅羊毛并在中国进行加工。
12. Carman, Heath, and Minto（1892:173）.
13. Cutts（1869:287–288）; Albers（2000:145）.
14. Albers（2000:146）.
15. 到 1850 年，价格降到了每磅 40 美分（Barron 1984:59）。
16. Albers（2000:148）.
17. 羊毛在内战期间的售价为每磅 85 美分，但到了 19 世纪 70 年代末跌至 30 美分，而黄油的价格在战后保持不变。哈尔·巴伦（Hal Barron）写道：“随着黄油价格的提高和羊毛价格的恶化，转向奶业的盈利能力变得越来越明显……每年饲养一头牛的成本相当于饲养八只羊”（1984:59）。
18. 羔羊出生几天后，就会被分配一个数字；这个数字被刻在一条金属条上，并夹在它们的耳朵上。通过夹子的位置：右耳或左耳、朝上或朝下，牧民可以区分羔羊是单胎还是双胞胎、公羊还是母羊。

19. Wooster（2005:139）.
20. Franklin（2007）.
21. 相反，奶牛养殖业的产业化模式是以产出最大化为导向的；Grasseni（2005:40）解释说，关于奶牛：对挤奶特性的不断追求意味着，一头奶牛的产量只有在其后代的产量超过其时才会被利用。一位农学家朋友解释说:“女儿比母亲更优秀，这是遗传规律。”母牛第一次分娩30个月后，小牛将变成母牛，将被人工受精、分娩并哺乳。在这一点上，对农民来说，当务之急是，用携带更新和可靠基因的女儿来替代母亲，从而最大限度地提高产量。平均来说，一个工业化的养牛场会连续三个哺乳周期“用完”一头奶牛，然后在她五到六岁的时候将其抛弃。
22. 作为一项业务，奶酪制造的经济可行性取决于出生公羊羔羊、小公牛和比利小牛的收入——这些小公羊是乳制品动物的雄性后代，它们本身不会成长为牛奶生产商。
23. 马泰·坎迪亚（Matei Candea，2010）认为，人类与动物的接触与疏离应该被理解为双方关系的一面，而不是对它的否定。奈杰尔·克拉克（Nigel Clark）写道，“一种包括驯养动物的社交生活……从根本上看，它们更多地依赖于一种相互占有，而不是人类行为者对动物的单方面占有；每个参与物种须放弃惯常的戒备和边界”（2007:57）。
24. Haraway（2008）.
25. Kehler（2010:10）.
26. 这种商品去物化的项目依赖于这样一个假设:“生物过程本身已经构成了剩余价值生产的一种形式”，一种当代的“生命形式”，斯蒂芬·海姆里奇（Stefan Helmreich）认为，将生物技术对工程生命形式的商品化自然化（2007:293）。有关生物资本的文献综述，参见Helmreich（2008）。杰克·克劳本伯格（Jack Kloppenburg, 1988）展示了生物技术的前身。科学杂交首先必须克服“种子商品化的生物障碍”，它的自然再生性才能将生物学的剩余价值转化为资本的剩余价值；杂交种子不能保存到下一季耕种，必须每年购买。

27. 关于手工鹅肝生产中伦理关怀的可能性，参见Heath and Meneley（2010）。

28. Mullin（1999）.

29. Donna Haraway写道，像狗这的动物并非只作为人类思考的对象而存在，而是与人类相依为命。另见Knight（2005），Kirksey and Helmreich（2010）。

30. Ritvo（1995）; Franklin（2007）.

31. Anderson（2004:5）.

32. 当他们买下这块地并取得所有权时，他们发现农场在 1870 年代属于朱迪（Judy）丈夫的曾曾祖父。

33. 每年每只山羊的饲养费用为 350 美元；2005 年，卡普里奥莱农场饲养了 400 只山羊（只有 210 只产奶）。

34. 相比之下，在地中海文化中，人们常常表现出对绵羊的偏爱，而不是山羊。在美国被誉为山羊“个人主义”的东西在希腊被认为是贪婪、不服从、狡猾和无法控制的野性，而“幸运的绵羊”则因其安静乖顺而受到赞赏（Campbell 1964:26, 31；Theodossopoulos 2005:19）。

35. Belasco（1989:64）.

36. 山羊饲养员和奶农詹妮弗·比斯（Jennifer Bice）在一次采访中告诉我：“山羊是我们所有孩子的最爱，因为山羊的性格和狗一样。你可以教他们把戏，假装你在搞马戏团。牛站在那里，绵羊跑开了，但是山羊在跳跃和玩耍，我们给它们穿衣服。”

37. Wooster（2005：xii）.

38. 引用自 Ritvo（1987:16）。

39. Wooster（2005：xvi）. 戴斯佩雷（Despret）写道：“从捕食的角度来看，羊的行为，在我们的政治隐喻中似乎象征着它们的愚蠢，可能是大多数羊的社会行为的智力基础:一种协调和凝聚力的策略，保护它们免受捕食者的伤害。”动物们对彼此的动作保持的越密切、越注意，敌人就会越快被发现（2005:362）。

40. 人类不仅从人类中心的角度看待动物，也从文化角度看待动物。虽然美国人倾向于钦佩山羊的狡猾，认为这是意志坚强的个人主义的标志，但希腊北部的萨拉卡萨尼（Sarakatsani）牧羊人基于同样的特征贬低山羊：山羊，就像女人一样，“无法默默地忍受痛苦，它们是狡猾、贪得无厌的滥食者”（Campbell 1964:31）。桑德拉·奥特（Sandra Ott）写道，巴斯克人认为绵羊“凭借它们的嗅觉和本能是聪明的动物”。他们知道什么时候暴风雨或暴风雪迫在眉睫，并会主动寻找避难所。他们本能地知道山谷小径、冬季牧场和谷仓的位置（1981:171）。巴斯克牧羊人，就像萨拉卡萨尼人一样，把英裔美国人贬低为“羊群心态”的东西视为智慧。文化偏见很难消除；英国人类学家约翰·坎贝尔（John Campbell）在1964年萨拉卡萨尼的民族志研究中不禁说道：“羊并不像萨拉卡萨尼所说的那么聪明。”（1964:27）.

41. Knight（2005）; Candea（2010）.
42. Nerissa Russell 写道，动物的驯化不仅涉及“生物体改变的生物学过程”，而且还涉及“人类和动物的社会和文化变化”（2007:30）。
43. Mullin（1999:215）.
44. Clark（2007:49）.
45. Heath and Meneley（2007, 2010）.
46. 2005年7月21日在肯塔基州路易斯维尔举行的ACS会议上，马特奥·凯勒（Mateo Kehler）在小组会议上发表了题为“关于风味：陈年生牛奶奶酪生产”的演讲。
47. 乳脂含量影响奶酪的味道和稠度，乳脂含量，至少在羊奶中，可能受到母性观念的影响。拥有乳品科学硕士学位的彼得·迪克森（Peter Dixon）向我解释说，如果山羊在羊羔断奶之前（由人类）挤奶，人类得到的奶中脂肪含量会显著降低，因为哺乳的山羊“会为它们的孩子保留乳汁”。“为了确保在制作奶酪时有更高的乳脂含量，山羊饲养者要么在羊羔吃完初乳后立即让他们断奶，要么推迟挤奶，推迟奶酪制作季，直到羊羔断奶几周后。”另一种选择是，农场奶酪制造商可能会在这个季节开始时，先制作多种适宜低脂奶的奶酪，然后随着季节的推移，再添加高脂肪的奶酪品种。通过这种方式，山羊可以帮助开发多个奶酪产品线。
48. 国家规定，即使是在禁止使用抗生素的有机认证农场，也必须对抗生素进行检测，这是对过度使用抗生素以使反刍动物食用谷物而非牧草的一刀切应对措施。抗生素的常规使用迫使致病菌以更强、更耐药的菌株向我们发起攻击，参阅Orzech and Nichter（2008）。

49. 羊奶的平均脂肪含量为 7.4%，而牛奶的平均脂肪含量为 3.7%，山羊奶的平均脂肪含量为 3.6%（Kindstedt 2005:38）。
50. 英国法律禁止使用乳清作为肥料（Joby Williams）。
51. 例如，安吉拉·米勒（Angela Miller 2010）的《花粉热》（*Hay Fever*）。
52. 这并不是说只有天然外皮的奶酪才可以被认为是“手工制作的”，正如第四章将阐明的那样。
53. West and Domingos（2012:126）.
54. Mol（2008）.
55. Lévi–Strauss（1969）.
56. Ott（1979）.
57. Ott（1981:185）.
58. Ott（1979:703–704）.
59. Ott（1981）.
60. 另见Ott（1981:185–186）。
61. Coombe（1998:169）.
62. Coombe（1998:169）.
63. 2007 年，一位农场奶酪制造商在ACS会议上讲述了以下趣闻：“今年春天，在产奶季节，我们度过了艰难的一天，争论该给小牛喂多少奶、谁做什么、为做什么家务而争吵——管这些杂事真烦人。”于是她走进奶屋，满脸通红，非常激动地说：“我太烦了！”我说：“我看得出来。”她说：“但我今天不想拿奶酪出气！”
64. Malinowski（1948:29）.
65. 作为实践知识和实践活动的方式，科学和魔术并不是相互排斥的。人类学家已经证明了科学实践和魔术思维在核武器科学等现代领域的兼容性（例如，Gusterson 1996）。
66. National Research Council（2003:234）。
67. Escobar（1999:6）.
68. 参见利兹·索普（Liz Thorpe）的《奶酪年鉴》（*The Cheese Chronicles*,

2009），它是佛蒙特州牧羊人故事的一个版本，以及她“帮助”制作佛蒙特州牧羊人的有趣叙述。

68. 2007年8月2日，库尔特·达迈尔（Kurt Dammeier）在佛蒙特州伯灵顿举行的ACS年会上发表讲话，主题是“奶酪制造作为一项可持续性的业务”。

69. 梅杰农场在2009年底寄给我的一本小册子中提到佛蒙特州牧羊人，“它是梅杰和埃尔皮家族和朋友几代人创造的，他们在佛蒙特州威斯敏斯特西部250英亩的农场里放牧和挤奶，制作奶酪，并对其进行陈年处理”。

70. “开办农场奶酪生意”，7月12日至13日，佛蒙特州泰勒农场。这个故事在“梅杰”一章（2005）中有详细描述。

71. 奶酪制造商兼企业主艾莉森·胡珀（Allison Hooper，2005）表达了同样的观点。一位山羊奶农兼奶酪制造者几乎所有的奶酪都是通过农贸市场出售的，她用几乎相同的话告诉我，“人们不会因为你做了奶酪就去买它。”“有故事”对推销也是很重要的。有几位奶酪制造商通过出版书籍来讲述他们农场的故事，他们是 Cahn（2003）；Schwartz, Hausman and Sabath（2009）；Miller（2010）。

72. 安吉拉·米勒是佛蒙特州考虑巴德维尔农场（Bardwell Farm）的共同所有者，她在《花粉热》中写道：“当购买曼彻斯特或鲁珀特的一块土地时，他们买的是与农民的联系，以及山羊在佛蒙特州翠绿的田野上吃草、从奔流的小溪中饮水的憧憬。我们是他们的代理人，过着他们中许多人向往的生活。他们没有意识到这是一种多么令人精疲力竭和昂贵的生活”（2010:205）。

74. Grasseni（2003:260）.

75. 前一年，梅杰夫妇接待了一个暑期实习生，她家在法国的比利牛斯山（Pyrenees）有房子，梅杰夫妇可以住在那里；她还担任他们的随行翻译。

76. 梅杰夫妇还遇到了新入行者，他们是传统食品复兴的一分子，就像梅杰夫妇当年误打误撞创业一样。详见 Cavanaugh（2007）；Grasseni（2009）。

77. 奥特（1981:184–185）描述了巴斯克奶酪制造商采用的这项技术：当牛奶达到正确的温度时，水壶从火上移开，牧羊人把双手伸入热凝乳中。在第二次加热过程中，牛奶的“物质”在壶底沉淀。奶酪制造者逐渐将这种物质聚集成一个圆形蛋糕状。如果他做得太快，奶酪上会有洞和裂缝，并会导致变质。就像人们常对我说的那样，牧羊人在堆奶酪时，也必须有女人对待孩子们的耐心。由于这个过程发生在牛奶的表面之下，我无法确切地看到奶酪是如何堆积起来的。大约八分钟后，牧羊人突然从水壶里拿出一块热气腾腾、湿润的白色奶酪。
78. 这些杂志包括:《文化：奶酪上的字》(*Culture*: *The Word on Cheese*),《奶酪鉴赏家》(*Cheese Connoisseur*)与《叙说奶酪：致奶酪爱好者》(Say Cheese: For Cheese Lovers)
79. “在礼品交易中……赠人玫瑰手有余香”(Carrier 1995:21)1995:21)。
80. Mauss（[1925] 2000）.
81. Miller（2010:205）.
82. 2005年7月23日，在肯塔基州路易斯维尔，由詹妮弗·比斯主持的ACS小组讨论：“农庄命名的利弊”。
83. 布希（Busch, 2000）认为，农业等级和标准不仅产生了对一致性的期望，而且还规范了良好实践的“道德经济”。
84. “根据ACS的定义，被归类为‘农庄奶酪’的条件是，必须使用农民自家农场的母牛或母羊产的奶制作奶酪，不得从外部购奶。农家干酪可以用所有类型的鲜奶制成，也可以包括各种调味品。”来源于ACS网站www.cheesesociety.org/displaycommon.cfm?an=1&subarticlenbr=51，登录日期为2010年7月12日。
85. 在美国，给食品贴上“有机”标签的联邦标准是基于批准的投入品，而不是有机加工的原则；这也提醒了那些可能想要从法律约束的角度给“农场”或“手工”奶酪下定义的人。详见Allen and Kovach（2000）；Guthman（2004）。

第三章 情绪经济

题词：Schwartz, Hausman, and Sabath（2009:223）.

1. 调查时间为2009年2月。
2. 我借鉴了西尔维娅·亚娜基萨科（Sylvia yanagisako）的观点，她认为社会和道德情感“作为物质和文化的生产要素同时发挥作用，煽动、促成、约束和塑造生产过程”（2002:12）。她接着说，“作为情感观念，情感既是情绪化的倾向，也是具体化的性情”，它包括“自我和身份的概念”（2002:10）。
3. Gudeman（2001:1）.
4. 法国社会学家吕克·波尔坦斯基（Luc Boltanski）和劳伦·泰弗诺（Laurent Thévenot, 1991）认为，其他“传统”或“价值观”包括技术理性、公民意识、家庭和其他形式的忠诚、个人灵感和名誉。参见Stark（2009）。
5. Gudeman（2008）. 详见 Gibson–Graham（1996）。
6. 关于工匠自我的塑造，参见Kondo（1990）, Terrio（2000）, Herzfeld（2004）。
7. 玛格丽特·雷丁说这是“无处不在的不完全商品化”（1996:113）。
8. 参见Collier（1997）。
9. 正如《聪明伶俐》（*Smart and Smart*）一书中写道，居家创业者、农民和工匠“经常游离于资本与劳动、合作与剥削、家庭与经济、传统与现代、朋友与竞争对手之间的模糊边界”（2005:1）。把他们归类为“小资本家”，比“企业家”（可以从玉米饼小贩延伸到生物技术初创企业）或“家族企业”（可以涵盖经营规模和所有者参与日常运营的程度）更精确。根据亚娜基萨科的说法，“‘现代家庭资本主义’是一种矛盾修饰法”的观点阻碍了社会科学对资本主义行为和主体性的分析（2002:21）。
10. 在我调查的农场经营中，70%由配偶或家庭伴侣拥有和经营，而14%的农场经营涉及非配偶家庭成员的协作工作——兄弟姐妹团队、母子二人组、成年子女与父母一起工作。只有20%的农场奶酪制造商报告说独自工作，相比之下，在那些经营非农场奶油厂的人中，这一比例为36%。

11. 今天的农场奶酪制造商与19世纪的同行没什么不同，后者的“经济理念”“被定义为与他人的一系列关系，而不是以农场为中心的、资金进出的过程”（McMurry 1995:53）。同样，西尔维娅·亚娜基萨科对意大利纺织企业的分析表明，企业运营既要考虑到理性因素，也要考虑到性别因素、基于亲属的情感因素；家族内部的背叛、信任和忠诚都是“意大利家族资本主义运作的产物”和“意大利家族资本主义的生产力量”（2002:11）。
12. “任何一家企业都可以制定一系列的市场和非市场交易，部署了各种类型的劳动力，并且不同阶级的生产、占有和分配的过程可以共存”（Gibson-Graham 2006:74）。
13. Robbins（2009:284）.
14. Gudeman（2001）.
15. 参见Amin and Thrift（2004）的类似观点，即经济活动也是文化活动，同时指向多个目标（包括繁荣），用克拉克等人的话来说，该活动的驱动力包括：“激情（欲望和恐惧）、道德情绪（努力工作、诚实、信任他人）、知识（被理解为习得的文化-惯例-习惯等等）和纪律（会计和类似的技术）”（2008:225）。
16. 这句话来自于2005年在西部一个州获得许可的农场奶酪企业的所有者和经营者，他回答了我的调查问题：“你成为商业奶酪制造商的最初目标是什么？”
17. 有关英国手工食品生产商目标的相关调查，参见Tregear（2005）。
18. 比较弗雷德·特纳（Fred Turner）的《从反主流文化到网络文化》（*Counterculture to Cyberculture*, 2006）。
19. 布莱恩·霍伊（Brian Hoey）在他对中西部北部农村中产阶级“生活方式移民”的研究中，描述了那些“难以适应经济生活和深层次的人类价值追求之间的矛盾关系”的人。他们对经济的事务似乎常常阻碍对人类其他重要需求的追求，包括“培养和珍惜与家人更亲密的关系,渴望感到社会归属感，同时生活在能够培养长久地方依恋的物质环境中，并渴望更好地了解自己，以便看到和体验个人成长”（2005:605）虽然这种描述似乎适合农村移民奶酪制造商的特点，但我的分析与霍伊的有两点不同。首先，霍伊借鉴查尔斯·泰勒（Charles Taylor）和阿利斯泰尔·麦金泰尔（Alistair Mcintyre）的哲学著作，分析了移民为连接外部（经济）生活和内部（道德）生活而构建的“道德叙事”，而我则追随经济人类学家，拒绝割裂“经济生活”和“更深层次的人类价值”——经济是社会的，它是由人类价值构成的。在我看来，移民的生活方式是价值观的重新排序。其次，我的分析强调，这种道德选择并不只适用于追求美好生活的移民，也适用于那些在农场生活和工作大半辈子的人。

20. 我在调查的部分受访者报告的他们目标包括：“制作美味的奶酪”；“全国最好的农场奶酪”；“生产当地可口的奶酪”；“在区域一级制作卓越的奶酪”。
21. 许多早期的“山羊女士”，特别是在加州，在创办商业企业之前，先在自家厨房制作奶酪供自用。佛蒙特州的两位早期生产商艾莉森·胡珀和莱妮·方迪勒在 20 岁出头到法国的农场工作，之后渐渐迷恋山羊奶酪和奶牛养殖。
22. 在加州纳帕县，芭芭拉（Barbara）和雷克斯·巴克斯（Rex Backus）于 20 世纪 70 年代开始饲养山羊并制作奶酪。回想起那些早期的日子，芭芭拉嘲笑“这些受过高等教育的、天真向往乡村生活的城市人”——指的是她自己和她的朋友们。那时候，“来到这里的大多数人都不知道当农民意味着什么。这里当然不是农田”，她指着厨房窗外干旱的丘陵说。幸运的是，他们发现这确实能养活山羊。
23. 参见Wilhelm（1985）。
24. 沃伦·贝拉斯科（Warren Belasco）称这种食物经济为“反烹饪”（1989）。
25. 贝拉斯科用“助产学的复兴”来比喻“女性主义者对现代医学父权制的抵抗”（1989:54）。
26. 引自 Bilski（1986）。
27. Julian and Riven（2001:93）.
28. Lawson, Jarosz, and Bonds（2008）.
29. 近三分之一的受访者获得了人文学科的大学学位，八分之一的受访者表示有艺术、设计或媒体方面的工作经验。在佛蒙特州，伍德科克农场的马克·菲舍尔毕业于罗德岛设计学院，他在20世纪70年代曾在纽约音乐场地CBGBs拍摄表演视频。

30. 社会学家理查德·森内特（Richard Sennett）指出，将工匠、实验室技术员和音乐总监联系在一起的是“为自己的利益把工作做好。他们的工作是一种实践活动，但他们的劳动不仅仅是达到另一个目的的手段”。(2008:20)。
31. “多大才算足够大？可持续发展农庄的合理规模”。2007年8月2日在弗吉尼亚州伯灵顿举行的ACS会议上的小组讨论议题。
32. Csikszentmihalyi（1975）.
33. 大卫·梅杰是在第二任妻子带着两个孩子搬到附近后认识她的。她的前夫是一名消防员，死于世贸中心。为了寻找能清理心智的体力活，叶塞尼亚开始和大卫一起在奶酪屋帮忙，清洗农场里的设备以及制作佛蒙特牧羊人奶酪轮子。9·11之后，美国航空公司的一名空乘人员也曾经到过梅杰农场，在那里几周的工作后得到解脱。
34. “这么说来你想当芝士师傅？来自舞牛农场的故事”，2007年8月3日在弗吉尼亚州伯灵顿举行的ACS会议上的小组讨论。
35. 舞动的牛农场此后倒闭了。
36. 详见Ross（2003）。
37. “欧洲先辈们：重塑经典”。2008年7月25日在伊利诺伊州芝加哥召开的ACS会议上的小组讨论议题。
38. Barlett（1993:79）.
39. “生活方式这个词语不太适用于传统文化，”吉登斯（Giddens）断言，“因为它意味着多种选择的可能，而且是被‘采纳’而不是‘传承下去’的”(1991:81)。
40. Collier（1997:26）.
41. 2007年，我参加了一次专门为打算制作奶酪的农民举办的研讨会，会上有三位新英格兰奶农养殖了50多头奶牛，他们一致认为，他们考虑的业务增长的唯一途径是选择某种增值业务。“我不能扩大养殖到300头牛。”其中一人说，“那你就不再是奶农了，而是经理人。”希望你能“时不时地和奶牛出去走走”。“生存需要”和“生活方式”非但不代表相互排斥的情感，而是相互交织在一起。

42. 比如，Miller（2010:79）；另见 Hewitt（2010）。
43. 在我调查的受访者中，有约一半至少在农村度过了一段童年时光，通常是在农场工作；其中 90%的人上过大学或技术学校。其中四分之一学习商业，近三分之一有商业或管理方面的工作经验。
44. 如果想了解玛西娅父亲成长的牧羊农场的背景，可以观看电影吕西安·卡斯坦因–泰勒（Lucien Castaing–Taylor）和伊莉莎·巴尔巴欣（Ilisa Barbash）的《甜草》(*Sweetgrass*, 2009）。
45. 比如，Schlosser（2001）；Nabhan（2002）；Pollan（2006）；Kingsolver（2007）；Patel（2007）。
46. Schwartz, Hausman, and Sabath（2009：xi）.
47. Cahn（2003:8）.
48. 同样，克拉克等人在一项关于英国有机食品消费的研究中发现，“相对普通的具体问题——高质量的食品、个人健康——源自实际经验（通常在家庭内部）——主导了与有机食品有关的叙述”(2008:224）。关于情境知识的女权主义认识论，参见Haraway（1988）。
49. Gibson–Graham（2006:54）. 另见Radin（1996）。
50. 米歇尔·卡伦和约翰·劳（John Law, 2005）采用了“定性”这一术语，相关论述参见市场理论家弗兰克·卡绍伊（Franck Cochoy, 2008）描述计算行为定性特征的论述。
51. 在我的调查中，39%的受访者报告说，他们创办企业的最初目标已经实现（只有 7%的人说他们的目标没有实现），而 24%的受访者报告说，为了产生“必要的”收入，他们不得不增加产量，而不是他们最初预期的产量。另有 14%的人报告说，自从创业以来，他们变得“更加注重金钱”或“更加以商业为导向”。
52. 正如会议主办方提出的那样，农家奶酪的问题是“规模有多大”，产品线的规模有多大，市场网络的覆盖面如何成功地创造了“可持续的收入和家庭稳定”，在“生活质量和谋生能力之间取得了平衡”。小组成员分别是蓝壁农场的格雷格·伯恩哈特、三角农场（3–Corner Field Farm）的卡伦·温伯格和邻里农场的琳达·迪米克。
53. “多大才算够大？可持续发展农庄的合适规模”。2007 年 8 月 2 日在弗吉尼亚州伯灵顿举行的ACS会议上的小组讨论议题。

54. Kondo（1990:57）.

55. 他们建造了一间容纳山羊的挤奶厅，将现有空间翻修成奶酪房（1750美元），将现有空间翻新成公寓，以容纳实习生（4000美元），扩大奶酪制作室、增加奶酪熟化空间（2.5万美元），并新建一个谷仓（1.7万美元）。2007年，他们的农场评估价为41.5万美元。为了抵税，他们把土地开发权卖给了佛蒙特州土地信托基金（Vermont Land Trust）。

56. 迪克森（北达科他州）。另见附录表6，详细说明“建造、装备和许可”一家手工奶油厂所需的启动资金，以及表7，说明这笔资金的来源。

57. 从监管角度看，酸奶被归类为液态奶，而不是奶酪。

58. “这么说来你想当芝士师傅？来自舞动的牛农场的故事”。2007年8月3日在弗吉尼亚州伯灵顿举行的ACS会议上的小组讨论议题。

59. 乔恩·赖特在谈到他15年来经营泰勒农场（Taylor Farm）时说：“我必须认识到我的强项在哪里，你知道我很想出去打包干草，但对我来说，更重要的是待在这里，所以我的一个伙计代替我做这事。要是在几年前，我会感到很矛盾，因为待在这里（在办公室）我会很沮丧，我会出去捆干草……你会不断了解自己的个性，而这家公司在很大程度上反映了我和我的个性，以及我认为（公司）的缺陷就是我个人的缺陷。”

60. 在2009年调查的124家农场奶酪制造企业中，43%的农场报告称包括老板在内，只有一到两名员工。另外36%的报告有3到6名员工，包括老板和兼职以及全职职位。大多数农场奶酪制造业务规模很小。

61. 即便在佛蒙特州，奶牛场也越来越依靠受边缘化和法律上处于弱势的墨西哥和中美洲农场工人，也许大学实习生可以替代这种剥削性就业（Freidberg 2009; radel, Schmook, and McCandless 2010）。大学实习生也可以像雇佣他们的后田园时代的牧民一样从事养殖和食品制作，把这些工作看成有意义、值得做的，而不只是为了挣钱（参阅Miller[2010]了解奶酪农场里时而紧张的劳资关系）。2012年，蓝壁农场的网站指出，季节性实习生现在也获得了少量津贴：blueledge-

Farm.com/internatips.html. 登录日期为 2012 年 5 月 14 日。

62. 与特里奥（Terrio, 2000）研究的法国巧克力制造商严格的性别分工形成对比的是：男人们在幕后作坊工作，而他们的妻子则在“前台”从事零售工作。

63. 性别叙述通常被用来解释女性对山羊或绵羊的偏爱大于牛，因为牛被认为“太大”，女性处理不过来——并不是说男人会把牛扛起来四处走动！话又说回来，我也听过男人把牛形容为“太吓人了”。从历史上看，乳品业被严格地定义为女性化，就像标志性的女工形象是玫瑰色的脸颊（McMurry 1995:78）。19 世纪中期，挤奶业开始被认为男性化的，当时“母牛养育、哺乳和挤奶之间的联系被对挤奶技术和程序的建议所取代，这些建议越来越显示出对纪律和制度的关注。这种观念的转变伴随着人们把牛当作来看待:如果牛是机器，那么根据流行的文化规范，它们就应该是男人的领地”（McMurry 1995:80）。

64. 一位女士在回复我的问卷调查邀请时写道：“我不再生产奶酪了。我停下来的原因是因为我离婚了。法院和我的前夫让我无法继续工作。我从 1997 年就开始做奶酪了，所以这事情很难做到（放弃），但却是必要的。我没有生产任何东西。我把大部分的牲畜都卖了/送人了。”当我给她发电子邮件问我是否可以把她的信息写进书中时，她回答说：“当然可以。我认为每个人都应该知道，生活不止眼前的苟且”。

65. 在介绍时，蓝壁农场（Blue Ledge Farm）销售额的 45%是批发给佛蒙特州食品店的；20% 是通过三家佛蒙特州农贸市场（每年开放 6 个月）直接零售；10% 是通过经销商处理的。

66. 我在 2009 年进行的调查（请注意，35%的调查受访者在过去五年内获得了执照）的结果如下：

农庄经营（n= 70）：54%的人报告盈利；46%的人没有盈利。

把奶酪作为增值业务的奶牛场（n= 35）：57%报告盈利；43%没有盈利。

独立奶油厂（n= 36）：78%的公司报告盈利；22%的公司没有盈利。

67. 正如佛蒙特大学的顾问们所总结的那样，“牛群”或“羊群”必须覆盖其自身的成本加上家庭生活费用，再加偿还贷款，再加上更换折旧的设备（delaney and Kauppila n.d.：138）。

68. 除了对房地产、设备和基础设施的初始投资外，每年或每月的运营费用可能包括：

农场：育种费（种公畜费或精液）；饲料；干草和刨花；种子和化肥；检测费（土壤、牛奶）；汽油和燃料油；电费（制冷费用可能很高）；责任保险；设备维修；兽医和其他动物费用（如剪毛）；财产税。

奶酪制作用品：培养菌、凝乳酶、盐、霉菌、干酪布料、消毒剂、发网、手套、鞋类——还有鲜奶（如果从其他农场购买的话）。

办公：会计；广告和营销；电话和互联网；包装；运输和其他交通；农贸市场费用；办公用品。

其他潜在费用：咨询费和培训费；工资、工伤赔偿和工资税；私人健康保险（业主和/或雇员）；贷款利息；向社区活动捐赠奶酪；参赛报名费和其他费用；退货或损耗（最终送到粪堆的次品）；在农贸市场和奶酪节给消费者免费试吃的“损失”。

69. 我们再一次看到了质量和数量的相互融合：优质奶酪是由干净美味的鲜奶制成的，这些鲜奶是由饲养良好的动物生产的，它们有充足的空间和各种各样的食物来源。

70. 根据我的调查数据，外购鲜奶的奶酪生产者平均从另外两家农场购买。正如近藤在谈到日本的家族手工业企业时所写的那样，“小公司和大公司之间的区别具有文化意义……充满象征、文化和道德价值。

71. 2008年，蓝壁农场以40美元/吨的价格购买羊奶，以24美元/吨的价格购买牛奶，略高于当年的市场价。

72. “这么说来你想当芝士师傅？来自舞牛农场的故事”。2007年8月3日在弗吉尼亚州伯灵顿举行的ACS会议上的小组讨论议题。

73. Vickers（1990:3）.

74. 168页；引自 McMurry（1995:52）。

75. McMurry（1995:52），另见Vickers（1990）。

76. 尽管这正是他们在2010年所做的。

77. 在搬到农场之前，他们告诉我：“我们的生活水准已经达到花钱随心所欲、不需要掰指头过日子了。我们可以去任何我们喜欢的餐馆。”

在他们开始做奶酪生意之后，情况就变了。

78. 在我的调查中（n = 143），受访者报告了广泛的家庭收入，但只有大约四分之一的手工艺企业主从奶酪获得的销售收入占家庭总收入的75% 以上。详见附录表 8。

79. Robbins（2009:282–283）.

80. 为了满足这一需求，2010 年 10 月，威斯康星州的乳制品业务创新中心（DBIC）在麦迪逊为奶酪制造商举办了一次定价基础研讨会，内容包括基于市场的成本加成定价以及如何计算成本；参阅DBIC新闻稿：www.dbicusa.org/press_releases.php, 2010 年 10 月 10 日。

81. Stark（2009）.

82. 在 153 名来自各类企业的受访者中，84%的人在公司成立后扩大了奶酪生产，而（n = 155）61%的人计划或希望未来扩张。

83. 此外，用巴氏杀菌牛奶制作奶酪需要添加大量昂贵的冷冻干燥细菌培养物。

84. 当被问及是否同意“我对自己的储蓄和退休能力感到放心”这一说法时，受访者（n = 140）回答：不同意，33%；有些不同意，16.5%；感觉中性，19%；略微同意，13.5%；同意，18%。

85. 2010 年 9 月，他们 7.25 英亩的土地和房子以 79.5 万美元的价格出售。另外还需要 6.5 万美元（约合人民币 63.5 万元），就可以获得包括奶酪制作设备和“秘密奶酪配方”在内的奶制品业务。http://activerain.com/blogsview/1604642/pugs-leap-goat-cheese-dairy-and-a-7-acre-healdsburg-view-site. 登录日期为 2010 年 9 月 26 日。2011年，新东家将奶制品业务搬到了佩塔卢马（Petaluma）。

86. “多大才算够大？可持续发展农庄的合适规模”。2007 年 8 月 2 日在弗吉尼亚州伯灵顿举行的ACS会议上的小组讨论议题。

87. “多大才算够大？可持续发展农庄的合适规模”。2007 年 8 月 2 日在弗吉尼亚州伯灵顿举行的ACS会议上的小组讨论议题。

88. Dudley（1996:48）；另见 Barlett（1993:120–128）关于“谨慎”与“雄心勃勃”或“创业精神”的管理风格。

89. Villette and Vuillermot（2009）.

90. Grasseni（2003）.

91. 更复杂的是，加州有自己的牛奶定价令。通常情况下，加州的奶酪价格略低于全国平均水平，这使得他们的奶酪工厂比威斯康星州的奶酪工厂更有优势。

92. 典型的评论包括："保持乳制品的优势"（2000 年进入奶酪行业）；"发展销售牛奶以外的额外收入来源"（2002）；"稳定我们的牛奶价格，为我自己提供一个体面的农场收入"（2005）；以及"稳定农场牛奶价值"（2006）。

93. 2002 年的《农业法案》批准了一项增值农产品市场开发援助计划；参阅美国农业部的新闻稿：www.rurdev.usda.gov/ny/tool barpages/rbspages/valueadded.htm. 登录日期为 2012 年 5 月 14 日。

94. 年平均（每百磅）：2006:12.88 美元；2007:19.13 美元；2008:18.34 美元。参见"了解乳业市场"的网站：http://future.aae.wisc.edu/data/monthly_values/ by_area/10? grid=true&tab=prices&area=US. 登录日期为 2012 年 5 月 14 日。

95. 美国农业部新闻发布 0624.09 号：www.usda.gov/wps/portal/!ut/p/_s.7_0_a/7_0_1oB? contentidonly=true&contentid=2009/12/0624.xml. 登录日期为 2012 年 5 月 14 日。

96. 2009 年 12 月 18 日，农业部长汤姆·维尔萨克（Tom Vilsack）宣布，商品信贷公司将购买价值 6000 万美元的奶酪和奶酪产品，通过食品银行和学校午餐计划等国内食品计划派发。

97. 对附加值农业的兴趣也"源于消费者偏好的变化"，例如，由于"收入增加，富裕的二套房业主从城市迁出，食品市场的'分众化'，人们对与'农工综合体'相关的食品普遍不满，消费者希望与食品生产商更直接地接触，对有益于健康的'功能食品'的渴望增加，消费者接触到更多种类的食品口味，以及"以食品媒体和名人"的知名度的提升"。（Nicholson and Stephenson 2006:2）。

98. "多大才算够大？可持续发展农庄的合适规模"。2007 年 8 月 2 日在弗吉尼亚州伯灵顿举行的ACS会议上的小组讨论议题。

99. Nicholson and Stephenson（2006）; Streeter and Bills（2003a and 2003b）.

100. 与此同时，正如Dudley（2000:114）对 20 世纪 80 年代的农民所写的那样，“二手商品消费的‘价值’与其说是捡便宜，不如说展示了道德上的‘节俭’”。因此，她解释说，“满足于住在百年农舍”可能象征着一对农民夫妇节俭的美德。

101. Willetts（1997）.

102. “用草饲奶牛的生奶制作农场奶酪”。2007年7月22日，在佛蒙特州切斯特泽西女孩奶牛场的研讨会上的议题。研讨会由佛蒙特牧场网络，佛蒙特草农协会和农村佛蒙特州共同赞助。

103. 参见Guthman（2004）。

104. LaFollette（2000:401）.

第四章 发明的传统

题词：Norton and Dilley（2009:3）.

1. 1995年，志愿者对250多名前奶酪制造商（他们在1920年代至1970年代工作）、奶农、奶酪评级员和奶酪制造商的妻子进行了视频采访，从而采撷、建立一个格林县芝士业的口述史料图书馆。我抄录了部分采访，可以在历史奶酪制作中心的录像带上观看。

2. Apps（1998:137）; Marquis and Haskell（1964:66）.

3. Trewartha（1926）.

4. 1885年，来自纽约锡拉丘兹的顾问T. H.柯蒂斯（T.H.Curtis, 1885:51）在威斯康星州奶牛场工人协会的演讲中，描述了判断凝乳何时“充分‘煮熟’”的过程：“拿一把，把乳清挤出来。”如果它够结实，你一摊开手，它就会咔哒咔哒摔成碎片。

5. 参见Petrini（2007）. 但Kindstedt（2005）是个明显的例外，书中有一章讲述了美国奶酪制作的历史。

6. Hobsbawm（1983）.

7. 参见Parr（2009）；Davies（2010）。

8. Hirsch and Stewart（2005:262）.

9. Bushman（1998:364）.

10. Durand（1952:265）。佛蒙特州的农民在19世纪初开始向蒙特利尔出口奶酪（Kindstedt 2005:25）。

11. 1801 年 7 月 20 日，马萨诸塞州柴郡的农妇们将一天挤奶所得的凝乳汇集在一起，用苹果酒榨汁机制作了一块巨大的奶酪，作为礼物赠送给托马斯·杰斐逊总统（Thomas Jefferson）——也是该镇令人难忘的一则广告。这项计划是由年长的约翰·利兰（John Leland）策划的，他在白宫发表了演讲（并排除了联邦党的奶牛）。压榨一个月后，奶酪重达 1235 磅。参见Browne（1944）。
12. Gilbert（1896:12）.
13. Gilbert（1896:12），Du0rand（1952:268）。到 1850 年，也就是工厂制度的前夕，纽约生产了全国 47%的奶酪（Gilbert 1896:14）。
14. Gilbert（1896:9）.
15. Gilbert（1896:11）. 另见McMurry（1995:46）. 关于英国的情况, 参见Twamley（1784），Blundel and Tregear（2006），Valenze（1991, 2011）。
16. Per My 调查数据。
17. Arnold（1876:16）.
18. McMurry（1995:123–124）.
19. Durand（1939:283）.
20. Durand（1952）.英国的奶酪工厂也于 19 世纪 70 年代开始出现，尽管商业奶酪制造农场从 17 世纪就开始生产混合牛奶，而且在英国，中央集权的奶酪工厂系统一直不像在美国那样盛行（Blundel and Tregear 2006）。
21. Gilbert（1896:16）, Durand（1952:272）.
22. 工厂制度的支持者试图在没有太多证据的情况下提出这一论点，这与当前建议从事增值业务如出一辙。
23. McMurry（1995:137; 135）.
24. 摘自 McMurry（1995:140–141），另见Apps（1998:26）. 25. Bushman（1998:374）.
26. Arnold（1876:17）.
27. 克劳利（Crowley）是一家拥有所有权的奶酪工厂，由个人或个人合伙出资，通常（尽管不一定）是奶酪制造家族。早期的奶酪工厂可以通过另外两种方式拥有：由股东拥有的股份公司，或者作为奶牛场客户的合作社，这些客户按比例出资雇佣芝士师傅及其家人（Apps 1998:111）。

28. 2009年，克劳利奶酪厂（Crowley Cheese Company）被盖伦和吉尔·琼斯（前者是一名媒体管理顾问）收购。2008年，在被琼斯收购之前，该公司停产歇业，这是126年的历史首次。芝士师傅肯·哈特（Ken Hart）和金伯利·法勒（Kimberly Farrar）在收购结束后重返工作岗位（Edwards, 2009; Widness, 2010）。
29. 根据韦氏词典，Slatternly的第二个意思是“属于、关于或具有荡妇或妓女的特征”，这两种定义都在McMurry（1995:168）中被引用。
30. Fitzgerald（2003）.
31. Valenze（1991:143, 153）.
32. Wood（2009a, 2009b）.
33. Gilbert（1896:11）.
34. Curtis（1885:64）.
35. Curtis（1885:64）.
36. 乳品科学家约翰·德克尔（John Decker）在1909年的奶酪制作指南中写道：“现在人们用苯胺（一种煤焦油产品）制作奶酪，价格更便宜，颜色更鲜艳。”公众似乎对矿物色素抱有偏见，但由于奶酪中含有的矿物色素太少了，所以它是否对健康有害值得怀疑”（1909:53–54）。
37. Gilbert（1896:22）.
38. Gilbert（1896:23）. 有关“人造黄油奶酪”的非批判性描述，参见Arnold（1876:334）。
39. Apps（1998:39–40）.
40. Gilbert（1896:24）.
41. Gilbert（1896:12）.
42. 威斯康星州在全国奶酪生产中所占的比例赶超了纽约：1899年，威斯康星州占全美奶酪总产量的26.6%；1909年为46.6%；在1919年，是61.3%（Apps 1998:31）。
43. Durand（1952:279）.

44. Trewartha（1926:293）.

45. Doane（1961）.

46. Braverman（1974）.

47. Marquis and Haskell（1964:66）.

48. McMurry（1995:83）. 有关当代技术讨论，参见Dixon（2005:209–210）.

49. Arnold（1876:343）.

50. 在加州的马林县，我参观了雷耶斯角（Point Reyes）农庄奶酪公司的所在地贾科米尼（Giacomini）乳品店，并见到了吉尔·贾科米尼·巴什（Jill Giacomini Basch），她是这个农场主的四个女儿之一（都在奶酪公司工作）。当我们站在一个分层奶酪室的楼梯上时，吉尔向我们指出了重力流动系统，它可以将凝乳从1500加仑的大桶中缓缓移动到下方桌子上的圆形奶酪模具中，从而避免了机械泵送凝乳时的压力，也避免了芝士师傅手工箍凝乳时的背部压力。吉尔解释说，她的家人是在参观了威斯康星州萨伦维尔的一家亚米希奶酪工厂后产生了这个想法，“我们喜欢说，我们在用高科技、最先进的亚米希方式做事情。” Wood（2009b: 53–70）。

51. 根据美国食品药品监督管理局（FDA）的联邦法规法典第133.169节，巴氏杀菌工艺奶酪被定义为“通过粉碎和混合，在加热的帮助下，一种或两种或两种以上品种的奶酪……用乳化剂制造…变成一个均匀的可塑性的块状物。在加工奶酪中，当切达奶酪、洗凝奶酪、科尔比奶酪、粒状奶酪，或任何两种或两种以上的混合物与其他种类的奶酪在奶酪原料中混合时，任何一种这样的奶酪或这样的混合物都可以被称为美国奶酪”。

52. 在2010年美国生产的10435941磅奶酪（不包括农家奶酪）中，有3488484磅是马苏里拉奶酪：国家农业统计局（2011）。

53. McMurry（1995:129）.

54. McMurry（1995:96）.

55. McMurry（1995）.

56. Norton and Dilley（2009）.

57. 克劳利奶酪网址 www.crowleycheese–vermont.com. 登录日期为

2012 年 5 月 15 日。
58. Ulin（1996, 2002）.
59. Ulin（2002:702）.
60. Ulin（2002:699）.
61. Thorpe（2009:141）写道："20 世纪 80 年代初，当新型奶酪和新型生产模式开始涌现时，它们的定位是反对旧式工厂风格。
62. Bourdieu（1984）; Ulin（2002）.
63. Werlin（2000）; Tewksbury（2002）; McCalman and Gibbons（2005）; Ogden（2007）; Wolf（2008）; Hurt（2008）; Parr（2009）; Davies（2010）.
64. Mintz（1985）.
65. Mignon（1962）.
66. 茱莉亚·罗杰斯（Juliette Rogers）报道，在诺曼底的奶农和芝士师傅的田野工作中，她也遇到了类似的数据不一致问题。
67. Boisard（2003:10）.
68. Hobsbawm（1983:2）.
69. 在给卡门贝尔镇居民的信中，克里姆解释道："几年前，我有好几个月的时间消化不良，而卡门贝尔奶酪几乎是我的肠胃唯一能忍受的营养。从那时起，我就对卡门贝尔奶酪赞不绝口，把它介绍给成千上万的美食家，我自己每天也要吃上两三次。"（Boisard 2003:3）。
70. 参见Rogers（2008）。
71. 关于芝士，参见Boisard（1991, 2003）；Grasseni（2003, 2009）；Rogers（2008）。关于葡萄酒，参见Guy（2003）；Ulin（2002）。
72. Boisard（2003）; Rogers（2008）; Trubek and Bowen（2008）; Grasseni（2009）.
73. Boisard（1991）.
74. 正如霍布斯鲍姆所写的那样，"正是现代世界的不断变化和创新与试图在其中构建至少一部分社会生活不变和不变之间的巨大反差，使得'传统的发明'在过去两个世纪里引起了历史学家的极大兴趣"（1983:2）。另见 Sutton（1994）；Collier（1997）；Terrio（2000）；Paxson（2004）。

75. 博伊斯之前是一名建筑师，在与马林·弗伦奇（Marin French）较量之前，他在有机牛肉行业工作了10年（他曾就读于加州大学伯克利分校，一直渴望回到曾经度过学生时光的马林县）。
76. Kamp（2006:171–172）.
77. Roberts（2007：xiii）.
78. “这么说来你想当芝士师傅？来自舞牛农场的故事”，2007年8月3日在弗吉尼亚州伯灵顿举行的ACS会议上的小组讨论议题。事实上，法国第2007–628号法令（2007年4月27日）关于奶酪和特制奶酪屋的第5章第2条规定，“金字塔和截断金字塔”形式是“专为山羊奶奶酪保留的”。
79. “欧洲先辈们：重塑经典”，2008年7月25日在伊利诺伊州芝加哥召开的ACS会议上的小组讨论议题。
80. 关于命名奶酪的权力和政治，参见West（2012）。
81. Becker（1978:865）.
82. Nies（2008:10）.
83. Nies（2008:10）. Valenze（1991:154）对18世纪的英国奶牛场女性也有类似的描述，“长期以来，她们习惯于销售自己的产品，如果只是在本地销售的话，她们对市场难以捉摸的偏好表现得相当敏感。
84. 可以肯定的是，“农场”奶酪在ACS竞赛中有自己的类别。
85. 正如Marquis和Haskell（1964:18）在《奶酪之书》（*The Cheese Book*）中所写的那样，“从制作第一批奶酪以来，奶酪制作的故事就是一段漫长的模仿历史。
86. 正如约翰内斯·费边（Johannes Fabian）所说，研究者通过将他者置于另一个时间阶段而造成“同代否定”（denial of coevalness, 1983），这阻碍了交流。
87. Boisard（2003:166）.
88. Grasseni（2003）; Rogers（2008）.
89. Grasseni（2003:273）.
90. 根据1995年对威斯康星州门罗格林县历史奶酪制作中心阿尔伯特·德佩勒（Albert Deppeler）和迈伦·奥尔森（Myron Olson）的口述历史采访。

91. Boisard（1991:174）.

92. 正如Heath和Meneley（2007）所说，技术和科技并不相互排斥。

93. Wolf（2008:159）.

94. Apps（1998:134）.

95. Grasseni（2003:260）.

96. Strathern（1992b：38）.

97. 参见Taber（2006）。

98. Strathern（1992b：39）.

99. Fabian（1983:31）写道："交流归根结底是创造共享时间。"而且，时间——或者更恰当地说，历史——并不总是在这些奶酪制作空间中共享。

100. 弗雷德里克·泰勒（Frederick Taylor）在1911年出版的《科学管理原则》（*The Principles of Science Management*）一书引发了一场企业管理革命，在这场革命中，制造业劳动力中的手工"经验法则"方法被经理们基于科学的时间和动作研究设计的简化、自动化程度越来越高的方法所取代。"泰勒主义"已成为他的"科学管理"原则的代名词。有关评论，参见Braverman（1974）。

101. 参阅"美国生奶奶酪," www.slowfoodusa.org/index.php/programs/ presidia_product_detail/american_raw_milk_cheeses/. 登录日期为2010年8月3日。

102. Leitch（2003:455）.

103. Mintz（2006:10）.

104. 布鲁斯·沃克曼（Bruce Workman）用来自五个草本奶牛场的牛奶投资了他的合作社奶油厂，他还制作了豪达和切达芝士轮，以及"一些传统奶酪来支付账单"：哈瓦蒂（Havarti）、胡椒杰克（Pepper Jack）和明斯特（Muenster）收缩包装的熟食店面包，可以"在睡梦中"制作。

105. "欧洲先辈们：重塑经典"。2008年7月25日在伊利诺伊州芝加哥召开的ACS会议上的小组讨论议题。

106. 私人标签可能是一个福音。Swiss Colony是一家中西部特色食品邮购公司，已经帮助几家威斯康星州的工匠工厂，琳达·迪米克已经与全国连锁店达成了几笔偶然的交易，购买了一年库存的很大一部分。尽管这“支付了很多账单”，但只是一个权宜之计，而不是建立品牌的方法。

107. Wilk（2006b：15）.

第五章 手工的艺术与科学

题词：“从山中来”Harriet Martineau的笔名（Martineau 1863:290）。

1. 美国奶酪协会网址：www.cheesesociety.org/displaycommon.cfm？an=1&subarticlenbr=51. 登录日期为2010年8月28日。这是ACS在20世纪90年代末期给出的定义。
2. Heath and Meneley（2007:594）.
3. Metcalf（2007:5–6）.
4. Becker（1978）.
5. Metcalf（2007）；Sally Markowitz（1994）补充说，现代艺术与手工艺的区别在于“语义标准”：艺术对象：绘画、雕塑需要解释，而手工艺品：陶器、家具、纺织品则不需要。
6. “洗皮奶酪”。2007年3月22日至23日，在佛蒙特州韦斯顿的伍德考克农场的讨论话题；“创办农场奶酪企业”。2007年7月12日至13日，在佛蒙特州泰勒农场讨论话题。
7. 我借鉴了工艺问题的多学科研究，尤其是 Becker（1978）；Dormer（1997）；Ingold（2000）；Markowitz（1994）；Pye（1968）；Alfondy（2007）；Risatti（2007）；Sennett（2008）。
8. 参见Sutton（2001）关于味觉在保存记忆中的联觉能力。
9. Becker（1978:864）.
10. 艺术历史学家霍华德·里萨蒂（Howard Risatti）观察到：“因为材料不会轻易地变成制作者所希望的东西。”工匠们会挑选和准备最适合他们心目中制作物品的材料（2007:100）。另见 Markowitz（1994）。
11. Pye（1968:7）.
12. 关于牛奶物质性和标准化的技术科学史，参见Atkins（2007）。
13. 用利兹·索普（Liz Thorpe）的话说，“手工奶酪制造商会改变他们的配方和奶酪制作技术，以适应牛奶这种不断变化的流体介质。商品奶酪制造商采取一切可能的步骤，在不改变方法的情况下，强行创造出一种可以制成一致最终产品的一致的流体介质”（2009:135）。据说，牛奶表现出季节性变化，这是因为泌乳早期和后期的牛奶成分不同，还有β–胡萝卜素和其他成分，这些成分可以追溯到牧场、干草和牧草中季节性发现的草、豆类和野花，供牛、绵羊和山羊食用。

14. 这是一种熟悉知识（personal acquaintance），而不是关于某事确实如此的抽象命题知识。Lesher（1969）在柏拉图的《提亚泰特斯》（*Theaetetus*）中对灵知（gnosis，“通过熟悉获得的知识”）和知识论（episteme，“关于某物是事实的知识”）进行了相关的区分。这种灵知的含义很好地体现了工匠对材料的“知识”——在制作奶酪的例子中，“知道”自己的牛奶和凝乳，以及它们在特定条件下的表现。
15. Risatti（2007:195）.
16. Pye（1968:66）.
17. Kindstedt（2005:37–38）.
18. 参见West and Domingos（2012）；Weiss（2012）。
19. 蒂姆·英戈尔德写道：“就像在任何工艺中一样，一个对自己所做的事情有感觉的熟练的制作者，其动作会持续而微妙地对她与材料之间关系的变化做出反应”（2000:357）。道格拉斯·哈珀（Douglas Harper）在描写一个技工时，把这种“身体中的知识”称为一种“动觉正确性”。
20. 威利·雷纳（Willi Lehner）做了一个类似的多感官转变，他解释说，彰显一个优秀芝士师傅的不同之处是其“不断观察牛奶的变化，并感受它对奶酪的影响”。
21. 艾琳·奥康纳（Erin O'Connor）写道：“熟练的吹玻璃工人经常说，吹玻璃不是吹出完美的玻璃，而是有效地解决吹玻璃过程中不断出现的所有问题……他们倾向于认为非反思预期（non–reflective anticipation）是熟练的力量”（2007:137）。
22. 波兰尼（Polanyi）写道：“尽管专家……可以指出他们的线索并制定他们的格言，他们所知比他们所言要多得多，他们只在实践中作为工具细节而不是明确地作为对象知道这些。因此，对这些细节的了解是不可言喻的，根据这些细节来思考判断是一个不可言喻的思考过程。”（1958:88）。

23. Grasseni（2004）.
24. 这让人想起詹姆斯·斯科特（James Scott）所描述的 metis：“在特定情况下，影响结果、提高胜算的能力和经验是必要的”（1998:318）。
25. Valenze（1991, 2011）.
26. Loring（1866:74–75）.
27. “手工制作”的含义是一个历史和社会问题，而不是一个技术问题（Pye 1968:11）。
28. 詹姆斯·吉布森（James Gibson）写道：“功能可供性理论将我们从假设固定的物体类别的哲学混乱中拯救出来，每个事物的类别都用其共同特征定义，然后被赋予一个名称……其实为了解事物的用途，你不必对它们进行分类和标签”（1986:134）。
29. Dormer（1997:140）.
30. Ingold（2000）; Sutton（2006）.
31. West and Domingos（2012:131）.
32. 布鲁斯对自动化机器的手工使用破坏了它的“机械客观性”。这个术语由洛林·达斯顿（Lorraine daston）和彼得·盖利森（Peter Galison）首先提出，他们将其定义为“抑制认知者在确定自然对象的客观真理时故意干预的持续动力”（2007:121）。
33. 朱丽叶·罗杰斯（Juliette Rogers）这样描述法国的背景：“手工奶酪制作者是那些密切关注和控制奶酪制作过程的人，他们有能力‘读懂’牛奶，开发奶酪，并应对不断变化的需求。”他用手小批量地对奶酪进行制模、脱模、腌制和清洗，产量相对较小。这一定义的细节与工业化规模制造的定义是相互矛盾的，后者是由传送带、机械勺子和乳清泵等机器完成的，所有这些都是由计算机编排的。他们生产的大量奶酪几乎没有与人接触，批评人士因而断言，质量将受到影响。生产徘徊在中间的奶酪制造商对这个术语特别敏感；有一位奶酪制作商在 2005 年夏天安装了一台小型但完全自动化的机器，他念念叨叨地讲述自己在努力保持工匠身份的同时，如何对过程的每一个方面进行个人控制和实际监督（2008:21）。

34. 欧洲的情况也是如此。韦斯特和努诺·多明戈斯提到葡萄牙的塞尔帕（Serpa）奶酪制造商，他们在继续放牧的同时——在国家实施欧盟安全法规之前——主动调整不锈钢工作台面和冷藏设备以便于清洁，并且也更容易“在他们的工作环境和最终产品中”达到一致性（2012:131–132）。
35. 达斯顿和盖利森（Daston and Galison）将“认知美德”描述为“通过诉诸伦理价值以及确保知识的实用功效而内化和实施的规范”（2007:40–41）。
36. 在2009年的调查中（n=146），66%的人表示通过大学课程和/或在独立导师的指导下参加过至少一次研讨班。
37. Dixon（2005:199）.
38. 英格尔德写道，技能“不是作为一个生物物理实体、一个自在物的个人身体的一种属性，而是在一个结构丰富的环境中，由有机体的存在——人、不可分离的身体和心灵——构成的整个关系领域的一种属性。”这就是为什么在我看来，技术的研究不仅受益于生态学方法，而且需要生态学方法（2000:353）。
39. 对于詹姆斯·斯科特来说，“技术的特点是客观的，通常是定量的精确性和对解释和验证的关注，而metis关注的是个人技能，或‘触摸’和实际结果”（1998:320）。两者的差异与奶酪制作者在制作奶酪时对“科学”和“艺术”的区分是一致的。通过坚持手工技艺包含了科学和艺术，或者技术和metis的融合——或者，就此而言，Ingold（2000:315–316）区分的技术和技巧（Ingold的技巧与斯科特的metis类似）——按我的理解，这是熟练工匠在复杂多变的条件下使用动态材质制作具有高度一致的、特殊风味奶酪的能力。
40. 这遵循了西方的认识论惯例，可以追溯到亚里士多德在尼各马可伦理学（Nichomachean Ethics）中对认识论（一种关于自然世界的可证明的理论知识）和techne（如何在制作或做某事时进行推理的一种实践知识）之间的区分；techne可被译为艺术、工艺或手工艺。
41. pH值越低，每单位牛奶所需的凝乳酶就越少。
42. 每100克奶酪中，卡门贝尔奶酪含有23.7克脂肪和75毫克胆固醇，而切达奶酪含有34.4克脂肪和100毫克胆固醇（O'Brien and O'Connor

2004:574）.

43. Dixon（2005:207）.

44. “客观性和主观性是特定历史困境的表现，而不仅仅是心灵与世界之间某种永恒互补性的另一种说法”（Daston and Galison 2007:379）。

45. Herzfeld（2004:123）.

46. Polanyi（1958:31）.

47. 格言只有在波兰尼（Polany）所说的“个人知识”的框架内才能有效地指导实践，这是一种对手头任务充满激情的承诺。

48. Herzfeld（1997）.举个例子，希腊人都知道：他们的咖啡来自土耳其人，但外国游客在希腊咖啡馆点“土耳其咖啡”，谁也没办法——这是埃纳·埃勒尼科（Ena Ellenikó）：一种希腊咖啡。

49. Heath and Meneley（2007）. 另见Polanyi（1958）；Knorr（1979）；Latour（1987）；Schaffer（1989）；Nutch（1996）；Collins（2001a）；Delamont and Atkinson（2001）。

50. Latour（1987）；Collins（2001a, 2001b, 2007）。也不是说真正的烹饪是严格遵循食谱的（参见Short 2006；Sutton 2006）。

51. 詹姆斯·斯科特写道：“毫无疑问，对那些既有直觉又能得到正式测量的人来说，知道自己的判断是可以被检验的，这是令人放心的。”但是，替代metis的认识论要慢得多，更费力，更需要资本密集投入，而且并不总是决定性的。当需要高度（不完美）准确的快速判断时，当需要诊断事情进展顺利或糟糕的早期迹象时，就没有什么可以替代metis了”（1998:330）。

52. Mauss（1973）.

53. Mauss（1973）; Bourdieu（1977）.

54. 社会理论家认为这是社会结构和个体能动性之间的一个界面。

55. 在佛蒙特州曼彻斯特的al ducci 意大利食品室，迈克尔正在为父亲拉伸马苏里拉奶酪，这时从波士顿来的乔安·恩格勒特（Joann Englert）走进了店里。乔安对马苏里拉奶酪非常着迷，就说服迈克尔和她一起做生意，为波士顿市场生产马苏里拉奶酪。

56. 意为“旋转的面团”，意式丝状意面代表了一种用于制造许多意大利奶酪的拉伸凝乳的技术。

57. 另见 Farrar and trorey（2008:45–46）.

58. 吹玻璃（O' Connor, 2007）、绗缝（Staip, 2006）和助产（M.Mac-Donald, 2007）都是涉及联觉理性的亲身实践生产活动，但作为一种昂贵的爱好，吹玻璃是由不同的阶级、性别和权力动态塑造的，多任务的缝纫工在她的女性家庭责任之余追求“严肃的休闲活动”或者一名非专业助产士对抗生物医学权威。同样，奶酪制作者为他们的手工艺带来不同的情感、职业背景、文化和经济资本，这些塑造了一系列工匠的情感，包括对机械化工具使用的态度、对酸碱度计的技术亲密度，以及对味觉感官工具的校准。

59. 贝克尔写道，“说到有用性，意味着一个人的目的定义了目标或活动对其是否有用……定义工艺……[以这种方式]意味着一种审美标准，一种判断特定工作项目所依据的标准，以及一种组织形式，在这种组织形式中，评估标准找到了它们的起源和逻辑依据，“(1978:864)。例如，格拉斯尼在谈到养牛人时写道，“长得好看的奶牛会成为亲密感受的对象——尽管这些标准最终取决于畜牧业的历史和竞争性生产力的经济必要性。”……[而且]标准会随着时间的推移而改变（2004:46）。

60. 另见 Hennion（2007）.

61. Terrio（1999）; Creighton（2001）; Grasseni（2003）.

62. Dixon（2005:198）.

63. Barham（2003）; Trubek（2008）; Trubek and Bowen（2008）; Bowen（2010）.

64. 这类似于派伊（Pye）的建议，即工艺的质量可以通过“参考设计师的意图”来判断（1968:13）。

65. 这个词根通常被解释为用来塑造奶酪轮子的模具，也被称为形状。

66. Kindstedt（2005:198）.

第六章 微生物政治

题词：Tewksbury（2002:27）, Edgar（2010:120）.

1. 访谈日期为 2011 年 1 月 24 日。
2. Dutton（2011:77）.
3. Kunzig（2001）.
4. 2010 年秋天，加州好棒农场（Bravo Farm）生产的、通过好市多（Costco）和全食超市（Whole Foods）出售的生奶高达（Gouda）芝士被大肠杆菌O157 : H7 污染，导致 5 个州的 38 人患病。
5. Sheehan的话引自Bren（2004）。另见《生奶和你》一文，源自网址：www.farm steadinc.com/raw-Milk-and-you. 登录日期为 2011 年 12 月 12 日。
6. 美国疾病控制与预防中心驳斥了巴氏杀菌法会降低牛奶和奶制品营养价值的说法，并指出，尽管巴氏杀菌法降低了维生素C的含量，但牛奶并不是人类重要的维生素C来源。参阅《生奶问题和答案》一文，源自网址:www.cdc.gov/foodsafety/ rawmilk/raw-Milk-Questions-and-answers.html. 登录日期为 2011 年 12 月 13 日。
7. Foucault（1978）.
8. Paxson（2008:17）.
9. 牛奶既被人们尊崇为“大自然的完美食物”，又被斥为有害（以及有益）细菌的完美营养肉汤，它引发了强烈的爱与恐惧之情。最近出版了许多关于牛奶政治和物质性的书籍；详见Atkins（2010）；DuPuis（2002）；Gumpert（2009）；Mendelson（2008）；Valenze（2011）；Wiley（2011）。
10. 2010 年 11 月 17 日，《ACS关于工匠、农场和特色奶酪重要性的声明》被起诉。2012 年 5 月 17 日登陆网址：www.cheesesociety.org/about-us/position-statements/。
11. 2010 年 11 月，美国乳酪协会就审计和检验情况向其会员进行了调查。结果表明，FDA的检测集中在李斯特氏菌上。在那些报告接受过病原体检测的企业中，59%的企业进行了李斯特氏菌检测，8%的企业报告检测结果呈阳性；其他病原体的检测结果均未呈阳性。调查结果由美国奶酪协会提供。
12. 马特奥·凯勒在接受电台采访时表示，随着资金的增加，FDA感受到了“展示加强监管的结果”的压力，甚至设置“刑事起诉目标”。

“为了填补FDA检查员的空缺，他们雇佣了犯罪调查员而不是食品科学家；凯勒认为，这些人对食物知之甚少，但他们知道“如何立案”。《切凝乳》(*Cutting the Curd*)，第 49 集，安妮·萨克森比(Anne Saxelby)在传统广播网，2010 年 12 月 19 日。可在线访问：www.heritage radionetwork.com/episodes/1229–Cutting–the–Curd–Episode–49–tia–Keenan–daphne–zepos–Matteo–Kehler，登录日期为 2011 年 1 月 11 日。

13. Sage（2007:206）.
14. Latour（1988）.
15. Boisard（2003:76–77）.
16. Conn（1892:260–261）.
17. Conn（1892:260）.
18. Sage（2007:211）. 虽然对饮用奶进行常规的巴氏杀菌是一项公共卫生的胜利，但它对牛奶“保持质量”的影响正是驱使乳品业采用它的动机；在延缓牛奶变味（如果不是变质的话）的方面，巴氏杀菌方法使本地牛棚得以在地理范围上巩固和扩大，从而降低了生产牛奶的商业成本（DuPuis 2002:81–82）。
19. 在谈及 20 世纪 50 年代推动对卡门伯特的牛奶进行巴氏杀菌时，博伊萨德（Boisard）写道：“原料奶易变质、不稳定，很难在工业上使用。科学家们相信，通过对牛奶进行巴氏杀菌，就可以控制牛奶。一旦清除了所有的微观宿主，它就会变得可控，服从科学权威的指示，而不是以一种不可预测的无政府状态下行事。因此，对用于奶酪的牛奶进行巴氏杀菌意味着迫使其服从纪律”（2003:162）。
20. Sage（2007:210）.
21. Sage遵循拉图尔（Latour 1987）关于黑箱的社会学表述，黑箱这个术语起源于控制论。
22. Sage（2007:210, 引用雀巢 2003:127）.
23. FDA网站，“生奶问答”栏目，从 2007 年 3 月 1 日开始，截至 2010 年 3 月 26 日的更新页面显示措辞缓和了许多。www.fda.gov/Food/FoodSafety/Product–Specificinformation/MilkSafety/ucm122062.htm，2010 年 6 月 16 日访问。最初的措辞出自希恩（2007）。

24. 2012年5月18日，美国疾病控制与预防中心网站上的“生奶问答”栏目：www.cdc.gov/Food safety/rawmilk/raw–milk–questions–and–answers.html. 原料奶可能含有沙门氏菌、金黄色葡萄球菌、弯曲杆菌和大肠杆菌。登录日期为2012年5月18日。

25. 消费者–患者经常面临来自权威知识的抽象原因和经验知识的具体、轶事证据的相互竞争的信息；Abel和Browner（1998）在女性生殖决策方面有详细的类似结论。

26. O'Hagan（2010）.

27. Wakin（2000：B1）.

28. Baylis（2009:295）.

29. Nestle（2003:16）.

30. Neuman（2011：B1）.

31. Mintz（2002:27）.

32. 联邦定义奶酪的标准中还包括防止用猪油或其他乳品替代物“填充”切达奶酪的规定，就像奶酪工厂早期发生的那样。

33. 国家研究委员会（2003:226）. 回顾了北美和西欧从1971年到1989年暴发奶酪有关的食源性疾病的事件，发现它们与陈年生奶奶酪无关.参阅d'aoust（1989）。

34. Sheehan, Childers, and Cianci（2004）；reitsma and Henning 在论文中总结道，“如果切达奶酪是由生奶制成的，并且在奶酪成熟初期就存在如大肠杆菌o157 : H7这样的病原体，那么目前对成熟的要求将不能保证消费者获得安全的产品”（1996:463）。

35. Donnelly（2004:548）. 2000年，ACS与奥德韦（Oldways）保存和交易公司以及后来的全食超市（Whole Foods）合作成立了精选奶酪联盟，致力于保护美国人制作和食用生奶奶酪的权利。

36. 2006年，FDA国家食品安全中心的研究人员发表了1996年大肠杆菌研究的后续报告，继续质疑60天的老化时间在消除O157 : H7不可接受风险方面的有效性（Schless等人，2006）。然而，Baylis（2009:300）指出，Schless等人接种的两个菌株特别耐受酸性条件（如陈年奶酪中发现的），与苹果酒和新鲜苹果汁（根据美国法律，这些饮料也必须经过巴氏杀菌）的传染性暴发有关。

37. D'Amico, Druart, and Donnelly（2008）.

38. 摘自FDA的“坏虫书”，www.fda.gov/Food/FoodSafety/Foodbornedisease/foodborneillnessfoodbornepathogensnaturaltoxins/badbugbook/ucm070064.htm. 登录日期为 2010 年 1 月 3 日。

39. Donnelly（2005:191）；另见D ‘Amico, Druart, Donnelly（2008），以寻找证据，证明生奶白皮奶酪（如卡门贝尔奶酪）对单核细胞增生李斯特菌的防护作用并不比巴氏杀菌白皮奶酪更好。

40. 雀巢（2003:36, 40）；数据基于 1999 年美国统计调查。

41. 华盛顿州农业部于 2010 年 2 月 1 日、9 日和 3 月 1 日收集了奶酪、盐水、凝乳酶和环境拭子样本；每次测试结果均为单核增生李斯特菌阳性（Elrand 2010）。作为回应，埃斯特雷拉家庭奶油厂（Estrella Family Creamery）对以下批次的奶酪发起了召回：red darla（于 2 月 11 日）、Brewleggio、Wynoochee River Blue、Domino（2 月 17 日）和Old Apple Tree Tomme（3 月 5 日）。详见：http:// pnwcheese.typepad.com/cheese/2010/10/federal-court-filings-reveal-details-of-estrella-family-creamery-closure.html. 登录日期为 2011 年 1 月 3 日。

42. 利用脉冲场凝胶电泳（PFGE），FDA实验室确定 8 月 2 日收集的单链球菌分离株与华盛顿州官员在 2 月份收集的单链球菌样本的PFGE图谱无法区分（Elrand, 2010）。9 月 4 日，FDA警告消费者，所有批次的埃斯特雷拉奶酪“都会使消费者面临感染单核细胞增生性李斯特菌的风险。”新闻稿源自：www.fda.gov/Events/newsroom/Pressannouncements/ucm224990.htm. 登录日期为于 2010 年 1 月 3 日。

43. 请参阅司法部新闻稿，“联邦政府没收蒙特萨诺（Montesano）乳制品中含有危害病原体的产品”，华盛顿西区联邦检察官办公室，2010 年 10 月 25 日:www.justice.gov/usao/ waw/press/2010/oct/estrella.html. 登录日期为 2011 年 1 月 10 日。虽然FDA和地区检察官认为所有埃斯特雷拉的奶酪“掺假”，因为它“可能已经被污染了……或者造成伤害“由于存在微量和孤立的——尽管持续的——李斯特氏菌的痕迹，当物品“被引入或在州际商贸时，或在州际商贸装运后持有待售（不论是否首次销售）”时，就授予扣押管辖权［“美国法典”第 21 篇第 334（A）（1）条］。在她的扣押令中，美国检察官珍妮·杜坎（Jenny

Durkan）和助理检察官大卫·伊斯特（David East）指出，埃斯特雷拉夫妇从威斯康星州麦迪逊的一家公司跨州购买凝乳酶是构成埃斯特雷拉夫妇库存非法的必要条件，可以在法院的管辖范围内没收。2011年的食品安全现代化法案赋予FDA强制召回的新权力，其部分目的就是为了避免这种法律上的花招。

44. 在销售点，每克食品可接受的含量最高可达100或1000 cfu（菌落形成单位）。请参阅 http://ec.europa.eu/food/fs/sc/scv/out25_en.pdf 上的报告，第19页，登录日期为2012年1月4日。

45. Thorpe（2009:50）.

46. Ogden（2007:11）.

47. 问题由"JGH"于2005年10月13日发布在www.Babycenter.com，登录日期为2007年2月1日。

48. 笑牛问题继续被提出；例如，2011年2月10日的一篇帖子写道："有人知道怀孕期间吃笑牛奶酪是否安全吗？我知道这是一种软奶酪，这是不可以的，但上面写着"巴氏杀菌"。这意味着它可以安全食用吗？http://community.babycenter.com/post/a26351611/laughing_cow_cheese. 登录日期为2011年12月15日。

49. Donnelly（2004）.

50. www.cfsan.fda.gov/pregnant/whillist.html. 登录日期为2006年7月7日。到2012年，美国疾病控制与预防中心在这一措辞中增加了以下澄清："食用硬奶酪、马苏里拉奶酪等半软奶酪、巴氏杀菌加工奶酪切片和涂抹、奶油奶酪和农家奶酪是安全的。"参见"李斯特氏菌病（李斯特氏菌）和怀孕"：www.cdc.gov/ncbddd/pregnancy_gateway/infections-listeria.html. 登录日期为2012年5月30日。

51. 与此同时，在禁止或限制生奶销售的州，奶农想出一些创新的点子来销售生奶。"奶牛股份"是一种合法的合约，通过这种合约，想要消费生奶的人拥有奶农，但由奶农照料和挤奶；消费者给农民支付劳务费，而非牛奶本身，因为（表面上）牛奶来自消费者自家的奶牛。"牛奶俱乐部"可以在只允许农场直接销售生奶的州扩大生奶的销售范围；在这里，俱乐部成员负责开车去农场取瓶装奶，然后送到城市俱乐部成员手中。我也听说过生羊奶在农贸市场以"牛奶浴"

的形式出售（同样，维持了这种奶不供人食用的假象）。

52. D'Amico, Druart, and Donnelly（2008）.

53. Latour（1988）.

54. FDA规定了巴氏灭菌（饮用或加工）牛奶的细菌总数和体细胞数的限制，但对未灭菌奶中的大肠菌群（粪便中的细菌残留）没有规定。虽然FDA检测牛奶是为了检查动物的健康（生病的动物往往会将体细胞脱落到它们的牛奶中），但它并没有以这种方式规范卫生的挤奶条件。巴氏杀菌奶，例如我们在超市购买的纸盒包装奶，可能含有热处理或辐照的粪便细菌。由于生产规模较小、配置不同的生态系统，对大肠菌群、体细胞和总细菌的常规检测结果往往显示为农场奶酪制作而生产的生奶比超市里购买的巴氏杀菌奶更清洁（D'Amico, Druart, and Donnelly 2008）。

55. Dunn（2007）.

56. Pritchard（2005:148）.

57. Sulik（2004:50）. 只在大型工业企业做金属检测。

58. 培养乳酸菌的发酵步骤具有消灭病原体的作用；然而，"设定 CL [控制限度] 和监控的过程并不像巴氏杀菌那样清晰"，这削弱了发酵获得关键控制点地位的资格。（Schmidt and Newslow 2007:2）. 另见Sulik（2004:58）.

59. Dunn（2007:42–43）.

60. 贾纳克利斯·考德威尔（Gianaclis Caldwell）的《农场奶油顾问》（The Farmstead Creamery Advisor，2010）的第 12 章介绍了如何创建HACCP计划。

61. ACS "关于安全奶酪制造的声明"，2010 年 11 月 17 日：www.cheesesociety.org/wp-content/uploads/2011/02/ACS-Statement-on-Safe-Cheesemaking-for-Web.pdf. 登录日期为 2012 年 5 月 17 日。

62. 该调查共有 130 名ACS会员参与。

63. 关于现代风险管理对社会关系的影响，参见Beck（1992）。

64. "奶酪职业认证考试" www.cheesesociety.org/events-education/ certification-2/, 登录日期为 2012 年 1 月 4 日。

65. 只有在监管机构认为实用知识有效的情况下，奶酪制造商的知识会转化为权力。

66. 请参阅Paxson（2008）系统地（如果有偏颇的话）讨论了制作佛蒙特州牧羊人奶酪背后的微生物政治。

67. Senier（2008）；Mnoonkin（2011）.

68. 1997 年，华盛顿州亚基马县暴发了沙门氏菌病，起因是一群农场工人用奶牛场的原奶制作墨西哥式软奶酪，因而感染了沙门氏菌，但仍带病工作，结果沙门氏菌在当地的奶牛群中传播。1984 年，加拿大发生了一次沙门氏菌病的大规模暴发，病例达到 2700 例。最终从一头正在脱落的奶牛、奶酪凝乳和生病的奶酪工人身上发现了鼠伤寒沙门氏菌（一种抗药性噬菌体，“你往它身上扔任何药物，他们都会发笑。”达米科在VIAC研讨会上说）。员工们徒手将奶酪凝块转移到成型机上，并手动推翻了巴氏杀菌控制。

69. 上次去他的实验室时，达米科告诉我，一家农场的奶酪突然被检测出大肠菌群的含量极高。原来是井水受污染。没有人生病，但是奶酪的感官质量受到了影响。

70. 在 20 世纪 30 年代的十年间，牛结核病（牛分枝杆菌）每年造成英国 50000 例新的结核病感染和 2500 例人类死亡（Sage 2007:212）。现在他们定期对奶牛群进行牛分枝杆菌检测。

71. FDA对其他类大肠杆菌的容忍水平从每克大于 1 × 104 到 1 × 103（D'Amico, Druart, and Donnelly 2008）不等。欧盟对大肠杆菌o157 : H7低容忍。

72. de Buyser et al.（2001）.

73. 2006 年, J. D'Amico为VIAC对佛蒙特州农场奶酪生产商进行测试时发现：62 份生牛奶样品中有 17 份（26.4%）含有金黄色葡萄球菌；49 份生羊奶样品中有 9 份（18.4%），21 份生羊奶样品中有 18 份（85.7%）（包括来自同一农场的多个样品）。通常情况下，被污染样本中的金黄色葡萄球菌数量少于 50 个细胞/毫升，远远低于法定的 104 个/毫升的上限。

74. Sulik（2004:11）.

75. Sulik（2004:51–52）.

76. Rapp（1999:70）.

77. 拥有医学专业背景的奶酪制造商将卫生惯习带入奶酪制作。当我问阿斯卡特尼山（ascutney Mountain）的前制造商盖尔•霍尔姆斯（Gail Holmes），她是否在护理生涯中发现了对制作奶酪有用的东西时，她回答说："是。从手术室工作中我了解了无菌领域和技术。所以我在（科布山合作社的）其他合伙人看来有点讨厌，因为我一直在说，'不，你不能那样做，你会弄脏它的。'他们会翻白眼说：'我必须得干净。''我想，哦，我的上帝！'我们都在这个房间里做奶酪，就在路边，汽车驶过，尘土飞扬。你知道，这是一个农场。这里有牛、羊和鸡。我在想，这是一场灾难。但我们活了下来。"

78. Tomes（1998），特别是第六章，"细菌的驯化"。

79. Kohler（2002:6）.

80. Kohler（2002:7）.

81. Elrand（2010）. FDA检查员斯科特于2010年9月10日提交的原始检查报告详细说明："2010年9月1日，观察到农场主用取样器从芝士车轮上取出一块奶酪，将其放入嘴里，并更换了轮子上的奶酪塞子，然后将其装货运往市场。取样器每次使用后都用抹布擦拭，明显没有经过清洗或消毒，在重复这一过程之前也没有观察到她洗手。

82. 消毒不是清洁的同义词。只有清洁的表面才能进行适当的消毒。清洁剂去除污垢和可见污渍（如乳脂和蛋白质残留物）；通过消毒根除微生物。消毒剂的"使用说明"是一份法律文件，除标签上规定的以外，任何使用消毒剂的方法都是违法的。常规使用稀释的消毒剂可能会激发抗药性菌株的繁殖；使用强度过大的消毒剂可能会导致食品受到化学污染。

83. 贝克强调了我所描述的后田园时代和后巴斯德时代的思想，他写道，"在20世纪末，自然既没有被赋予也没有被归因于自然，而是变成了一种历史产物，文明世界的内部陈设，在其繁殖的自然条件下遭到破坏或濒临灭绝。但这意味着，对自然的破坏，融进工业生产的普遍循环之中，不再是对自然的'纯粹'破坏，而成为社会、政治和经济动态中不可分割的一部分。自然社会化[Vergesellschaftung]的一个看不见的副作用是对自然破坏和威胁的社会化，并将其转化为经济、社会和政治矛盾和冲突。对自然生活条件的侵犯变成了对全球社会、经济和医疗的威胁——对全球高度工业化的社会和政治机构构成了全新的挑战”（1992:80）。

84. 有关马塞利诺（Marcellino）奶酪微生物学研究的讨论，请参阅 Paxson（2008）。

85. 哈里·韦斯特写道，“对许多人来说，保护生奶奶酪中多样的微观培养菌与保护人类社区和组成生计的宏观文化息息相关”（2008:28）。

86. 在“异形海洋”（2009 年）中，斯蒂芬·海姆里奇探讨了人类和其他生物之间的新型关系是如何“共生”纠缠在一起的；微生物，包括在深海热液喷口遗址发现的嗜盐微生物（如嗜盐单胞菌），成为贯穿治理（环境和经济）的纽带。

87. Enserink（2002:90）.

第七章 地方、品味与风土的承诺

题词：Kessler（2009:157）.

1. 2009 年 3 月 19 日至 22 日在加州佩塔卢马举行。
2. Guy（2003:42）.
3. Bérard and Marchenay（2000, 2006）; Guy（2003:42）; trubek（2008）; Demossier（2011）.
4. Johnson（1998:4）.
5. Trubek（2008:18）.
6. Trubek（2008:18）. 参阅孔德芝士协会网站上的文章《千年的传统工艺》www.lesroutesducomte.com/routes-du-comte-1st-aop-cheese-tour-on-gastronomy-in-jura-s-mountains-a-heritage-shared-by-everybody,6,0,0,2,2.html. 登录日期为 2012 年 1 月 5 日。
7. 选择伊利诺斯州的皮奥里亚（Peoria）作为非地方或主流美国的代表，可能是受到了一句标语的启发：“它会在皮奥里亚上演吗?”在 20 世纪 60 年代和 70 年代，皮奥里亚是新电影和音乐会受观众欢迎与否的试金石。
8. 在评估奶酪风土条件时，要考虑生产的四个方面:物理环境（气候、土壤、水、基岩）、动物饲料（放牧条件、谷物口粮）、挤奶动物的品种，以及奶牛养殖和奶酪制造的传统文化“诀窍”。参阅 Bérard et al.（2008）；Boisard（2003）；Rogers（2008）；关于意大利芝士，参阅 Grasseni（2003, 2012）；关于葡萄牙芝士，参阅West and Domingos（2012）；关于希腊芝士，参见Petridou（2012）。

9. 完整描述与分析，参见Ott（1981）。
10. 参见Major（2005）。
11. 行会成员不仅像梅杰夫妇那样富有创业精神，而且在没有政府补贴的情况下，他们得到的价格也不足以补偿他们投入牛奶中的手工劳动力。
12. 雷耶斯角农庄奶酪公司网页：www.pointreyescheese.com/. 登录时间为 2011 年 6 月 8 日。
13. 在提出北卡罗莱纳牧场饲养猪肉的问题时，Brad Weiss（2011）呼吁人们关注非洲裔美国农民，他们世世代代靠养猪维持家庭生计，但他们的经济边缘化可能会因为所谓的“本地”和“可持续”农业的新浪潮而加剧。这种做法通常是由乡村新来者实施的，但并不仅限于他们，他们与许多农场奶酪制造商有着相似的情感和经济安全。
14. Barham（2003）；Trubek（2008）；Trubek and Bowen（2008）.
15. Bérard and Marchenay（2000）；Rogers（2008）；Teil（2010）；Demossier（2011）.
16. “风土问题”第一次引起我的关注是在 2005 年在美国肯塔基州路易斯维尔举行的ACS会议上一场名为“培育风土：鼓励本土的影响以创造独特奶酪”的讨论，详见Paxson（2010）。
17. 另见Trubek（2008）。
18. 甲烷是一种温室气体，随着牛粪的分解而释放。沼气池将牛粪中的液体成分转化为甲烷气体，这为发电机的内燃机提供燃料，从而为奶场供电力和热水；牛粪中的固体成分被转化为牧场的有机肥料。畜牧场的粪便泻湖贡献了全国7%的人为甲烷排放量（环境保护局 2001 年美国温室气体清单报告：http://epa.gov/climatechange/emissions/downloads11/US-GHG-inventory-2011-Chapter-6-agriculture.pdf. 登录日期为 2011 年 1 月 5 日）。

19. Terrio（1996:71）.
20. Terrio（1996:74）.
21. Ann Colonna（2011）的消费者调查研究是有启发性的。在芝士盲评（n = 901），56%的品尝者表示，与生奶奶酪相比，他们更喜欢巴氏杀菌奶酪（44%的人更喜欢生奶版本），然而，当奶酪被标记为“生的”或“巴氏杀菌的”时，只有41%的人表示更喜欢巴氏杀菌奶酪，59%的人现在“更喜欢”生牛奶版本。这表明消费者更喜欢生奶奶酪的概念，而不是它的实际味道、气味和质地。
22. 2007年8月16日，杰弗里·罗伯茨（Jeffrey Roberts）在马萨诸塞州剑桥市的Rendezvous餐厅举办了“芝士盲评:生奶酪与巴氏杀菌奶酪”研讨会。
23. 关于加州红酒业相关评论，参见Trubek（2008）第三章。
24. Trubek（2008:113）。
25. 引自 Cox（2000）。
26. Delmas and Grant（即将发表）。
27. Delmas and Grant（即将发表）。
28. Delmas and Grant（即将发表）。
29. 另见Warner（2007）。
30. Lynn Margulis, 引自 White（1994:76）。
31. Allen and Kovach（2000）；Guthman（2004）.
32. Ulin（1996:39）.
33. 比如，2005年在美国肯塔基州路易斯维尔举行的一场名为“培育风土：鼓励本土的影响以创造独特奶酪”的讨论ACS会议上，详见Paxson（2010）。
34. 关于培养有品位的消费者–公民，参见Mol（2009）。
35. 另见 Cazaux（2011）。
36. Hintz and Percy（2008：ix）.
37. Trubek（2008:212–222）.
38. Davey（2006）.
39. Nohl（2005）.
40. Nohl（2005:65）.

41. 由此形成的地形标志据说是“陡峭的山丘、蜿蜒的水道、崎岖的山脊、山洞、地下洞穴和高耸的悬崖”，这些元素“结合起来提供了一个具有多种不同小气候的区域”（Cazaux 2011:36）。
42. Tenenbaum（2011）.
43. Tenenbaum（2011）.
44. Cazaux（2011）.
45. Feurer et al.（2004:555）.
46. Noella Marcellino（2003）研究了白地霉（Geotrichum Candidum）菌株的多样性。白地霉是一种寄生在奶酪皮上的真菌，有助于奶酪风味的形成。马塞利诺对法国七个地区的奶酪制造设施进行了抽样，并检验了以下假设：在特定奶酪上发现的菌株的多样性主要是地理区域的函数，或者是取样奶酪类别的函数。DNA测序没有揭示地理聚集模式，这使得马塞利诺得出结论，“相似或相同的菌株在法国乃至全世界无处不在。”相关讨论，参见Marcellino et al.（2001:4756）；Paxson（2008）。
47. McKnight（2006:5）.
48. Warner（2007）.
49. Weiss（2011）.
50. 《土地上的手》（*Hands on the Land*）是艾伯斯（Albers, 2000）关于佛蒙特州景观的历史的书名。许多地理学家和历史学家研究这一领域，例如Anderson（2004）；Cronon（1983）；Mitchell（1996）；and Williams（1973）。
51. 关于加州中央山谷，详见Nash（2006）。
52. Marks（2002）.
53. Feurer et al.（2004）. 更有可能的是，涂抹成熟奶酪的环境条件有利于这些细菌的生长，而不是“爱尔兰”微生物以某种方式被运送到法国，在那里它们落在奶酪上。
54. Feurer et al.（2004）.
55. 关于利用类似文化推理的微生物生物勘探项目，请参阅Hayden（2003）和Helmreich（2009）。
56. Galison（1997:783）.

57. Barham（2003:131）.

58. Ingold（2000:195）.

59. Demossier（2000:146）；但批评文章，参见Laudan（2004）。

60. Kehler（2005）.

61. 对萨莎·戴维斯（Sasha Davies）进行的访谈，http://cheesebyhand.com/? attachment_id=25. 登录日期为 2011 年 7 月 23 日。

62. Marcel（2008）.

63. 另见 Trubek（2008）。

64. 6 月 3 日，农场峰会在布拉特尔伯勒博物馆和艺术中心（Brattleboro Museum and Art Center）举行，与一年一度的"小母牛漫步"游行同时举行。那一年的主题是"佛蒙特州奶牛场的真正价值：'这不止是牛奶!'"，谈到了奶牛场对社区和整个州的经济影响。

65. 《佛蒙特州畅想：价值与未来愿景》（*Imagine Vermont*：*Values and Vision for the Future*），2009 年"佛蒙特州未来理事会最终报告"。在线下载：http://vtrural.org/sites/default/files/library/files/futureofvermont/documents/imagining. 登录日期为 2011 年 8 月 3 日。

66. 佛蒙特州农业局：www.vermontdairy.com/learn/number–of–farms. 登录日期 2011 年 5 月 31 日。

67. 在成为奶制品州之前，佛蒙特州盛产毛茸。在该地区土壤稀薄、多岩石的山顶上，没法种植小麦，羊群养殖也就兴旺起来。在 19 世纪中叶后，新的铁路运来的西方廉价羊毛充斥着市场，羊毛市场崩溃，佛蒙特州的山顶农场被遗弃，树木焕然一新，房地产价值暴跌（Albers 2000:203）。

68. Susanna McCandless估计佛蒙特州多达三分之二的奶牛场雇佣墨西哥移民（Radel, Schmook, and McCandless 2010:189–191）；另见 Freidberg（2009:234）。

69. 贾斯珀·希尔（Jasper Hill）的个人网站主页, www.cellarsatjasperhill.com. 登录日期为 2010 年 2 月 10 日。

70. Rathke（2008）.

71. Trubek（2008:61）.

72. 从巴德维尔农场的角度进行阐述，参见Miller（2010：Chapter 12）。

73. Barham（2007:279）.

74. 对弗兰克·布莱恩（Frank Bryan）进行的访谈：真正的佛蒙特州人与真正的民主.佛蒙特州之窗（1984–1985 冬春季版三）。

75. 农场、地窖和依山而建的房子，凯勒夫妇为此于 2010 年缴纳了 6 万美元的财产税。

76. 在农场峰会上，“税收结构”在罗伯特·威灵顿列出的佛蒙特州奶场的“真正价值”中排名第四。他宣称，农场的运转使每个人的税收都很低，“我从没见过一头牛打 911 急救电话，玉米秆也不用去上学”。

77. 贾斯珀·希尔的一些销售和营销人员已经从波士顿和纽约市搬到格林斯伯勒地区，以便在那里找到工作；芝士师傅领班和农场员工都是当地人。

78. Hewitt（2010）.

79. 当时，卡伯特工厂（Cabot）向Cellars公司支付了每轮芝士每月 8 美元的陈年费；当Cellars出售奶酪时，他们将累积的陈年费退还给卡伯特工厂，并支付绿轮的费用。贾斯珀·希尔通过兼并和营销保持了附加值的经济回报。这样的安排是给卡伯特工厂带来了声望，给贾斯珀·希尔提供卡伯特工厂与销量挂钩的信贷额度。这笔交易让凯勒夫妇获得了银行贷款，开始建造酒窖。2011 年春天，凯勒夫妇预计卡伯特工厂可能（合理地）为绿色车轮寻求更高的回报。事实上，那一年卡伯特工厂停止预支存货。

81. Gray（2008:112）.

82. Topham（2000）.

83. Graeber（2001:45）.

84. Gray（1999）; Hirsch（1995）.

85. 就像Daniel Miller（2008:1131）对“价值的用途”的分析一样，当“风土”在难以调和的价值形式之间架起桥梁时，它就会增值。”

第八章 领头羊

1. Kessler（2009:127）.
2. Kessler（2009:238）.
3. Roberts（2007：xix）.
4. Heldke（1992）.
5. 根据我2009年的调查，45%的农场奶酪制造商自称每年生产不到6000磅奶酪，另有27%的人每年生产6000至12000磅奶酪。
6. 2010年8月20日，基恩宣布将柏树格罗斯奶酪出让给瑞士乳制品公司Emmi，详见http://arcataeye.com/2010/08/cypress-grove-chevre-aquired-by-swiss-company-august-20-2010/，登录时间为2010年8月26日。
7. Lyson（2004:85）.
8. DeLind（2006）. 用多琳·梅西（Doreen Massey）的话来说，“这是一种地方概念，其中的特殊性（地方独特性，一种地方感）不是来自某些神话般的根源，也不是来自相对孤立的历史——现在正被全球化打破——而恰恰是来自于共同发现的各种影响的绝对特殊性”（1999:22）
9. 参见DeLind（2002）。
10. 在一项对英国有机农产品交付计划的研究中，Clark等人发现，“当人们谈论消费伦理时，他们主要指的是……‘日常’伦理——关爱家庭、关心价值和品味、将健康与日常选择联系起来，以及关注工作价值和家庭价值之间的交叉问题等，而不是坚定的意识形态或精神行动蓝图”（2008:223-224）。

BIBLIOGRAPHY

参考书目

Abel, Emily K., and Carole H. Browner. 1998. Selective Compliance with Biomedical Authority and the Uses of Experiential Knowledge. Pp. 310–326 in *Pragmatic Women and Body Politics,* edited by Margaret Lock and Patricia A. Kaufert. Cambridge: Cambridge University Press.

Albers, Jan. 2000. *Hands on the Land: A History of the Vermont Landscape.* Cambridge, Mass.: MIT Press.

Alexandre, Sandy. 2012. *The Properties of Violence: Claims to Ownership in Representations of Lynching.* Jackson: University Press of Mississippi.

Alfondy, Sandra, ed. 2007. *NeoCraft: Modernity and the Crafts.* Halifax: Nova Scotia College of Art and Design Press.

Allen, Patricia, Margaret FitzSimmons, Michael Goodman, and Keith Warner. 2003. Shifting Plates in the Agrifood Landscape: The Tectonics of Alternative Agrifood Initiatives in California. *Journal of Rural Studies* 19 (1): 61–75.

Allen, Patricia, and Martin Kovach. 2000. The Capitalist Composition of Organic: The Potential of Markets in Fulfilling the Promise of Organic Agriculture. *Agriculture and Human Values* 17: 221–232.

Allison, Anne. 1991. Japanese Mothers and *Obentos:* The Lunch Box as Ideological State Apparatus. *Anthropological Quarterly* 64 (4): 195–208.

Amin, Ash, and Nigel Thrift. 2004. *Blackwell Cultural Economy Reader.* Oxford: Blackwell Publishing.

Anderson, Virginia DeJohn. 2004. *Creatures of Empire: How Domestic Animals Transformed Early America.* Oxford: Oxford University Press.

Appadurai, Arjun. 1981. Gastro-Politics in Hindu South Asia. *American Ethnologist* 8 (3): 494–511.

———. 1986. Introduction: Commodities and the Politics of Value. Pp. 3–63 in *The Social*

Life of Things: Commodities in Cultural Perspective, edited by Arjun Appadurai. Cambridge: Cambridge University Press.

Apps, Jerry. 1998. *Cheese: The Making of a Wisconsin Tradition.* Amherst, Wisc.: Amherst Press.

Arnold, Lauren Briggs. 1876. *American Dairying: A Manual for Butter and Cheese Makers.* Rochester, N.Y.: Rural Home Publishing.

Atkins, Peter J. 2007. Laboratories, Laws, and the Career of a Commodity. *Environment and Planning D: Society and Space* 25: 967–989.

———. 2010. *Liquid Materialities: A History of Milk, Science and the Law.* Farnham, U.K.: Ashgate.

Barham, Elizabeth. 2003. Translating Terroir: The Global Challenge of French AOC Labeling. *Journal of Rural Studies* 19 (1): 127–138.

———. 2007. The Lamb That Roared: Origin-Labeled Products and Place-Making Strategy in Charlevoix, Quebec. Pp. 277–297 in *Remaking the North American Food System: Strategies for Sustainability,* edited by C. Clare Hinrichs and Thomas Lyson. Lincoln: Nebraska University Press.

Barlett, Peggy F. 1993. *American Dreams, Rural Realities: Family Farms in Crisis.* Chapel Hill: University of North Carolina Press.

Barndt, Deborah. 2002. *Tangled Routes: Women, Work, and Globalization on the Tomato Trail.* New York: Rowman and Littlefield.

Barron, Hal S. 1984. *Those Who Stayed Behind: Rural Society in Nineteenth-Century New England.* Cambridge: Cambridge University Press.

Baylis, Christopher L. 2009. Raw Milk and Raw Milk Cheeses as Vehicles for Infection by Verocytotoxin-Producing *Escherichia coli. International Journal of Dairy Technology* 62 (3): 293–307.

Beck, Ulrich. 1992. *Risk Society: Towards a New Modernity.* Translated by Mark Ritter. London: Sage Publications.

Becker, Howard S. 1978. Arts and Crafts. *American Journal of Sociology* 83 (4): 862–889.

———. 1982. *Art Worlds.* Berkeley: University of California Press.

Begon, Michael, Colin R. Townsend, and John L. Harper. 2006. *Ecology: From Individuals to Ecosystems.* 4th edition. Oxford: Blackwell Publishing.

Belasco, Warren J. 1989. *Appetite for Change: How the Counterculture Took on the Food Industry 1966–1988.* New York: Pantheon.

Bell, David, and Gill Valentine. 1997. *Consuming Geographies: We Are Where We Eat.* London: Routledge.

Benson, Michaela, and Karen O'Reilly. 2009. *Lifestyle Migration: Expectations, Aspirations and Experiences.* Farnham, U.K.: Ashgate.

Bérard, Laurence, François Casabianca, Rémi Bouche, Marie-Christine Montel, Philippe Marchenay, and Claire Agabriel. 2008. Salers PDO Cheese: The Diversity and Paradox of Local Knowledge. Pp. 289–297 in 8th European IFSA Symposium, *Empowerment of the Rural Actors: A Renewal of Farming System Perspectives,* 6–10 July, Clermont-Ferrand, France. Available online: www.ethno-terroirs.cnrs.fr/IMG/pdf/Salers_IFSA_2008.pdf. Accessed May 10, 2012.

Bérard, Laurence, and Philippe Marchenay. 2000. A Market Culture: *Produits de terroir* or the Selling of Heritage. Pp. 154–167 in *Recollections of France: Memories, Identities and Heritage in Contemporary France,* edited by Sarah Blowen, Marion Demossier, and Jeanine Picard. Oxford: Berghahn Books.

———. 2006. Local Products and Geographical Indications: Taking Account of Local Knowledge and Biodiversity. *International Social Science Journal* 187: 109–116.

Bestor, Theodore. 2004. *Tsukiji: The Fish Market at the Center of the World.* Berkeley: University of California Press.

Biersack, Aletta. 2006. Reimagining Political Ecology: Culture/Power/History/Nature. Pp. 3–40 in *Reimagining Political Ecology,* edited by Aletta Biersack and James B. Greenberg. Durham, N.C.: Duke University Press.

Bilski, Tory. 1986. Profile of Marian Pollack and Marjorie Susman in *Vermont Woman,* April.

Blundel, Richard, and Angela Tregear. 2006. From Artisans to "Factories": The Interpenetration of Craft and Industry in English Cheese-Making, 1650–1950. *Enterprise and Society* 7 (4): 705–739.

Boisard, Pierre. 1991. The Future of a Tradition: Two Ways of Making Camembert, the Foremost Cheese of France. *Food and Foodways* 4 (3 and 4): 173–207.

———. 2003. *Camembert: A National Myth.* Translated by Richard Miller. Berkeley: University of California Press.

Boltanski, Luc, and Laurent Thévenot. 1991. *On Justification: Economies of Worth.* Translated by Catherine Porter. Princeton, N.J.: Princeton University Press, 2006.

Boulding, Kenneth. 1966. The Economics of the Coming Spaceship Earth. Pp. 3–14 in *Environmental Quality in a Growing Economy, Essays from the Sixth RFF Forum,* edited by Henry Jarrett. Baltimore, Md.: Johns Hopkins Press, for Resources for the Future.

Bourdieu, Pierre. 1977. *Outline of a Theory of Practice.* Translated by Richard Nice. Cambridge: Cambridge University Press.

———. 1984. *Distinction: A Social Critique of the Judgment of Taste.* Translated by Richard Nice. New York: Routledge.

Bowen, Sarah. 2010. Embedding Local Places in Global Spaces: Geographical Indications as a Territorial Development Strategy. *Rural Sociology* 75 (2): 209–243.

Braverman, Harry. 1974. *Labor and Monopoly Capital: The Degradation of Work in the Twentieth Century.* New York: Monthly Review Press.

Bren, Linda. 2004. Got Milk? Make Sure It's Pasteurized. *FDA Consumer* 38 (5, September–October). Electronic document, www.fda.gov/fdac/features/2004/504_milk.html. Accessed January 4, 2012.

Brooks, David. 2001. *Bobos in Paradise: The New Upper Class and How They Got There.* New York: Simon and Schuster.

Browne, C. A. 1944. Elder John Leland and the Mammoth Cheshire Cheese. *Agricultural History* 18 (4): 145–153.

Burros, Marian. 2004. Say Cheese, and New England Smiles. *New York Times,* June 23, Dining section, F1.

Busch, Lawrence. 2000. The Moral Economy of Grades and Standards. *Journal of Rural Studies* 16 (3): 273–283.

Bushman, Richard L. 1998. Markets and Composite Farms in Early America. *The William and Mary Quarterly* 55 (3): 351–374.

Bushnell, Mark. 2002. The Cheese Has an Ally: UVM Researcher Fights Possible Ban on Unpasteurized Cheese by FDA. *Rutland [Vt.] Herald* Sunday Magazine, February 23.

Cahn, Miles. 2003. *The Perils and Pleasures of Domesticating Goat Cheese: Portrait of a Hudson Valley Dairy Goat Farm.* New York: Catskill Press.

Caldwell, Gianaclis. 2010. *The Farmstead Creamery Advisor: The Complete Guide to Building and Running a Small, Farm-Based Cheese Business.* White River Junction, Vt.: Chelsea Green.

Callon, Michel. 1986. Some Elements of a Sociology of Translation: Domestication of the Scallops and the Fishermen of St. Brieuc Bay. Pp. 196–223 in *Power, Action, and Belief: A New Sociology of Knowledge?* edited by John Law. London: Routledge.

Callon, Michel, Cécile Méadel, and Vololona Rabeharisoa. 2002. The Economy of Qualities. *Economy and Society* 31 (2): 194–217.

Callon, Michel, and John Law. 2005. On Qualculation, Agency, and Otherness. *Environment and Planning D: Society and Space* 23: 717–733.

Campbell, John. 1964. *Honour, Family, and Patronage: A Study of Institutions and Moral Values in a Greek Mountain Community.* Oxford: Oxford University Press.

Candea, Matei. 2010. "I Fell in Love with Carlos the Meerkat": Engagement and Detachment in Human-Animal Relations. *American Ethnologist* 37 (2): 241–258.

Carman, Ezra A., H. A. Heath, and John Minto. 1892. *Special Report on the History and Present Condition of the Sheep Industry of the United States, for the U.S. Department of Agriculture, Bureau of Animal Husbandry.* Washington, D.C.: Government Printing Office.

Carney, Judith A. 2001. *Black Rice: The African Origins of Rice Cultivation in the Americas.* Cambridge, Mass.: Harvard University Press.

Carrier, James G. 1995. *Gifts and Commodities: Exchange and Western Capitalism since 1700.* London: Routledge.

Carroll, Ricki. 1999. The American Cheese Society: A History. *Newsletter of the American Cheese Society* 1 (October): 12–13.

Cavanaugh, Jillian. 2007. Making Salami, Producing Bergamo: The Production and Transformation of Value in a Northern Italian Town. *Ethnos* 72 (2): 114–139.

Cazaux, Gersende. 2011. *Application of the Concept of Terroir in the American Context: Taste of Place and Wisconsin Unpasteurized Milk Cheeses.* Dairy Business Innovation Center, Madison, Wisconsin. Available online: www.dbicusa.org/documents/Gigis-thesis-non-confidential.pdf. Accessed November 10, 2011.

Chiappe, Marta B., and Cornelia Butler Flora. 1998. Gendered Elements of the Alternative Agriculture Paradigm. *Rural Sociology* 63 (3): 372–393.

Clark, Nigel. 2007. Animal Interface: The Generosity of Domestication. Pp. 49–70 in *Where the Wild Things Are Now: Domestication Reconsidered,* edited by Rebecca Cassidy and Molly Mullin. Oxford: Berg.

Clarke, Nick, Paul Cloke, Clive Barnett, and Alice Malpass. 2008. The Spaces and Ethics of Organic Food. *Journal of Rural Studies* 24 (3): 219–230.

Cochoy, Franck. 2008. Calculation, Qualculation, Calqulation: Shopping Cart Arithmetic, Equipped Cognition and the Clustered Consumer. *Marketing Theory* 8 (1): 15–44.

Collier, Jane. 1997. *From Duty to Desire: Remaking Families in a Spanish Village.* Princeton, N.J.: Princeton University Press.

Collins, Harry M. 2001a. Tacit Knowledge, Trust and the Q of Sapphire. *Social Studies of Science* 31 (1): 71–85.

———. 2001b. What Is Tacit Knowledge? Pp. 107–119 in *The Practice Turn in Contemporary Theory,* edited by Theodore R. Schatzki. New York: Routledge.

———. 2007. Bicycling on the Moon: Collective Tacit Knowledge and Somatic-Limit Tacit Knowledge. *Organizational Studies* 28 (2): 257–262.

Colonna, Ann. 2011. Consumer Preference for and Attitudes about Pasteurized vs. Raw Milk Cheese. Presented at the session "Raw Milk Cheese Trends around the World" at the annual meeting of the American Cheese Society, Montreal, Canada, August 5.

Conn, Herbert W. 1892. Some Uses of Bacteria. *Science* 16 (483): 258–263.

Coombe, Rosemary. 1998. *The Cultural Life of Intellectual Properties: Authorship, Appropriation, and the Law.* Durham, N.C.: Duke University Press.

Counihan, Carole. 1999. *The Anthropology of Food and Body: Gender, Meaning, and Power.* New York: Routledge.

Cox, Jeff. 2000. Organic Winegrowing Goes Mainstream. Wine News, August–September. www.thewinenews.com/augsepoo/cover.html. Accessed May 10, 2012.

Crawford, Matthew B. 2009. *Shop Class as Soulcraft: An Inquiry into the Value of Work.* New York: Penguin.

Creighton, Millie. 2001. Spinning Silk, Weaving Selves: Nostalgia, Gender, and Identity in Japanese Craft Vacations. *Japanese Studies* 21 (1): 5–29.

Cronon, William. 1983. *Changes in the Land: Indians, Colonists, and the Ecology of New England.* New York: Hill and Wang.

———. 1991. *Nature's Metropolis: Chicago and the Great West.* New York: W. W. Norton.

Cross, John A. 2004. The Expansion of Amish Dairy Farming in Wisconsin. *Journal of Cultural Geography* 21: 77–104.

Csikszentmihalyi, Mihaly. 1975. *Beyond Boredom and Anxiety: Experiencing Flow in Work and Play.* San Francisco: Jossey-Bass.

Curtis, T. H. 1885. Cheese Factories and Cheese-Makers as I Found Them in Wisconsin. Address at the Thirteenth Annual Convention of the Wisconsin Dairymen's Association. Pp. 41–65 in the *Thirteenth Annual Report of the Wisconsin Dairymen's Association.* Madison, Wisc.: Democrat Printing Co.

Cutts, Mary Pepperrell Sparhawk. 1869. *The Life and Times of Hon. William Jarvis, of Weathersfield, Vermont, by His daughter, Mary Pepperrell Sparhawk Cutts.* New York: Hurd and Houghton.

D'Amico, Dennis J., Marc J. Druart, and Catherine W. Donnelly. 2008. 60-Day Aging Requirement Does Not Ensure Safety of Surface-Mold-Ripened Soft Cheeses Manufactured from Raw or Pasteurized Milk when *Listeria monocytogenes* Is Introduced as a Postprocessing Contaminant. *Journal of Food Protection* 71 (8): 1563–1571.

D'Aoust, J. Y. 1989. Manufacture of Dairy Products from Unpasteurised Milk: A Safety Assessment. *Journal of Food Protection* 52: 906–914.

Daston, Lorraine, and Peter Galison. 2007. *Objectivity.* New York: Zone Books.

Davey, Monica. 2006. Wisconsin's Crown of Cheese Is within California's Reach. *New York Times,* September 30, A1.

Davies, Sasha. 2010. *The Guide to West Coast Cheese: More Than 300 Cheeses Handcrafted in California, Oregon, and Washington*. Portland, Ore.: Timber Press.

De Buyser, M.-L., B. Dufour, M. Maire, and V. Lafarge. 2001. Implication of Milk and Milk Products in Food-Borne Diseases in France and in Different Industrialized Countries. *International Journal of Food Microbiology* 67: 1–17.

Decker, John Wright. 1909. *Cheese Making: Cheddar, Swiss, Brick, Limburger, Edam, Cottage*. Columbus, Ohio: by the author.

Delamont, Sara, and Paul Atkinson. 2001. Doctoring Uncertainty: Mastering Craft Knowledge. *Social Studies of Science* 31 (1): 87–107.

Delaney, Carol, and Dennis Kauppila. n.d. Start-up and Operating Costs of Small Farmstead Cheese Operations for Dairy Sheep. Pp. 127–140 of report funded by the Vermont Sustainable Jobs Fund and the UVM Center for Sustainable Agriculture, Small Ruminant Dairy Project. Available online: www.ansci.wisc.edu/Extension-New%20 copy/sheep/Publications_and_Proceedings/Pdf/Dairy/Management/Startup%20and %20operating%20costs%20of%20small%20farmstead%20cheese%20operations%20for %20dairy%20sheep.pdf. Accessed February 18, 2010.

DeLind, Laura B. 2002. Place, Work, and Civic Agriculture: Common Fields for Cultivation. *Agriculture and Human Values* 19: 217–224.

———. 2006. Of Bodies, Place, and Culture: Re-Situating Local Food. *Journal of Agricultural and Environmental Ethics* 19 (2): 121–146.

DeLind, Laura B., and Jim Bingen. 2008. Place and Civic Agriculture: Re-thinking the Context for Local Agriculture. *Journal of Agricultural and Environmental Ethics* 21 (2): 127–151.

Delmas, Magali A., and Laura E. Grant. Forthcoming. Eco-Labeling Strategies and Price-Premium: The Wine Industry Puzzle. *Business and Society*. Available online: http://bas.sagepub.com/content/early/2010/03/04/0007650310362254.abstract. Accessed July 7, 2011.

Demossier, Marion. 2000. Culinary Heritage and *Produits de Terroir* in France: Food for Thought. Pp. 141–153 in *Recollections of France: Memories, Identities and Heritage in Contemporary France*, edited by Sarah Blowen, Marion Demossier, and Jeanine Picard. Oxford: Berghahn Books.

———. 2011. Beyond *Terroir*: Territorial Construction, Hegemonic Discourses, and French Wine Culture. *Journal of the Royal Anthropological Institute* 17: 685–705.

Despret, Vinciane. 2005. Sheep Do Have Opinions. Pp. 360–368 in *Making Things Public*, edited by Bruno Latour and Peter Weibel. Cambridge, Mass.: ZKM Center for the Arts/MIT Press.

DeVault, Marjorie. 1991. *Feeding the Family: The Social Organization of Caring as Gendered Work*. Chicago: University of Chicago Press.

Dixon, Peter. 2005. The Art of Cheesemaking. Pp. 197–225 in *American Farmstead Cheese: The Complete Guide to Making and Selling Artisan Cheeses*, edited by Paul Kindstedt. White River Junction, Vt.: Chelsea Green.

———. n.d. The Business of Farmstead Cheese, Yogurt and Bottled Milk Products: Considerations for Starting a Milk Processing Business. Unpublished MS.

Doane, Phyllis. 1961. The Beginning and Growth of Kraft Foods. *Journal of the American Oil Chemists' Society* 38 (8): 4–5.

Donnelly, Catherine W. 2004. Growth and Survival of Microbial Pathogens in Cheese. Pp. 541–559 in *Cheese: Chemistry, Physics and Microbiology,* 3rd ed., vol. 1: *General Aspects,* edited by Patrick F. Fox, Paul McSweeney, Timothy Cogan, and Timothy Guinee. London: Elsevier.

———. 2005. The Pasteurization Dilemma. Pp. 173–195 in *American Farmstead Cheese: The Complete Guide to Making and Selling Artisan Cheeses,* edited by Paul Kindstedt. White River Junction, Vt.: Chelsea Green.

Dormer, Peter, ed. 1997. *The Culture of Craft.* Manchester, U.K.: Manchester University Press.

Dudley, Kathryn Marie. 1996. The Problem of Community in Rural America. *Culture & Agriculture* 18 (2): 47–57.

———. 2000. *Debt and Dispossession: Farm Loss in America's Heartland.* Chicago: University of Chicago Press.

Dunn, Elizabeth. 2007. *Escherichia coli,* Corporate Discipline and the Failure of the Sewer State. *Space and Polity* 11 (1): 35–53.

DuPuis, E. Melanie. 2002. *Nature's Perfect Food: How Milk Became America's Drink.* New York: New York University Press.

DuPuis, E. Melanie, and David Goodman. 2005. Should We Go "Home" to Eat? Toward a Reflexive Politics of Localism. *Journal of Rural Studies* 21 (3): 359–371.

Durand, Loyal, Jr. 1939. Cheese Region of Southeastern Wisconsin. *Economic Geography* 15 (3): 283–292.

———. 1952. The Migration of Cheese Manufacture in the United States. *Annals of the Association of American Geographers* 42 (4): 263–282.

Dutton, Rachel. 2011. Small World: A Rind Researcher Captures the Microscopic Residents of Cheese. *Culture: The Word on Cheese* 3 (2): 74–81.

Edgar, Gordon. 2010. *Cheesemonger: Life on the Wedge.* White River Junction, Vt.: Chelsea Green.

Edwards, Bruce. 2009. Crowley Cheese Factory Resumes Production. *Rutland [Vt.] Herald,* November 2. Available online: www.rutlandherald.com/article/20091102/BUSINESS/911020309. Accessed July 17, 2011.

Elrand, Lisa. 2010. Affidavit in Support of Verified Complaint for Forfeiture *In Rem,* filed with the U.S. Attorney's office in Seattle, Washington, October 21. Available online: http://pnwcheese.typepad.com/cheese/2010/10/federal-court-filings-reveal-details-of-estrella-family-creamery-closure.html. Accessed January 3, 2010.

Enserink, Martin. 2002. What Mosquitoes Want: Secrets of Host Attraction. *Science* 298 (5591): 90–92.

Escobar, Arturo. 1999. After Nature: Steps to an Antiessentialist Political Ecology. *Current Anthropology* 40 (1): 1–30.

Fabian, Johannes. 1983. *Time and the Other: How Anthropology Makes Its Object.* New York: Columbia University Press.

Fajans, Jane. 1988. The Transformative Value of Food: A Review Essay. *Food and Foodways* 3 (1–2): 143–166.

Farrar, Nicholas, and Gill Trorey. 2008. Maxims, Tacit Knowledge and Learning: Developing Expertise in Dry Stone Walling. *Journal of Vocational Education and Training* 60 (1): 35–48.

Farquhar, Judith. 2002. *Appetites: Food and Sex in Post-Socialist China*. Durham, N.C.: Duke University Press.

———. 2006. Food, Eating, and the Good Life. Pp. 145–160 in *Handbook of Material Culture*, edited by Chris Tilley, Webb Keane, Susanne Kücher, Mike Rowlands, and Patricia Spyer. London: Sage.

Ferry, Elizabeth Emma. 2002. Inalienable Commodities: The Production and Circulation of Silver and Patrimony in a Mexican Mining Cooperative. *Cultural Anthropology* 17 (3): 331–358.

Feurer, C., F. Irlinger, H.E. Spinnler, P. Glaser, and T. Vallaeys. 2004. Assessment of the Rind Microbial Diversity in a Farmhouse-Produced vs. a Pasteurized Industrially Produced Soft Red-Smear Cheese Using Both Cultivation and rDNA-Based Methods. *Journal of Applied Microbiology* 97: 546–556.

Finn, Daniel K. 2006. *The Moral Ecology of Markets: Assessing Claims about Markets and Justice*. Cambridge: Cambridge University Press.

Fischer, Michael M.J. 2003. *Emergent Forms of Life and the Anthropological Voice*. Durham, N.C.: Duke University Press.

Fisher, Carolyn. 2007. Selling Coffee, or Selling Out? Evaluating Different Ways to Analyze the Fair-Trade System. *Culture & Agriculture* 29 (2): 78–88.

Fishman, Charles. 2006. *The Wal-Mart Effect: How the World's Most Powerful Company Really Works—and How It's Transforming the American Economy*. New York: Penguin.

Fitzgerald, Deborah. 2003. *Every Farm a Factory: The Industrial Ideal in American Agriculture*. New Haven, Conn.: Yale University Press.

Florida, Richard. 2002. *The Rise of the Creative Class and How It's Transforming Work, Leisure, Community, and Everyday Life*. New York: Basic Books.

Foucault, Michel. 1978. *The History of Sexuality*, vol. 1, translated by Robert Hurley. New York: Vintage.

Franklin, Sarah. 2007. *Dolly Mixtures: The Remaking of Genealogy*. Durham, N.C.: Duke University Press.

Freidberg, Susanne. 2004. *French Beans and Food Scares: Culture and Commerce in an Anxious Age*. Oxford: Oxford University Press.

———. 2009. *Fresh: A Perishable History*. Cambridge, Mass.: Belknap Press.

Galison, Peter. 1997. *Image and Logic: A Material Culture of Microphysics*. Chicago, Ill.: University of Chicago Press.

Gewertz, Deborah, and Frederick Errington. 2010. *Cheap Meat: Flap Food Nations in the Pacific Islands*. Berkeley: University of California Press.

Gibson, James J. 1986. *The Ecological Approach to Visual Perception*. Hillsdale, N.J.: Lawrence Erlbaum Associates.

Gibson-Graham, J.K. 1996. *The End of Capitalism (as We Knew It): A Feminist Critique of Political Economy*. Minneapolis: University of Minnesota Press.

———. 2006. *A Postcapitalist Politics*. Minneapolis: University of Minnesota Press.

Giddens, Anthony. 1991. *Modernity and Self-Identity: Self and Society in the Late Modern Age*. Stanford, Calif.: Stanford University Press.

Gifford, Terry. 1999. *Pastoral: The New Critical Idiom*. New York: Routledge.

———. 2006. *Reconnecting with John Muir: Essays in Post-Pastoral Practice*. Athens: University of Georgia Press.

Gilbert, B.D. 1896. *The Cheese Industry of the State of New York.* Washington, D.C.: Government Printing Office.

Gillette, Maris. 2000. *Between Mecca and Beijing: Modernization and Consumption among Urban Chinese Muslims.* Stanford, Calif.: Stanford University Press.

Goode, J.J. 2010. The Stellar American-Made Cheese Plate: The United States Can Finally Boast about Some World-Class Wheels. May issue of *Details.* Available online: www.details.com/style-advice/food-and-drinks/201005/the-ultimate-guide-to-buying-cheese-the-stellar-american-made-cheese-plate. Accessed May 28, 2011.

Goodman, David. 1999. Agro-Food Studies in the "Age of Ecology": Nature, Corporeality, Bio-Politics. *Sociologia Ruralis* 39 (1): 17–38.

Gould, Rebecca Kneale. 2005. *At Home in Nature: Modern Homesteading and Spiritual Practice in America.* Berkeley: University of California Press.

Graeber, David. 2001. *Toward an Anthropological Theory of Value: The False Coin of Our Own Dream.* New York: Palgrave Macmillan.

Grasseni, Cristina. 2003. Packaging Skills: Calibrating Cheese to the Global Market. Pp. 259–288 in *Commodifying Everything: Relationships of the Market,* edited by Susan Strasser. New York: Routledge.

———. 2004. Skilled Vision: An Apprenticeship in Breeding Aesthetics. *Social Anthropology* 12 (1): 41–55.

———. 2005. Designer Cows: The Practice of Cattle Breeding between Skill and Standardization. *Society & Animals* 13 (1): 33–49.

———. 2009. *Developing Skill, Developing Vision: Practices of Locality at the Foot of the Alps.* Oxford: Berghahn Books.

———. 2012. Resisting Cheese: Boundaries, Conflict and Distinction at the Foot of the Alps. *Food, Culture & Society* 15 (1): 23–29.

Gray, John. 1999. Open Spaces and Dwelling Places: Being at Home on Hill Farms in the Scottish Borders. *American Ethnologist* 26 (2): 440–460.

Gray, Rebecca. 2008. *American Artisanal: Finding the Country's Best Real Food, from Cheese to Chocolate.* New York: Rizzoli International.

Gudeman, Stephen. 2001. *The Anthropology of Economy.* Malden, Mass.: Blackwell Publishing.

———. 2008. *Economy's Tension: The Dialectics of Community and Market.* New York: Berghahn Books.

Gumpert, David E. 2009. *The Raw Milk Revolution: Behind America's Emerging Battle over Food Rights.* White River Junction, Vt.: Chelsea Green.

Gusterson, Hugh. 1996. Nuclear Weapons Testing—Scientific Experiment as Political Ritual. Pp. 131–146 in *Naked Science: Anthropological Inquiries into Boundaries, Power, and Knowledge,* edited by Laura Nader. New York: Routledge.

Guthman, Julie. 2004. *Agrarian Dreams: The Paradox of Organic Farming in California.* Berkeley: University of California Press.

———. 2008. Bringing Good Food to Others: Investigating the Subjects of Alternative Food Practice. *Cultural Geographies* 15 (4): 431–447.

Guy, Kolleen M. 2003. *When Champagne Became French: Wine and the Making of a National Identity.* Baltimore, Md.: Johns Hopkins University Press.

Hamilton, Shane. 2008. *Trucking Country: The Road to America's Wal-Mart Economy.* Princeton, N.J.: Princeton University Press.

Haraway, Donna. 1988. Situated Knowledges: The Science Question in Feminism and the Privilege of Partial Perspective. *Feminist Studies* 14 (3): 575–599.

———. 1998. *How Like a Leaf: An Interview with Thyrza Nichols Goodeve.* Milan, Italy: La Tartaruga/Baldini and Castoldi International.

———. 2003. *The Companion Species Manifesto: Dogs, People, and Significant Otherness.* Chicago: Prickly Paradigm Press.

———. 2008. *When Species Meet.* Minneapolis: University of Minnesota Press.

Harper, Douglas. 1987. *Working Knowledge: Skill and Community in a Small Shop.* Berkeley: University of California Press.

———. 2001. *Changing Works: Visions of a Lost Agriculture.* Chicago: University of Chicago Press.

Hayden, Cori. 2003. *When Nature Goes Public: The Making and Unmaking of Bioprospecting in Mexico.* Princeton, N.J.: Princeton University Press.

Heath, Deborah, and Anne Meneley. 2007. Techne, Technoscience, and the Circulation of Comestible Commodities: An Introduction. *American Anthropologist* 109 (4): 593–602.

———. 2010. The Naturecultures of Foie Gras: Techniques of the Body and a Contested Ethics of Care. *Food, Culture and Society* 13 (3): 421–452.

Heldke, Lisa. 1992. Foodmaking as a Thoughtful Practice. Pp. 203–229 in *Cooking, Eating, Thinking: Transformative Philosophies of Food,* edited by Deane W. Curtin and Lisa M. Heldke. Bloomington: Indiana University Press.

Helmreich, Stefan. 2007. Blue-Green Capital, Biotechnology Circulation and an Oceanic Imaginary: A Critique of Biopolitical Economy. *BioSocieties* 2 (3): 287–302.

———. 2008. Species of Biocapital. *Science as Culture* 17 (4): 463–478.

———. 2009. *Alien Ocean: Anthropological Voyages in Microbial Seas.* Berkeley: University of California Press.

Hennion, Antoine. 2007. Those Things That Hold Us Together: Taste and Sociology. *Cultural Sociology* 1 (1): 97–114.

Herzfeld, Michael. 1997. *Cultural Intimacy: Social Poetics in the Nation-State.* New York: Routledge.

———. 2004. *The Body Impolitic: Artisans and Artifice in the Global Hierarchy of Value.* Chicago: University of Chicago Press.

Herzog, Karen. 2009. Immigrants Add New Flavors to Wisconsin's Cheesemaking Legacy. *Milwaukee Journal Sentinel,* March 17. Available online: www.jsonline.com/news/wisconsin/41352337.html. Accessed October 3, 2010.

Hewitt, Ben. 2008. A Giant Cheese Cave. *Gourmet,* October 20. Available online: www.gourmet.com/travel/2008/10/Vermont-cheese-cave. Accessed May 21, 2011.

———. 2010. *The Town That Food Saved: How One Community Found Vitality in Local Food.* New York: Rodale.

Hinrichs, C. Clare. 2007. Practice and Place in Remaking the Food System. Pp. 1–15 in *Remaking the North American Food System: Strategies for Sustainability,* edited by C. Clare Hinrichs and Thomas Lyson. Lincoln: Nebraska University Press.

Hinrichs, C. Clare, and Thomas Lyson, eds. 2007. *Remaking the North American Food System: Strategies for Sustainability.* Lincoln: Nebraska University Press.

Hintz, Martin, and Pam Percy. 2008. *Wisconsin Cheese: A Cookbook and Guide to the Cheeses of Wisconsin*. Guilford, Conn.: Morris Books.

Hirsch, Eric. 1995. Landscape: Between Place and Space. Pp. 1–30 in *The Anthropology of Landscape: Perspectives on Place and Space,* edited by Eric Hirsch and Michael O'Hanlon. Oxford: Clarendon Press.

Hirsch, Eric, and Charles Stewart. 2005. Introduction: Ethnographies of Historicity. *History and Anthropology* 16 (3): 261–274.

Hobsbawm, Eric. 1983. Introduction: Inventing Traditions. Pp. 1–14 in *The Invention of Tradition,* edited by Eric Hobsbawm and Terence Ranger. Cambridge: Cambridge University Press.

Hoey, Brian A. 2005. From Pi to Pie: Moral Narratives of Noneconomic Migration and Starting over in the Postindustrial Midwest. *Journal of Contemporary Ethnography* 34: 586–624.

———. 2008. American Dreaming: Refugees from Corporate Work Seek the Good Life. Pp. 117–139 in *The Changing Landscape of Work and Family in the American Middle Class: Reports from the Field,* edited by Elizabeth Rudd and Lara Descartes. Lanham, Md.: Lexington Books.

Holloway, Lewis, Moya Kneafsey, Laura Venn, Rosie Cox, Elizabeth Dowler, and Helena Tuomainen. 2007. Possible Food Economies: A Methodological Framework for Exploring Food Production-Consumption Relationships. *Sociologia Ruralis* 47 (1): 1–19.

Holtzman, Jon. 2009. *Uncertain Tastes: Memory, Ambivalence, and the Politics of Eating in Samburu, Northern Kenya*. Berkeley: University of California Press.

Hooper, Allison. 2005. The Business of Farmstead Cheesemaking. Pp. 227–246 in *American Farmstead Cheese: The Complete Guide to Making and Selling Artisan Cheeses,* edited by Paul Kindstedt. White River Junction, Vt.: Chelsea Green.

Hurt, Jeanette. 2008. *The Cheeses of Wisconsin: A Culinary Travel Guide*. Woodstock, Vt.: Countryman Press.

Ingold, Tim. 2000. *The Perception of the Environment: Essays in Livelihood, Dwelling and Skill*. London: Routledge.

Jarosz, Lucy. 2008. The City in the Country: Growing Alternative Food Networks in Metropolitan Areas. *Journal of Rural Studies* 24 (3): 231–244.

Jarosz, Lucy, and Victoria Lawson. 2002. Sophisticated People versus Rednecks: Economic Restructuring and Class Difference in America's West. *Antipode* 34 (1): 8–27.

Johnson, Hugh. 1998. Foreword. P. 4 in *Terroir: The Role of Geology, Climate, and Culture in the Making of French Wines,* by James Wilson. Berkeley: University of California Press.

Julian, Sheryl, and Julie Riven. 2001. Blessed Are the Cheese Makers: Two Dairy Farmers Struggled for Years Selling Milk but Their Tangy Raw-Milk Cheese Turned Their Fortunes. *Boston Globe Magazine,* May 20, 93.

Kahn, Miriam. 1986. *Always Hungry, Never Greedy: Food and the Expression of Gender in a Melanesian Society*. Cambridge: Cambridge University Press.

Kamp, David. 2006. *The United States of Arugula: The Sun-Dried, Cold-Pressed, Dark-Roasted, Extra Virgin Story of the American Food Revolution*. New York: Broadway Books.

Keen, W. E. 1999. Lessons from Investigations of Foodborne Disease Outbreaks. *Journal of the American Medical Association* 281: 1845–1847.

Kehler, Mateo. 2010. Banking on Sunshine. *Diner Journal* 15: 8–10.

Kessler, Brad. 2009. *Goat Song: A Seasonal Life, a Short History of Herding, and the Art of Making Cheese.* New York: Scribner.

Kindstedt, Paul. 2005. *American Farmstead Cheese: The Complete Guide to Making and Selling Artisan Cheeses.* White River Junction, Vt.: Chelsea Green.

Kingsolver, Barbara. 2007. *Animal, Vegetable, Miracle: A Year of Food Life.* New York: HarperCollins.

Kirksey, S. Eben, and Stefan Helmreich. 2010. The Emergence of Multispecies Ethnography. *Cultural Anthropology* 25 (4): 545–575.

Kloppenburg, Jack. 1988. *First the Seed: The Political Economy of Plant Biotechnology.* Madison: University of Wisconsin Press.

Kloppenburg, Jack, Sharon Lezberg, Kathryn De Master, George Stevenson, and John Hendrickson. 2000. Tasting Food, Tasting Sustainability: Defining the Attributes of an Alternative Food System with Competent, Ordinary People. *Human Organization* 59 (2): 177–186.

Knight, John, ed. 2005. *Animals in Person: Cultural Perspectives on Human-Animal Intimacy.* Oxford: Berg.

Knorr, Karin. 1979. Tinkering toward Success: Prelude to a Theory of Scientific Practice. *Theory and Society* 8: 347–376.

Kohler, Robert E. 2002. *Landscapes and Labscapes: Exploring the Lab-Field Border in Biology.* Chicago: University of Chicago Press.

———. 2006. *All Creatures: Naturalists, Collectors, and Biodiversity 1850–1950.* Princeton, N.J.: Princeton University Press.

Kondo, Dorinne. 1990. *Crafting Selves: Power, Gender, and Discourses of Identity in a Japanese Workplace.* Chicago: University of Chicago Press.

Kopytoff, Igor. 1986. The Cultural Biography of Things: Commoditization as a Process. Pp. 64–91 in *The Social Life of Things: Commodities in Cultural Perspective,* edited by Arjun Appadurai. Cambridge: Cambridge University Press.

Kunzig, Robert. 2001. The Biology of . . . Cheese: Safety vs. Flavor in the Land of Pasteur. Discover 22 (11 November). Available online: http://discovermagazine.com/2001/nov/featbiology. Accessed May 29, 2012.

LaFollette, Hugh. 2000. Pragmatic Ethics. Pp. 400–419 in *The Blackwell Guide to Ethical Theory,* edited by Hugh LaFollette. Malden, Mass.: Blackwell Publishing.

Latour, Bruno. 1987. *Science in Action: How to Follow Scientists and Engineers through Society.* Cambridge, Mass.: Harvard University Press.

———. 1988. *The Pasteurization of France.* Translated by Alan Sheridan and John Law. Cambridge, Mass.: Harvard University Press.

———. 1993. *We Have Never Been Modern.* Translated by Catherine Porter. Cambridge, Mass.: Harvard University Press.

———. 2005. *Reassembling the Social: An Introduction to Actor-Network Theory.* Oxford: Oxford University Press.

Laudan, Rachel. 2004. Slow Food: The French Terroir Strategy, and Culinary Modernism. *Food, Culture & Society* 7 (2): 133–144.

Lave, Jean, and Étienne Wenger. 1991. *Situated Learning: Legitimate Peripheral Participation*. Cambridge: Cambridge University Press.
Law, John. 1992. Notes on the Theory of the Actor Network: Ordering, Strategy, and Heterogeneity. *Systems Practice* 5 (4): 379–393.
Lawson, Victoria, Lucy Jarosz, and Anne Bonds. 2008. Building Economies from the Bottom Up: (Mis)representations of Poverty in the Rural American Northwest. *Social & Cultural Geography* 9 (7): 737–753.
Leitch, Alison. 2003. Slow Food and the Politics of Pork Fat: Italian Food and European Identity. *Ethnos* 68 (4): 437–462.
Lesher, J. H. 1969. ΓΝΩΣΙΣ and ΕΠΙΣΤΗΜΗ in Socrates' Dream in the Theaetetus. *The Journal of Hellenic Studies* 89: 72–78.
Lévi-Strauss, Claude. 1969. *The Raw and the Cooked: Mythologiques*, vol. 1, translated by John Weightman and Doreen Weightman. New York: Harper and Row.
Little, Jane Braxton. 2011. Message in a Bottle. *Audubon* (March–April): 76–81.
Locke, John. (1689) 1982. *Second Treatise of Government*, edited by Richard Cox. Arlington Heights, Ill.: Harlan Davidson.
Loring, Geo. B. 1866. Address at the Cattle Show opening, September 13, 1865. Recorded in *Transactions of the Rhode Island Society for the Encouragement of Domestic Industry in the Year 1865*. Providence, R.I.: Anthony Knowles.
Lyson, Thomas. 2004. *Civic Agriculture: Reconnecting Farm, Food, and Community*. Medford, Mass.: Tufts University Press.
Lyson, Thomas A., and Gilbert W. Gillespie. 1995. Producing More Milk on Fewer Farms: Neoclassical and Neostructural Explanations of Changes in Dairy Farming. *Rural Sociology* 60 (3): 493–504.
MacDonald, James M., Erik J. O'Donoghue, William D. McBride, Richard F. Nehring, Carmen L. Sandretto, and Roberto Mosheim. 2007. *Profits, Costs, and the Changing Structure of Dairy Farming*. Economic Research Report no. ERR-47, United States Department of Agriculture. Available online: www.ers.usda.gov/publications/err47/err47b.pdf. Accessed May 17, 2010.
MacDonald, Kenneth Iain. 2007. Mondo Formaggio: Windows on the Circulation of Cheese in the World. Presented at "Critical Fetishism and Value: Embodied Commodities in Motion," Amherst College, Amherst, Mass., October 19–20.
MacDonald, Margaret. 2007. *At Work in the Field of Birth: Midwifery Narratives of Nature, Tradition, and Home*. Nashville, Tenn.: Vanderbilt University Press.
Madigan, Carleen. 2009. *The Backyard Homestead: Produce All the Food You Need on Just a Quarter Acre!* North Adams, Mass.: Storey Publishing.
Major, Cindy. 2005. Putting It All Together: The Vermont Shepherd Story. Pp. 247–261 in *American Farmstead Cheese: The Complete Guide to Making and Selling Artisan Cheeses*, edited by Paul Kindstedt. White River Junction, Vt.: Chelsea Green.
Malinowski, Bronislaw. 1948. *Magic, Science, and Religion, and Other Essays*. Glencoe, Ill.: The Free Press.
Manning, Paul. 2010. The Semiotics of Brand. *Annual Review of Anthropology* 39: 33–49.
Mansfield, Becky. 2011. Is Fish Health Food or Poison? Farmed Fish and the Material Production of Un/Healthy Nature. *Antipode* 43 (2): 413–434.
Marcel, Joyce. 2008. Milk Money: The Kehler Brothers' Cheese Cave. *Vermont Busi-*

ness Magazine, May. Available online: http://findarticles.com/p/articles/mi_qa3675/is_200805/ai_n25501760/. Accessed February 10, 2010.

Marcellino, Noella. 2003. Biodiversity of *Geotrichum candidum* Strains Isolated from Traditional French Cheese. PhD diss., University of Connecticut.

Marcellino, Noella, E. Beauvier, R. Grappin, M. Guéguen, and D. R. Benson. 2001. Diversity of *Geotrichum candidum* Strains Isolated from Traditional Cheesemaking Fabrications in France. *Applied and Environmental Microbiology* 67 (10): 4752–4759.

Markowitz, Lisa. 2008. Produce(ing) Equity: Creating Fresh Markets in a Food Desert. *Research in Economic Anthropology* 28: 195–211.

Markowitz, Sally J. 1994. The Distinction between Art and Craft. *Journal of Aesthetic Education* 28 (1): 55–70.

Marks, Jonathan. 2002. *What It Means to Be 98 Percent Chimpanzee.* Berkeley: University of California Press.

Marquis, Vivienne, and Patricia Haskell. 1964. *The Cheese Book: A Definitive Guide to the Cheeses of the World.* New York: Simon and Schuster.

Martineau, Harriet. 1863. An Industrial Chance for Gentlewomen. In *Once a Week: An Illustrated Miscellany of Literature, Art, Science, & Popular Information,* 9 (June–December): September 5. London: Bradbury & Evans.

Marx, Karl. (1857–1858) 1978. *The Grundrisse.* Excerpted (pp. 221–293) in *The Marx-Engels Reader,* 2nd ed., edited by Robert C. Tucker. New York: W. W. Norton.

———. (1867) 1976. *Capital,* vol. 1, translated by Ben Fowkes. London: Penguin.

Marx, Leo. 1964. *The Machine in the Garden: Technology and the Pastoral Ideal in America.* Oxford: Oxford University Press.

Massey, Doreen. 1999. *Power-Geometries and the Politics of Space-Time.* Hettner-Lectures, 2. Heidelberg: Department of Geography, University of Heidelberg.

Maurer, Bill. 2005. *Mutual Life, Limited: Islamic Banking, Alternative Currencies, Lateral Reason.* Princeton, N.J.: Princeton University Press.

Mauss, Marcel. (1925) 2000. *The Gift: Forms and Functions of Exchange in Archaic Societies,* translated by W. D. Halls. New York: W. W. Norton.

———. 1973. Techniques of the Body. *Economy and Society* 2 (1): 70–88.

McCalman, Max, and David Gibbons. 2005. *Cheese: A Connoisseur's Guide to the World's Best.* New York: Clarkson Potter.

———. 2009. *Mastering Cheese: Lessons for Connoisseurship from a Maître Fromager.* New York: Clarkson Potter.

McKnight, Qui'tas. 2006. *The Art of Farmstead Cheese Making in the British Isles.* Madison, Wisc.: Babcock Institute for International Dairy Research and Development.

McMurry, Sally. 1995. *Transforming Rural Life: Dairying Families and Agricultural Change, 1820–1885.* Baltimore, Md.: Johns Hopkins University Press.

Mead, Margaret. 1970. The Changing Significance of Food. *American Scientist* 58 (2): 176–181.

Meigs, Anna. 1987. Food as a Cultural Construction. *Food and Foodways* 2 (1): 341–357.

Mendelson, Anne. 2008. *Milk: The Surprising Story of Milk through the Ages.* New York: Knopf.

Meneley, Anne. 2004. Extra Virgin Olive Oil and Slow Food. *Anthropologica* 46 (2): 165–176.

Metcalf, Bruce. 2007. Replacing the Myth of Modernism. Pp. 4–32 in *NeoCraft: Modernity and the Crafts,* edited by Sandra Alfoldy. Halifax: Nova Scotia College of Art and Design Press.

Mignon, Ernest. 1962. *Les mots du général.* Paris: A. Fayard.

Miller, Angela, with Ralph Gardner Jr. 2010. *Hay Fever: How Chasing a Dream on a Vermont Farm Changed My Life.* Hoboken, N.J.: Wiley & Sons.

Miller, Daniel. 1987. *Material Culture and Mass Consumption.* Oxford: Basil Blackwell.

———. 2008. The Uses of Value. *Geoforum* 39: 1122–1132.

Mintz, Sidney. 1985. *Sweetness and Power: The Place of Sugar in Modern History.* New York: Penguin Books.

———. 2002. Food and Eating: Some Persisting Questions. Pp. 24–32 in *Food Nations: Selling Taste in Consumer Society,* edited by Warren Belasco and Philip Scranton. New York: Routledge.

———. 2006. Food at Moderate Speeds. Pp. 3–11 in *Fast Food/Slow Food: The Cultural Economy of the Global Food System,* edited by Richard Wilk. Lanham, Md.: AltaMira Press.

Mitchell, Don. 1996. *The Lie of the Land: Migrant Workers and the California Landscape.* Minneapolis: University of Minnesota Press.

Mnoonkin, Seth. 2011. *The Panic Virus: A True Story of Medicine, Science, and Fear.* New York: Simon and Schuster.

Mol, Annemarie. 2008. *The Logic of Care: Health and the Problem of Patient Choice.* New York: Routledge.

———. 2009. Good Taste: The Embodied Normativity of the Consumer-Citizen. *Journal of Cultural Economy* 2 (3): 269–283.

Mullin, Molly. 1999. Mirrors and Windows: Sociocultural Studies of Human-Animal Relationships. *Annual Review of Anthropology* 28: 201–224.

Munn, Nancy D. 1986. *The Fame of Gawa: A Symbolic Study of Value Transformation in a Massim (Papua New Guinea) Society.* Durham, N.C.: Duke University Press.

Murdoch, Jonathan. 1997. Inhuman-Nonhuman-Human: Actor-Network Theory and the Prospects for a Nondualistic and Symmetrical Perspective on Nature and Society. *Environment and Planning D: Society and Space* 15 (6): 731–756.

Murdoch, Jonathan, and Mara Miele. 2004. A New Aesthetic of Food? Relational Reflexivity in the "Alternative" Food Movement. Pp. 156–175 in *Qualities of Food,* edited by Mark Harvey, Andrew McMeekin, and Alan Warde. Manchester, U.K.: Manchester University Press.

Myers, Fred R., ed. 2001. *The Empire of Things: Regimes of Value and Material Culture.* Santa Fe, N.M.: School of American Research Press.

Nabhan, Gary Paul. 2002. *Coming Home to Eat: The Pleasures and Politics of Local Foods.* New York: W. W. Norton.

Nash, Linda. 2006. *Inescapable Ecologies: A History of Environment, Disease, and Knowledge.* Berkeley: University of California Press.

National Agricultural Statistics Service. 2011. *Dairy Products 2010 Summary.* United States Department of Agriculture. Available online: http://usda.mannlib.cornell.edu/usda/current/DairProdSu/DairProdSu-04-27-2011.pdf. Accessed June 15, 2011.

National Research Council. 2003. Scientific Criteria to Ensure Safe Food. Committee on the Review of the Use of Scientific Criteria and Performance Standards for Safe Food, Institute of Medicine, National Research Council. Washington, D.C.: National Academies Press.

Nestle, Marion. 2002. *Food Politics: How the Food Industry Influences Nutrition and Health.* Berkeley: University of California Press.

——. 2003. *Safe Food: Bacteria, Biotechnology, and Bioterrorism.* Berkeley: University of California Press.

Neuman, William. 2011. Raw Milk Cheesemakers Fret over Possible New Rules. *New York Times,* February 4, B1.

Nicholson, Charles, and Mark Stephenson. 2006. *Financial Performance and Other Characteristics of On-Farm Dairy Processing Enterprises in New York, Vermont and Wisconsin. Department of Applied Economics and Management.* Ithaca, N.Y.: College of Agriculture and Life Sciences, Cornell University. Available online: http://purl.umn.edu/121583. Accessed May 21, 2012.

Nies, Kristina. 2008. Chore, Craft & Business: Cheesemaking in 18th Century Massachusetts. Master's thesis, Boston University.

Nohl, Mary Van de Kamp. 2005. The Big Cheese: California Wants to Steal Our Identity as the Top Cheesemaker: Why Our State Won't Be Beat. *Milwaukee Magazine* 30 (9): 56–65.

Norton, James, and Becca Dilley. 2009. *The Master Cheesemakers of Wisconsin.* Madison: University of Wisconsin Press.

Noske, Barbara. 1993. The Animal Question in Anthropology. *Society & Animals* 1 (2): 185–190.

Nutch, Frank. 1996. Gadgets, Gizmos, and Instruments: Science for the Tinkering. *Science, Technology, & Human Values* 21 (2): 214–228.

O'Brien, Nora N. and Thomas P. O'Connor. 2004. Nutritional Aspects of Cheese. Pp. 573–581 in *Cheese: Chemistry, Physics and Microbiology,* 3rd ed., vol. 1: *General Aspects,* edited by Patrick Fox, Paul McSweeney, Timothy Cogan, and Timothy Guinee. London: Elsevier.

O'Connor, Erin. 2007. Embodied Knowledge in Glassblowing: The Experience of Meaning and the Struggle towards Proficiency. *The Sociological Review* 55: 126–141.

Ogden, Ellen Ecker. 2007. *The Vermont Cheese Book.* Woodstock, Vt.: Countryman Press.

O'Hagan, Maureen. 2010. Is Raw, Unpasteurized Milk Safe? *Seattle Times,* March 20. Available online: http://seattletimes.nwsource.com/html/localnews/2011399591_rawmilk21m.html. Accessed June 16, 2010.

Ohnuki-Tierny, Emiko. 1993. *Rice as Self: Japanese Identities through Time.* Princeton, N.J.: Princeton University Press.

Orlean, Susan. 2009. The It Bird: The Return of the Back-yard Chicken. *The New Yorker* (September 28): 26–31.

Orzech, Kathryn M., and Mark Nichter. 2008. From Resilience to Resistance: Political Ecological Lessons from Antibiotic and Pesticide Resistance. *Annual Review of Anthropology* 37: 267–282.

Ott, Sandra. 1979. Aristotle among the Basques: The "Cheese Analogy" of Conception. *Man* 14 (4): 699–711.

———. 1981. *The Circle of Mountains: A Basque Shepherding Community*. Reno: University of Nevada Press.

Parr, Tami. 2009. *Artisan Cheese of the Pacific Northwest: A Discovery Guide*. Woodstock, Vt.: Countryman Press.

Patel, Raj. 2007. *Stuffed and Starved: The Hidden Battle for the World Food System*. London: Portobello Books.

Paxson, Heather. 2004. *Making Modern Mothers: Ethics and Family Planning in Urban Greece*. Berkeley: University of California Press.

———. 2008. Post-Pasteurian Cultures: The Microbiopolitics of Raw-Milk Cheese in the United States. *Cultural Anthopology* 23 (1): 15–47.

———. 2010. Locating Value in Artisan Cheese: Reverse-Engineering *Terroir* for New-World Landscapes. *American Anthropologist* 112 (3): 444–457.

———. 2012. Nicknames and Trademarks: Establishing American Originals. *Food, Culture & Society* 15 (1): 12–18.

Petridou, Eleni. 2012. What's in a Place Name? Branding and Labeling in Greece. *Food, Culture & Society* 15 (1): 29–34.

Petrini, Carlo. 2007. Foreword. Pp. ix–x in *The Atlas of American Artisan Cheese*, by Jeffrey P. Roberts. White River Junction, Vt.: Chelsea Green.

Polanyi, Michael. 1958. *Personal Knowledge: Towards a Post-Critical Philosophy*. Chicago: University of Chicago Press.

Pollan, Michael. 2006. *The Omnivore's Dilemma: A Natural History of Four Meals*. New York: Penguin.

Poppendieck, Janet. 1998. *Sweet Charity? Emergency Food and the End of Entitlement*. New York: Penguin.

Pritchard, Todd Jay. 2005. Ensuring Safety and Quality 1: Hazard Analysis Critical Control Point and the Cheesemaking Process. Pp. 139–151 in *American Farmstead Cheese: The Complete Guide to Making and Selling Artisan Cheeses*, edited by Paul Kindstedt. White River Junction, Vt.: Chelsea Green.

Pye, David. 1968. *The Nature and Art of Workmanship*. London: Studio Vista.

Rabinow, Paul. 1992. Artificiality and Enlightenment: From Sociobiology to Biosociality. Pp. 234–252 in *Incorporations*, edited by Jonathan Crary and Sanford Kwinter. New York: Zone.

Radel, Claudia, Birgit Schmook, and Susannah McCandless. 2010. Environment, Transnational Labor Migration, and Gender: Case Studies from Southern Yucatán, Mexico and Vermont, USA. *Population and Environment* 32 (2–3): 177–197.

Radin, Margaret Jane. 1996. *Contested Commodities: The Trouble with Trade in Sex, Children, Body Parts, and Other Things*. Cambridge, Mass.: Harvard University Press.

Rapp, Rayna. 1999. *Testing Women, Testing the Fetus: The Social Impact of Amniocentesis in America*. New York: Routledge.

Rathkc, Lisa. 2008. Giant Cheese Cave Gives Small Makers New Opportunities. *Boston Globe*, February 29. Available online: www.boston.com/news/local/vermnt/articles/2008/02/29/giant_cheese_cave_gives_small_makers_new_opportunities/. Accessed February 10, 2010.

Reitsma, Christine J. and David R. Henning. 1996. Survival of Enterohemorrhagic *Esch-*

erichia coli O157:H7 during the Manufacture and Curing of Cheddar Cheese. *Journal of Food Protection* 59 (5): 460–464.

Ring, Wilson. 2009. Vermont Dairy Farms Count on Illegal Immigrants. *The Bay State Banner,* October 22, vol. 45, no. 11.

Risatti, Howard. 2007. *A Theory of Craft: Function and Aesthetic Expression.* Chapel Hill: University of North Carolina Press.

Ritvo, Harriet. 1987. *The Animal Estate: The English and Other Creatures in the Victorian Age.* Cambridge, Mass.: Harvard University Press.

———. 1995. Possessing Mother Nature: Genetic Capital in Eighteenth-Century Britain. Pp. 413–426 in *Early Modern Conceptions of Property,* edited by J. Brewer and S. Staves. London: Routledge.

Robbins, Joel. 2007. Between Reproduction and Freedom: Morality, Value, and Radical Cultural Change. *Ethnos* 72 (3): 293–314.

———. 2009. Value, Structure, and the Range of Possibilities: A Response to Zigon. *Ethnos* 74 (2): 277–285.

Roberts, Jeffrey P. 2007. *The Atlas of American Artisan Cheese.* White River Junction, Vt.: Chelsea Green.

Rogers, Juliette. 2008. The Political Lives of Dairy Cows: Modernity, Tradition, and Professional Identity in the Norman Cheese Industry. PhD diss., Brown University.

Ross, Andrew. 2003. *No-Collar: The Humane Workplace and Its Hidden Costs.* New York: Basic Books.

Rouse, Carolyn, and Janet Hoskins. 2004. Purity, Soul Food, and Sunni Islam: Explorations at the Intersection of Consumption and Resistance. *Cultural Anthropology* 19 (2): 226–249.

Russell, Jenna. 2007. On New England's Dairy Farms, Foreign Workers Find a Home. *Boston Globe,* September 22. Available online: www.boston.com/news/local/articles/2007/09/22/on_new_englands_dairy_farms_foreign_workers_find_a_home?mode=PF. Accessed October 3, 2010.

Russell, Nerissa. 2007. The Domestication of Anthropology. Pp. 27–48 in *Where the Wild Things Are Now: Domestication Reconsidered,* edited by Rebecca Cassidy and Molly Mullin. Oxford: Berg.

Sage, Colin. 2007. "Bending Science to Match Their Convictions": Hygienist Conceptions of Food Safety as a Challenge to Alternative Food Enterprises in Ireland. Pp. 205–223 in *Alternative Food Geographies: Representation and Practice,* edited by D. Maye, L. Holloway, and M. Kneafsey. London: Elsevier.

Schaffer, Simon. 1989. Glass Works: Newton's Prisms and the Uses of Experiment. Pp. 67–103 in *The Uses of Experiment,* edited by David Gooding, Trevor Pinch, and Simon Schaffer. Cambridge: Cambridge University Press.

Schlesser, Joseph E., R. Gerdes, S. Ravishankar, K. Madsen, J. Mowbray, and A. Y. Teo. 2006. Survival of a Five-Strain Cocktail of Escherichia coli O157:H7 during the 60-Day Aging Period of Cheddar Cheese Made from Unpasteurized Milk. *Journal of Food Protection* 69 (5): 990–998.

Schlosser, Eric. 2001. *Fast Food Nation: The Dark Side of the All-American Meal.* New York: Houghton Mifflin.

Schmidt, Ronald H. and Debby L. Newslow. 2007. Hazard Analysis Critical Control Points (HACCP) Principle 2: Determine Critical Control Points (CCPs). Department of Food Science and Human Nutrition, Florida Cooperative Extension Service, IFAS, University of Florida. Available online: edis.ifas.ufl.edu/pdffiles/FS/FS14000.pdf. Accessed May 17, 2012.

Schor, Juliet. 2010. *Plentitude: The New Economics of True Wealth*. New York: Penguin.

Schwartz, Lisa, Judith Hausman, and Karen Sabath. 2009. *Over the Rainbeau: Living the Dream of Sustainable Farming*. Bedford Hills, N.Y.: Rainbeau Ridge Publishing.

Scott, James C. 1998. *Seeing Like a State: How Certain Schemes to Improve the Human Condition Have Failed*. New Haven, Conn.: Yale University Press.

Senier, Laura. 2008. "It's Your Most Precious Thing": Worst-Case Thinking, Trust, and Parental Decision-Making about Vaccinations. *Sociological Inquiry* 78 (2): 207–229.

Sennett, Richard. 2008. *The Craftsman*. New Haven, Conn.: Yale University Press.

Sheehan, John F. 2007. Testimony of John F. Sheehan, B.Sc. (Dy.), J.D., Director, Division of Plant and Dairy Food Safety, Office of Food Safety, Center for Food Safety and Applied Nutrition, U.S. Food and Drug Administration, before the Health and Government Operations Committee, Maryland House of Delegates, March 15. P. 2. Available online: www.fda.gov/downloads/Food/FoodSafety/Product-SpecificInformation/MilkSafety/ConsumerInformationAboutMilkSafety/UCM185696.pdf. Accessed January 4, 2012.

Sheehan, John, Robert Childers, and Sebastian Cianci. 2004. Ask the Regulators: Enhancing the Safety of Dairy and Other Animal Based Foods. *Food Safety Magazine* (August–September). Available online: www.foodsafetymagazine.com/article.asp?id=1354&sub=sub1. Accessed June 16, 2010.

Shillinglaw, Brian. 2003. Raw Milk and the Survival of Dairy Farming in New England. *The Natural Farmer* (Spring). Electronic document: www.nofamass.org/programs/rawmilk/tnf.php. Accessed August 20, 2007.

Short, Frances. 2006. *Kitchen Secrets: The Meaning of Cooking in Everyday Life*. Oxford: Berg.

Smart, Alan, and Josephine Smart. 2005. Introduction. Pp. 1–22 in *Petty Capitalists and Globalization: Flexibility, Entrepreneurship, and Economic Development*, edited by Alan Smart and Josephine Smart. Albany: State University of New York Press.

Sonnino, Roberta, and Terry Marsden. 2006. Beyond the Divide: Rethinking Relationships between Alternative and Conventional Food Networks in Europe. *Journal of Economic Geography* 6: 181–199.

Staip, Marybeth. 2006. Negotiating Time and Space for Serious Leisure: Quilting in the Modern U.S. Home. *Journal of Leisure Research* 38 (1): 104–132.

Stanford, Lois. 2006. The Role of Ideology in New Mexico's CSA (Community Supported Agriculture) Organizations: Conflicting Visions between Growers and Members. Pp. 181–200 in *Fast Food/Slow Food: The Cultural Economy of the Global Food System*, edited by Richard Wilk. Lanham, Md.: AltaMira Press.

Stark, David. 2009. *The Sense of Dissonance: Accounts of Worth in Economic Life*. Princeton, N.J.: Princeton University Press.

Strathern, Marilyn. 1988. *The Gender of the Gift: Problems with Women and Problems with Society in Melanesia.* Berkeley: University of California Press.
———. 1992a. *After Nature: English Kinship in the Late Twentieth Century.* Cambridge: Cambridge University Press.
———. 1992b. *Reproducing the Future: Anthropology, Kinship, and the New Reproductive Technologies.* New York: Routledge.
Streeter, Deborah, and Nelson Bills. 2003a. Value-Added Ag-Based Economic Development: A Panacea or False Promise? Part One of a Two-Part Companion Series: What Is Value-Added and How Should We Study It? Working Paper, Department of Applied Economics and Management, Cornell University, Ithaca, N.Y.
———. 2003b. Value-Added Ag-Based Economic Development: A Panacea or False Promise? Part Two of a Two-Part Companion Series: What Is Value-Added and How Should We Study It? Working Paper, Department of Applied Economics and Management, Cornell University, Ithaca, N.Y.
Striffler, Steve. 2005. *Chicken: The Dangerous Transformation of America's Favorite Food.* New Haven, Conn.: Yale University Press.
Sulik, Patricia. 2004. Hazard Analysis Critical Control Point for New England Artisanal Farmstead Cheese Makers. *University of Connecticut Health Center Graduate School Masters Theses,* paper 110. Available online: http://digitalcommons.uconn.edu/uchcgs_masters/110/. Accessed May 17, 2012.
Sutton, David. 1994. "Tradition" and "Modernity": Kalymnian Constructions of Identity and Otherness. *Journal of Modern Greek Studies* 12 (2): 239–260.
———. 2001. *Remembrance of Repasts: An Anthropology of Food and Memory.* Oxford: Berg.
———. 2006. Cooking Skill, the Senses and Memory: The Fate of Practical Knowledge. Pp. 87–118 in *Sensible Objects: Colonialism, Museums and Material Culture,* edited by Elizabeth Edwards, Chris Gosden, and Ruth Phillips. Oxford: Berg.
Taber, George M. 2006. *The Judgment of Paris: California v. France and the Historic 1976 Paris Tasting That Revolutionized Wine.* New York: Scribner.
Teil, Geneviève. 2010. The French Wine "Appellations d'Origine Contrôlée" and the Virtues of Suspicion. *The Journal of World Intellectual Property* 13 (2): 253–274.
Tenenbaum, David. 2011. Wisconsin Cheese Could Get Boost from "Driftless" Label. University of Wisconsin-Madison News, February 4. Available online: www.news.wisc.edu/18935. Accessed June 9, 2011.
Terrio, Susan J. 1996. Crafting Grand Cru Chocolates in Contemporary France. *American Anthropologist* 98 (1): 67–79.
———. 1999. Performing Craft for Heritage Tourists in Southwest France. *City and Society* 11 (1–2): 125–144.
———. 2000. *Crafting the Culture and History of French Chocolate.* Berkeley: University of California Press.
Tewksbury, Henry. 2002. *The Cheeses of Vermont: A Gourmet Guide to Vermont's Artisanal Cheesemakers.* Woodstock, Vt.: Countryman Press.
Theodossopoulos, Dimitrios. 2005. Care, Order and Usefulness: The Context of the Human-Animal Relationship in a Greek Island Community. Pp. 15–35 in *Animals in*

Person: Cultural Perspectives on Human-Animal Intimacies, edited by John Knight. Oxford: Berg.
Thorpe, Liz. 2009. *The Cheese Chronicles: A Journey through the Making and Selling of Cheese in America, Field to Farm to Table*. New York: HarperCollins.
Tomes, Nancy. 1998. *The Gospel of Germs: Men, Women, and the Microbe in American Life*. Cambridge, Mass.: Harvard University Press.
Topham, Anne. 2000. Taste, Technology and Terroir: A Transatlantic Dialogue on Food and Culture. Paper presented at the European Union Center at the University of Wisconsin-Madison, September 8. Available online: www.fantomefarm.com/text .htm. Accessed June 5, 2008.
Tregear, Angela. 2005. Lifestyle, Growth, or Community Involvement? The Balance of Goals of UK Artisan Food Producers. *Entrepreneurship & Regional Development* 17: 1–15.
Trewartha, Glenn T. 1926. The Green County, Wisconsin, Foreign Cheese Industry. *Economic Geography* 2 (2): 292–308.
Trubek, Amy. 2008. *The Taste of Place: A Cultural Journey into Terroir*. Berkeley: University of California Press.
Trubek, Amy B., and Sarah Bowen. 2008. Creating the Taste of Place in the United States: Can We Learn from the French? *GeoJournal* 73: 23–30.
Turner, Fred. 2006. *From Counterculture to Cyberculture: Stewart Brand, the Whole Earth Network, and the Rise of Digital Utopianism*. Chicago: University of Chicago Press.
Twamley, Josiah. 1784. *Dairying Exemplified, or The Business of Cheesemaking: Laid down from Approved Rules, Collected from the Most Experienced Dairy-Women, of Several Counties*. Warwick, Eng.: J. Sharp.
Ulin, Robert. 1996. *Vintages and Traditions: An Ethnohistory of Southwest French Wine Cooperatives*. Washington, D.C.: Smithsonian Institution.
———. 2002. Work as Cultural Production: Labour and Self-Identity among Southwest French Wine Growers. *The Journal of the Royal Anthropological Institute* 8 (4): 691–712.
Valenze, Deborah. 1991. The Art of Women and the Business of Men: Women's Work and the Dairy Industry. *Past and Present* 130 (1): 142–169.
———. 2011. *Milk: A Local and Global History*. New Haven, Conn.: Yale University Press.
Van Esterik, Penny. 1999. Right to Food; Right to Feed; Right to be Fed: The Intersection of Women's Rights and the Right to Food. *Agriculture and Human Values* 16: 225–232.
Vickers, Daniel. 1990. Competency and Competition: Economic Culture in Early America. *The William and Mary Quarterly* 47 (1): 3–29.
Villette, Michel, and Catherine Vuillermot. 2009. *From Predators to Icons: Exposing the Myth of the Business Hero*, translated by George Holoch. Ithaca, N.Y.: Cornell University Press.
Wakin, Daniel J. 2000. New Scrutiny of Cheese Offends Refined Palates: Epicures Defend Unpasteurized Varieties as Regulators Look for Health Risks. *New York Times*, July 14, B1.
Walley, Christine. 2012. *Exit Zero: Family and Class in Postindustrial Chicago*. Chicago: University of Chicago Press.
Warner, Keith Douglass. 2007. The Quality of Sustainability: Agroecological Partnerships

and the Geographic Branding of California Winegrapes. *Journal of Rural Studies* 23 (2): 142–155.

Watts, Michael. 2000. Political Ecology. Pp. 257–274 in *A Companion to Economic Geography,* edited by Eric Sheppard and Trevor Barnes. Oxford: Blackwell.

Weiss, Brad. 1996. *The Making and Unmaking of the Haya Lived World: Consumption, Commoditization, and Everyday Practice.* Durham, N.C.: Duke University Press.

———. 2011. Making Pigs Local: Discerning the Sensory Character of Place. *Cultural Anthropology* 26 (3): 438–461.

———. 2012. Configuring the Authentic Value of Real Food: Farm-to-Fork, Snout-to-Tail, and Local Food Movements. *American Ethnologist* 39 (3): 614–626.

Werlin, Laura. 2000. *The New American Cheese: Profiles of America's Great Cheesemakers and Recipes for Cooking with Cheese.* New York: Stewart, Tabori, and Chang.

West, Harry. 2008. Food Fears and Raw-Milk Cheese. *Appetite* 51 (1): 25–29.

West, Harry, and Nuno Domingos. 2012. Gourmandizing Poverty Food: The Serpa Cheese Slow Food Presidium. *Journal of Agrarian Change* 12 (1): 120–143.

West, Harry G., Heather Paxson, Joby Williams, Cristina Grasseni, Elia Petridou, and Susan Cleary. 2012. Naming Cheese. *Food, Culture and Society* 15 (1): 7–41.

White, Jonathan. 1994. *Talking on the Water: Conversations about Nature and Creativity.* San Francisco, Calif.: Sierra Club Books.

Widness, Sara. 2010. Veteran Cheese Maker Back in Business. *Rutland [Vt.] Business Journal,* January 14. Available online: www.vermonttoday.com/apps/pbcs.dll/article ?AID=/20100114/RBJ/100119971. Accessed May 31, 2012.

Wiley, Andrea S. 2011. *Re-Imagining Milk: Cultural and Biological Perspectives.* New York: Routledge.

Wilhelm, Douglas. 1985. Women Assume a Bigger Role in Vermont Farming. *Boston Globe,* March 31, 63–64.

Wilk, Richard. 2006a. *Home Cooking in the Global Village: Caribbean Food from Buccaneers to Ecotourists.* Oxford: Berg.

———. 2006b. From Wild Weeds to Artisanal Cheese. Pp. 13–27 in *Fast Food/Slow Food: The Cultural Economy of the Global Food System,* edited by Richard Wilk. Oxford: AltaMira Press.

Willetts, Anna. 1997. "Bacon Sandwiches Got the Better of Me": Meat-Eating and Vegetarianism in South-East London. Pp. 111–130 in *Food, Health & Identity,* edited by Pat Caplan. London: Routledge.

Williams, Raymond. 1973. *The Country and the City.* Oxford: Oxford University Press.

Woginrich, Jenna. 2008. *Made from Scratch: Discovering the Pleasures of a Handmade Life.* North Adams, Mass.: Storey Publishing.

Wolf, Clark. 2008. *American Cheeses: The Best Regional, Artisan, and Farmhouse Cheeses: Who Makes Them and Where to Find Them.* New York: Simon and Schuster.

Wood, Paul. 2009a. Cheese-Making Tools and Machinery, Part 1. *The Chronicle of the Early American Industries Association* 62 (1): 17–28.

———. 2009b. Cheese-Making Tools and Machinery, Part 2. *The Chronicle of the Early American Industries Association* 62 (2): 53–70.

Wooster, Chuck. 2005. *Living with Sheep: Everything You Need to Know to Raise Your Own Flock*. Guilford, Conn.: Lyons Press.

Yanagisako, Sylvia. 2002. *Producing Culture and Capital: Family Firms in Italy*. Princeton, N.J.: Princeton University Press.

Yanagisako, Sylvia, and Carol Delaney. 1995. Naturalizing Power. Pp. 1–22 in *Naturalizing Power: Essays in Feminist Cultural Analysis*, edited by Sylvia Yanagisako and Carol Delaney. New York: Routledge.

INDEX

索引

CALIFORNIA STUDIES
IN FOOD AND CULTURE

加州食品与文化研究

达拉·戈尔茨坦主编

1. *Dangerous Tastes: The Story of Spices, by andrew dalby*
2. *Eating Right in the Renaissance, by Ken albala*
3. *Food Politics: How the Food Industry Influences Nutrition and Health, by Marion nestle*
4. *Camembert: A National Myth, by Pierre Boisard*
5. *Safe Food: The Politics of Food Safety, by Marion nestle*
6. *Eating Apes, by dale Peterson*
7. *Revolution at the Table: The Transformation of the American Diet, by Harvey Levenstein*
8. *Paradox of Plenty: A Social History of Eating in Modern America, by Harvey Levenstein*
9. *Encarnación's Kitchen: Mexican Recipes from Nineteenth-Century California: Selections from Encarnación Pinedo's El cocinero español, by Encarnación Pinedo, edited and translated by dan Strehl, with an essay by victor valle*
10. *Zinfandel: A History of a Grape and Its Wine, by Charles L. Sullivan, with a foreword by Paul draper*

11. *Tsukiji: The Fish Market at the Center of the World, by Theodore C. Bestor*
12. *Born Again Bodies: Flesh and Spirit in American Christianity, by r. Marie Griffith*
13. *Our Overweight Children: What Parents, Schools, and Communities Can Do to Control the Fatness Epidemic, by Sharron dalton*
14. *The Art of Cooking: The First Modern Cookery Book, by The Eminent Maestro Martino of Como, edited and with an introduction by Luigi Ballerini, translated and annotated by Jeremy Parzen, and with fifty modernized recipes by Stefania Barzini*
15. *The Queen of Fats: Why Omega-3s Were Removed from the Western Diet and What We Can Do to Replace Them, by Susan allport*
16. *Meals to Come: A History of the Future of Food, by Warren Belasco*
17. *The Spice Route: A History, by John Keay*
18. *Medieval Cuisine of the Islamic World: A Concise History with* 174 *Recipes, by Lilia zaouali, translated by M. B. deBevoise, with a foreword by Charles Perry*
19. *Arranging the Meal: A History of Table Service in France, by Jean-Louis Flandrin, translated by Julie E. Johnson, with Sylvie and antonio roder; with a foreword to the English language edition by Beatrice Fink*
20. *The Taste of Place: A Cultural Journey into Terroir, by amy B. trubek*
21. *Food: The History of Taste, edited by Paul Freedman*
22. *M. F. K. Fisher among the Pots and Pans: Celebrating Her Kitchens, by Joan reardon, with a foreword by amanda Hesser*
23. *Cooking: The Quintessential Art, by Hervé This and Pierre Gagnaire, translated by*

M. B. deBevoise

24. *Perfection Salad: Women and Cooking at the Turn of the Century, by Laura Shapiro*
25. *Of Sugar and Snow: A History of Ice Cream Making, by Jeri Quinzio*
26. *Encyclopedia of Pasta, by oretta zanini de vita, translated by Maureen B. Fant, with a foreword by Carol Field*

27. *Tastes and Temptations*: *Food and Art in Renaissance Italy, by John varriano*
28. *Free for All*: *Fixing School Food in America, by Janet Poppendieck*
29. *Breaking Bread*: *Recipes and Stories from Immigrant Kitchens, by Lynne Christy anderson, with a foreword by Corby Kummer*
30. *Culinary Ephemera*: *An Illustrated History, by William Woys Weaver*
31. *Eating Mud Crabs in Kandahar*: *Stories of Food during Wartime by the World's Leading Correspondents, edited by Matt Mcallester*
32. *Weighing In*: *Obesity, Food Justice, and the Limits of Capitalism, by Julie Guthman*
33. *Why Calories Count*: *From Science to Politics, by Marion nestle and Malden nesheim*
34. *Curried Cultures*: *Globalization, Food, and South Asia, edited by Krishnendu ray and tulasi Srinivas*
35. *The Cookbook Library*: *Four Centuries of the Cooks, Writers, and Recipes That Made the Modern Cookbook, by anne Willan, with Mark Cherniavsky and Kyri Claflin*
36. *Coffee Life in Japan, by Merry White*
37. *American Tuna*: *The Rise and Fall of an Improbable Food, by andrew F. Smith*
38. *A Feast of Weeds*: *Foraging and Cooking Wild Edible Plants, by Luigi Ballerini, translated by Gianpiero W. doebler*
39. *The Philosophy of Food, by david M. Kaplan*
40. *Beyond Hummus and Falafel*: *Social and Political Aspects of Palestinian Food in Israel, by Liora Gvion, translated by david Wesley and Elana Wesley*
41. *The Life of Cheese*: *Crafting Food and Value in America, by Heather Paxson*